KB050614

한국해양전략연구소 총서 **95**

킬체인
The Kill Chain

미래 전쟁과 국방력 건설 방향
Defending America in the Future of High-Tech Warfare

Christian Brose 지음
최영진 옮김

박영사

차 례

일러두기

1. 이 책의 핵심어인 '킬 체인Kill chain'은 전투행위가 이루어지는 일련의 과정을 말하는 것으로 상황에 대한 이해understanding, 의사 결정decision making, 그리고 행동 실행taking an action이 순차적으로 이루어지면서 완료된다closing a kill chain 된다. 즉 공격이 마무리된 것을 의미한다. 명사형은 '킬 체인의 완료'로, 동사형으로는 '완료되다' 혹은 '닫는다'로 옮겼다.

2. 시스템, 네트워크, 플랫폼, 사물인터넷, 유비쿼터스, 에지 컴퓨팅, 데이터 등 일반적으로 통용되는 외래어는 굳이 어색한 한국어로 번역하기보다 발음대로 표기했다.

3. 저자가 미국인의 관점에서 집필했기 때문에 '우리'라는 표현을 많이 사용하는데, 이는 모두 미국을 뜻한다. 그리고 '워싱턴'이라는 지명도 자주 등장하는데 미국 정부나 정치권을 뜻하는 환유적 표현이다.

4. 영문에서는 용어를 강조하기 위해 큰따옴표("")를 사용하나 우리말 표기법에 따라 작은따옴표('')로 고쳤다. 본문에서 큰따옴표는 인용의 경우에만 사용했다.

5. 저자가 이탤릭체로 표시한 단어는 굵은 글씨로 나타냈고 문장 삽입 표시(−)로 표시된 부분은 가능한 본문에 포함시키려 했지만 여의치 않는 곳에서는 그대로 두었다.

6. 독자의 이해를 돕기 위해 꼭 필요한 부분에 대해서는 역주를 달았고 본문 가운데 번역자가 추가한 부분은 대괄호[ ]로 묶었다.

For Molly

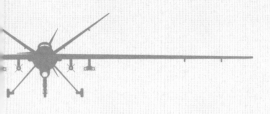

지는 경기를 하다

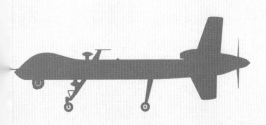

서 문

지는 경기를 하다

내가 개인적으로 존 매케인과[1] 가졌던 마지막 대화는 2017년 겨울, 그가 마지막으로 워싱턴을 떠나기 직전이었다. 우리는 미국이 중국과의 전쟁에서 어떻게 지고 있는지에 대해 얘기했다. 먼 미래의 일이 아니라 바로 지금 지고 있다는 것이다.

지난 10년 동안, 나는 국가 안보와 군사 문제에 대한 매케인의 핵심 참모였다. 그가 미 상원 군사위원회 위원장으로 있었던 그의 인생 마지막 4년 동안, 나는 그의 수석 참모였다. 여기서 나는 매케인과 그의 동료 의원들이 미국 국방 프로그램 전체를 승인하고 감독하는 것을 지원하는 국방 정책 전문가팀을 이끌었다. 국방부의 모든 정책과 활동, 여기서 개발하고 구입하는 무기들, 그리고 그곳에서 매년 사용하는 약 7천억 달러가 관리 대상이었다. 매케인과 나는 미 국방부의 최고 기밀과 프로그램에 접근할 수 있었고, 우리는 미 국방부의 최고위 관리들과 군 수뇌부를 수시로 만났다.

2017년 겨울이 막 끝나 갈 때쯤 매케인은 지난 몇 년 동안 우리가 힘들게 다루어 왔던 문제에 대해서 1백 명의 미 상원의원 전체에게 브리핑할 수 있도록 준비하

---

1) [역주] 존 시드니 매케인 3세(John Sidney McCain Ⅲ, 1936~2018년)는 미국의 공화당 의원으로 하원과 상원의원을 지냈다. 2008년 미국 대통령 선거에서 공화당 후보로 출마했으나, 오바마에게 패했다. 베트남 전쟁에 전투기 조종사로 참전했으며, 5년 반 동안 전쟁포로로 지낸 경험이 있다. 뇌종양 투병 중 2018년 8월, 81세의 나이로 타계했다.

라고 지시했다. 그 문제는 다른 강대국에 대한 미군의 기술적 우위가 빠른 속도로 상실되고 있으며, 특히 중국의 경우 미국과의 전쟁에서 승리할 거라는 명백한 의도를 갖고 첨단 무기체계를 빠르게 증강시키고 있다는 사실이다. 매케인은 동료 상원 의원들에게 미국이 뒤처지고 있으며, 그들 대부분이 알아차리지도 못한 경쟁에서 패배할 위험에 놓여 있다는 것을 알려 주고자 했다.

수년 동안 매케인과 나는 국방부 지도자들에게 현재 상황이 얼마나 나쁜지 의회와 미국 국민들에게 보다 분명하게 말해 줄 것을 요청해 왔다. 그러나 그들은 자신들이 패배주의자처럼 보임으로써 경쟁자들의 사기를 북돋워 주는 것을 원치 않았다. 이해할 만한 우려였다. 하지만 그것은 우리가 극복해야 할 우려였다. 왜냐하면 누구도 존재하는지 알지 못하는 문제를 해결할 수 없기 때문이다. 사실 중국 공산당 정부는 미국의 군사력과 그 취약성에 대해 미국 국민이나 그들이 선출한 대표들보다 훨씬 더 많이 알고 있다.

그해 상황이 바뀌기 시작하는 것처럼 보였다. 합참의장이었던 조셉 던포드 Joseph Dunford 장군은 6월 매케인이 주도하는 위원회에서 다음과 같이 증언했다. "몇 년 안에 우리의 궤도를 바꾸지 않으면, 우리는 질적, 양적 경쟁에서 우위를 잃게 될 것이다."[2] 다른 말로 하면, 미국의 군사력은 더이상 최고가 아니라는 것이다.

몇 개월 뒤, 매케인과 내가 주기적으로 자문을 구했던 유명한 초당적 연구기관인 랜드 연구소에서 발간한 한 보고서는 "그럴듯한 가정 아래 생각할 때 미군은 그들이 싸워야 할 다음 전쟁에서 패배할 것"이라는 결론을 내렸다.[3]

매케인이 미국 방위 전략에 대한 독립적인 조사를 위해 설립한 초당적 군사 전문가 위원회에서도 비슷한 평가를 내렸다. 그들은 2018년 매케인이 사망한 직후 의회 증언에서 다음과 같이 말했다. "미국의 군사적 우월성은 … 위험한 정도로 침식되었다. 미군은 다음 분쟁에서 감당하기 어려울 정도로 많은 사상자와 주요 자산의 손실을 입게 될 것이다. 중국이나 러시아와의 전쟁에서 힘겹게 이기거나, 아니면 패

---

2) General Joseph Dunford, Testimony Before the Senate Armed Services Committee, June 13, 2017, https://www.armedservices.senate.gov/hearings/ 17−06−13−department−of−defense− budget posture.

3) David Ochmanek, Peter Wilson, Brenna Allen, John Speed Meyers, and Carter C. Price, *U.S. Military Capabilities and Forces for a Dangerous World* (Santa Monica, CA: RAND Corporation, 2017), xii.

배할지도 모른다."[4]

　매케인은 그날의 브리핑이 동료들의 잠을 깨우는 모닝콜이 되기를 원했다. 브리핑을 통해 이러한 놀라운 사실을 뒷받침하는 많은 세부적 내용을 알려 주었다. 매케인과 내가 옹호해왔던 새로운 기술과 자원, 그리고 새로운 생각과 개혁에 대한 더 큰 지지를 이끌어 내고자 했다. 99명의 동료 상원의원들이 초대되었지만 12명가량이 참석했다.

　그곳에 참석한 상원의원들에게 그것은 우울한 현실이었다. 그날 브리핑을 제공한 사람은 오바마 행정부에서 일했던 국방부 전직 관리 데이비드 오크매넥David Ochmanek이었다. 1년 후, 그는 정부를 떠나면서 국방부에서 수행한 많은 워게임의 결과에 대해 공개적으로 언급했다. 워게임은 본질적으로 미래 전쟁에 대한 모의실험이다. 미군은 이러한 워게임을 통해 경쟁 국가와의 실제 전쟁을 유추한다. 여기서 양편은 가까운 장래에 현실적으로 예상할 수 있는 군사력을 갖고 서로 싸운다. 상대는 통상 레드팀이라 부르고, 미군은 블루팀이다. 오크매넥은 수년간의 워게임 결과를 다음과 같이 설명했다.

> 우리가 중국이나 러시아와 싸울 때 블루팀은 혼쭐이 난다. 많은 사상자가 발생하고 많은 장비를 상실한다. 우리는 보통 적의 침략을 막는 목표를 달성하지 못한다 … 모든 사람은 25년의 경험을 바탕으로 우리가 지배적인 군사력을 가지고 있다고 가정한다. 즉 전쟁이 일어나면 우리는 항시 이길 것이고 그것도 크게 이길 것이라고 생각한다. 이 점에 대해 어떤 의심도 하지 않는다. 그러나 우리가 미국민들에게 "그렇지 않다."고 말하면 그들은 충격에 빠질 것이다. 그들은 한 번도 이런 말을 들어 보지 못했기 때문이다.[5]

　진실은 오크매넥이 설명하는 것보다 훨씬 더 나쁘다. 지난 10년 동안 중국과의 워게임에서 미국은 거의 모든 경우 패배한 완벽한 기록을 가지고 있다. 우리 미국인

4) Eric Edelman and Gary Roughhead, *Providing for the Common Defense: The Assessment and Recommendations of the National Defense Strategy Commission* (Washington, DC: United States Institute of Peace, 2018), https://www.usip.org/sites/default/files/2018−11/providing−for−the−common−defense.pdf.

5) Remarks of David Ochmanek at the Center for a New American Security, Panel Discussion: A New American Way of War, May 7, 2019, https://www.cnas.org/events/panel−discussion−a−new−americanway−of−war.

들이 이것을 모르고 있을 뿐이다. 대부분의 의원들도 이 사실을 모르고 있다. 그러나 국방부에서 이것은 너무나 잘 알려진 사실이다.

그날 저녁 매케인과 나는 러셀 빌딩에 있는 그의 사무실에 함께 앉아 있었다. 옅은 겨울의 황혼이 사무실의 높은 창문 너머 희미해지는 시간이었다. 그는 낙담한 게 분명했다. 그는 자신이 좋아하는 고풍스러운 의자에 깊이 앉아 채 바닥을 응시하며 이렇게 물었다.

"자네 생각에 중국과의 전쟁이 발생하면 어떻게 될 것 같나?"
"안 좋을 겁니다."
"아니, 내 말은, 실제 어떻게 전개될 것 같은가 묻는 거야."

존 매케인과 나는 그날 저녁 늦게까지, 몇 년 안에 미국이 중국과 싸워야 한다면 어떤 일이 벌어질지 상상했다. 우리는 미국이 정당한 이유 없이 전쟁을 시작하지는 않을 것이지만, 그럼에도 불구하고 여러 가지 이유로 전쟁이 시작될 수 있다는 데 동의했다. 전쟁은 중국과 미국 전함 간의 우발적인 해상 사고로 양측 선원이 죽음으로써 촉발될 수 있다. 미국이 대응할 의무가 있는 동맹국에 대한 중국의 공격에 의해 시작될 수도 있다. 그러나 전쟁이 어떻게 시작되든지 간에 그것은 거의 같은 방식으로 전개될 것이다.

전쟁이 시작될 때, 전투에 필요한 많은 미국의 함정, 잠수함, 전투기, 폭격기, 추가 군수품 그리고 다른 시스템들은 전장과 수천 마일 떨어진 미국에 있을 것이다. 그들이 태평양을 건너 수 주에 걸쳐 동원되기 시작하면 즉각적인 공격을 받게 된다. 사이버 공격으로 미군의 물류 수송은 혼란에 빠질 것이다. 태평양을 가로질러 병력 대부분을 실어 나르는 무방비 상태의 수송선과 항공기는 매 단계에서 공격을 받을 것이다. 미군이 정보와 통신 그리고 위치 파악을 위해 의존하는 인공위성은 레이저 공격에 눈이 멀거나, 고에너지 방해 전파에 의해 기능이 마비될지 모른다. 심지어 인공위성 요격용 미사일에 의해 파괴될 것이다. 전투 중인 미군의 중요한 정보의 흐름을 관리하는 지휘 통제망은 전자 공격, 사이버 공격, 미사일 등으로 산산조각 날 것이다. 많은 미군은 보지도 듣지도 말하지도 못하는 상태에 놓이게 될지 모른다.

이러한 공격이 진행되는 동안, 일본과 괌 같은 곳에 있는 미국의 전방 기지들은 중국에서 발사된 정밀 유도미사일과 순항미사일의 세례를 받게 될 것이다. 이들 기지가 보유하고 있는 몇 안 되는 방어 수단들은 그들에게 들이닥치는 엄청난 양의 무기에 의해 순식간에 압도당할 것이며, 상당수는 방어망을 뚫고 들어올 것이다. 이런 기지들은 중국의 극초음속hypersonic 무기에 대한 방어력을 갖고 있지 못하다. 극초음속 무기는 음속의 5배로 비행하며 발사 몇 분 만에 목표물을 타격할 수 있다. 이모든 미사일이 미군 기지에 떨어지게 되면, 전투기와 지상의 다른 항공기들은 이륙하기도 전에 파괴될 것이다. 활주로에 구멍이 나고 작전 본부와 연료 저장 탱크가폭파되면 결국 미국의 전진 기지는 운용할 수 없게 될 것이다. 중국의 미사일 공격에서 살아남은 항공기들은 주변 다른 기지로 이동해야 하는데, 그곳 역시 공격을 받게 될 것이다. 이렇게 옮겨 가다 보면 마치 미국이 피난하는 것처럼 보일 것이다.

중국과의 전쟁 초기 며칠 안에 이들 전진 기지에 배치된 병력 대다수는 전투에참여하지도 못할 것이다. F-15나 F-16과 같이 오래되고 스텔스 기능이 없는 전투기들은 중국의 첨단 전투기와 지대공 미사일의 공격에 맞서 살아남을 수 없기 때문에어떤 공격적 역할도 맡지 못할 것이다. 해군의 F-18기들도 마찬가지다. F-22나 F-35와 같이 항모에 탑재될 수 있는 제한된 수의 스텔스 5세대 전투기들은 연료 탱크하나로 수백 마일을 비행할 수 있지만, 목표물에 도달하기 위해서는 공중급유기에의존해야 한다. 하지만 공중급유기는 스텔스 기능이나 자기 방어 능력이 없기 때문에 대량으로 격추될 가능성이 높다. 이들 공중급유기가 사라지게 되면 미국의 단거리 전투기를 전투에 계속 투입할 수 있는 지원도 없어진다. 이들이 개발될 당시에는결코 일어날 거라 상상하지 않았던 일이다.

비슷한 일이 미군의 해군 기지에서도 일어날 것이다. 일단 전쟁이 시작되면, 이지역의 미군 항공모함들은 중국의 장거리 대함 미사일로부터 1,000마일 이상을 벗어나기 위해 즉시 동쪽으로 방향을 틀고 더 멀리 이동할 것이다. 이렇게 멀리 떨어지게 되면 공중급유 없이 목표물에 도달할 수 있는 항공기가 없기 때문에 공군이 직면했던 것과 같은 딜레마에 빠지게 된다. 스텔스 전투기도 너무 멀리 떨어져 있기때문에, 목표물에 도착하기 위해서는 스텔스 기능도 없고 아무런 방어 능력도 없어서 대량 격추될 가능성이 높은 공중급유기의 도움을 받아야 한다.

그동안 중국의 인공위성과 레이더는, 미국 대륙에서 전력을 지원하기 위해 태평양을 가로지르는 긴 여정을 시작하는 항공모함들을 사냥하고 있을 것이다. 이들이중국에 발견될 경우 미국 국방계6)에서 '항공모함 킬러'로 더 잘 알려진 DF-21과

---

6) [역주] 여기서 국방계(defense circle)는 국방 관련 업무에 종사하거나 연구하고 있는 사람들 포괄하는 말이다. 여기에는 국방부에 근무하는 군인들, 국방안보 관련 분야를 연구하는 학자와 전문가들, 기자들, 그리고 각종 방위산업에 관련된 일을 하는 기업인이나 공

DF-26 대함 탄도미사일의 소나기에 직면하게 될 것이다. 항공모함과 그 호위함들은 미사일 일부를 격추시킬 수 있겠지만, 방어망을 뚫고 들어오는 상당수의 중국 미사일은 비행갑판에 구멍을 내거나 관제탑을 손상시킬 것이다. 게다가 항공기를 이륙하기 전에 파괴함으로써 전선에서 이탈시킬 수 있다. 그 위력은 약 천만 달러짜리 미사일 한 방으로 미국인 5천 명과 130억 달러짜리 배를 가라앉힐 정도로 치명적이다.

해병대는 해군보다 더 힘들 것인데, 이유는 비슷하다. 1944년 노르망디 상륙이나 6·25전쟁 초기 인천 상륙 작전 때처럼 적진에 미군을 투입하기 위해 만들어진 수십억 달러짜리 수륙양용 공격전력도 그 같은 역할을 하지 못할 것이다. 미군 항공모함이 중국 미사일의 사정거리를 벗어나기 위해 반대 방향으로 기동하고 있는 상황에서, 어떤 해병대 지휘관도 수십억 달러짜리 수륙양용 함정에게 방어진지가 있는 중국의 해안으로 공격하라고 명령하지 않을 것이다. 대신 해병대는 태평양으로 흩어져 원정전을 치르려고 하겠지만, 그렇게 할 무기와 병참 자원이 턱없이 부족할 게 뻔하다.

미군이 힘든 일을 할 때 의지할 수 있는 가장 효과적인 전력인 잠수함, 장거리 폭격기, 지상 발사 미사일은 전쟁이 시작될 때 태평양에 있지 않을 것이다. 그들은 그곳에 도착해야 하는데 며칠이나 몇 주가 걸릴지 모른다. 이러한 전력이 도착하더라도, 필요한 것보다 훨씬 적을 것이다. 수년 동안 계속된 투자 부족과 획득 지연의 결과다. 그리고 같은 이유 때문에 효과적으로 사용되어야 할 가장 중요한 무기들이 빠르게 소진될 것이다.

매케인과 나는 잠시 멈춰서 이 재앙의 잠재적 규모를 검토했다. 수천 명의 미국인이 전투에서 생명을 잃고, 미국의 전함들이 침몰한다. 공군 기지는 연기로 자욱한 구멍투성이로 변하고, 항공기와 인공위성은 하늘에서 격추된다. 전쟁은 서너 시간 혹은 수일 만에 패배로 끝날 수 있다. 그러나 미국이 제대로 전투 위치를 잡는 데만 수주나 수개월이 걸릴 것이다.

오랜 침묵 끝에 내가 말문을 열었다. 만약 어떤 미래 대통령이 ─ 그의 이름이 도널드 트럼프일 수 있다. ─ 자신에게 주어진 가능한 선택지가 그냥 항복하고 패배하거나, 아니면 싸우고 패배하는 것밖에 없다는 것을 깨닫게 된다면, 백악관 상황실 회의가 어떻게 진행될지 상상해 보자. 그 시점에서 더 큰 문제는 과연 그 미래의 대

학자를 포함한다.

통령이 전쟁을 감행할 의지가 있겠는가 하는 것이다. 결국 그것은 처음부터 중국의 목표였다. 《손자병법》에 나와 있듯이, "싸우지 않고 승리하는 것"이다.[7)]

매케인은 내가 보아 왔듯이 다소 엄숙하고 기력이 없어 보였다. 그의 질병과 힘든 치료로 인해 육체적으로 쇠약해진 탓도 있지만, 무언가 더 큰 것이 그를 짓누르고 있었기 때문이었다. 나는 우리가 이 문제를 해결하기 위해 지난 몇 년 동안 얼마나 많은 일을 함께 해 왔는지 생각하지 않을 수 없었다. 미군을 위해 우리가 확보해 준 추가 자금들, 신기술과 역량에[8)] 대한 투자들, 새로운 개혁을 위한 여지를 마련하기 위해 오래된 군사 시스템을 없애려고 시도했던 (그리고 종종 실패했던) 일들, 그리고 더 나은 기술을 미군 손에 더 빨리 넘기기 위해 의회를 통해 추진한 개혁 작업들이다. 그러나 이러한 노력도 문제의 심각성을 고려하면 부족해 보였다.

"나는 이해할 수가 없어."라고 매케인이 입에 손을 대고 중얼거렸다. "1980년 육군 참모총장이 의회에서 우리 군대가 '빈 깡통'이라고 증언했을 때를 기억하는데, 충격적이었지, 1면 뉴스감이었어." 매케인은 잠시 멈췄다. "지금 일어나고 있는 일들도 그만큼 심각한 것 같아. 사실 훨씬 더 나쁜 상황이야. 아무도 신경 안 쓰는 것 같아. 알고 싶어 하지도 않는 것 같단 말이야."

매케인은 머리를 돌려 바닥을 응시했다. 나는 그가 다음에 한 말을 절대 잊지 못할 것이다. 그는 "미래 세대의 미국인들은 우리를 돌아보면서 우리가 어떻게 이런 일이 일어나도록 내버려 둘 수 있었는지, 그리고 왜 기회가 있을 때 이 문제를 해결하기 위해 더 많은 것을 하지 않았는지 물어볼 것"이라고 탄식했다.

～～

여러분은 아마 이것이 사실일 리가 없다고 생각할 것이다. 미국은 매년 국방비로 1조 달러의 4분의 3에 가까운 돈을 지출한다.[9)] 그것은 국방비 지출순위 다음 8

---

7) [역주] 《손자병법》 '모공편'에 나오는 말로 원문은 다음과 같다. "백전백승은 최고의 선이 아니라, 싸우지 않고 적을 굴복시키는 것이야말로 최고의 선이다(不戰而屈人之兵善之善者也)."

8) [역주] '역량(capacity)'이나 '능력(ability)'은 무기체계에 기대되는 효과를 의미하는 것으로 보통 무기체계의 파괴력을 나타내지만, 감지장치와 같은 비운동성 장비의 경우 그 자체의 성능을 의미한다.

9) [역주] 2020년 미국의 국방비 지출은 7,320억 달러로 세계 1위다. 이는 전 세계 국방비

개국의 것을 합친 것보다 많다. 그 돈은 전투기, 잠수함, 항공모함, 전차, 공격 헬기, 핵무기를 구입하고 잘 무장된 수십만 명의 미군을 운용하는 데 사용된다. 이러한 군사 시스템의 대부분은 놀라운 기술적 역량을 자랑한다. 이러한 군사력은 미국이 필요할 때면 언제 어디서든 세계의 어떤 적에 대해서 무엇이든 할 수 있도록 해 주었다. 미래에 **이런** 군대가 그리고 **우리** 군대가 이길 수 없을 것이라는 생각 자체가 불가능해 보인다.

하지만 이것은 **가능한** 일이다. 그리고 상황은 점점 나빠지고 있다. 많은 미국인들이 의당 질문해야 할 것은 왜 그런가? 그리고 너무 늦기 전에 어떻게 경로를 바꿀 수 있을 것인가? 하는 점이다.

지난 10년 동안 나는 미국의 국방 기관, 즉 드와이트 아이젠하워 대통령의 말을 수정하여[10] 매케인이 '군사-산업-의회 복합체'라고 부르던 국방부와 의회 그리고 방위산업의 철의 삼각 지대에서 일했다. 이 기간에 내가 여전히 몸담고 있는 우리 국방 기관에 체제적인 문제가 있다는 것을 알게 되었다. 그것은 국방 기관이 군사력의 건설과 대비에 있어 실제로 무슨 일이 일어나고 있는지 제대로 이해하는 데 실패했고, 이러한 실패로 인해 우리의 방위산업을 오판하고 있으며 잘못 관리해왔다는 점이다.

국방에 있어 우리는 흔히 군사력의 지표가 우리의 '플랫폼'이라고 생각한다. 여기서 플랫폼은 개별 차량이나 특정 선진화된 군사 장비 그리고 시스템을 말한다. 우리는 군사력의 요구사항을 플랫폼의 수량이나 성능으로 제출한다. 예산을 책정하거나 지출에 있어서도 기준은 플랫폼이다. 군사적 역량에 대한 우리의 목표도 플랫폼에 기반해서 설정한다. 예를 들어, 우리는 355척의 함정을 보유한 해군이나 386개 편대로 구성된 공군을 염원한다. 우리가 플랫폼에 끌리는 이유는 대부분 실체적인 것이기 때문이다. 우리는 그것들을 셀 수 있고, 만질 수 있고, 그것들을 만들기 위해 사람들을 고용할 수 있다. 군사 행진에도 잘 어울린다. 실제로 플랫폼은 군사 기관의 정체성을 정의할 뿐만 아니라 거기에 근무하는 군인들도 종종 자신을 전투기 조

지출의 38%로 2~11위 국가의 국방비 지출 총액보다 큰 금액이다. 중국은 2위로 전세계 국방비 지출의 14%인 2,610억 달러를 지출했다. 자료: 《2020 세계 방산시장 연감》(국방기술품질원).

10) [역주] 아이젠하워 대통령은 국방부와 방위산업체의 연합을 '군산복합체(military－industrial complex)'라 불렀다.

종사, 함정 항해사, 유조선 승조원으로 간주하게 만든다. 그러나 이렇게 생각하는 것은 간단히 말해서 투입 요소를 결과물로 착각하게 만드는 것이다.

지도자들 역시 더 큰 목표를 간과하는 경우가 너무나 많다. 처음에 우리가 **왜** 그러한 플랫폼을 원하게 되었는지 이유를 생각하지 않는다. 왜냐하면 플랫폼을 구입하는 것이 군대의 목표가 되어서는 안 되기 때문이다. 그 목표는 전쟁 방지책, 즉 억제력을 확보하는 것이다. 그리고 전쟁을 억제하는 유일한 방법은 어떤 경쟁자들에 대해서도 승리할 수 있는 분명한 역량을 갖춤으로써 그들이 폭력을 통해 자신들의 목표를 결코 추구하지 못하도록 하는 것이다.

그렇다면 무엇이 전쟁에서 승리를 가능하게 하는가? 플랫폼은 유용한 도구일 수 있지만 궁극적인 답은 아니다. 오히려 전쟁에서 승리할 능력은 단 한 가지로 귀결되는데, 그것은 바로 킬 체인kill chain이다.

킬 체인이란 거의 모든 미군들이 알고 있는 용어이지만 군대 밖에서는 들어 보기 어렵다. 그것은 가장 근본적인 차원에서 군대가 전쟁의 역사를 통해 늘 행하고 있는 것이며 지금까지 해 왔던 일이다. 킬 체인은 전장을 비롯하여 군대가 경쟁하는 곳이라면 어디서든 일어나는 일종의 과정이다. 여기에는 세 개의 단계가 포함된다. 첫 번째는 무슨 일이 일어나고 있는지에 대해 이해하는 것understanding이다. 두 번째는 무엇을 할지 결정하는 것making a decision이다. 그리고 세 번째는 목표 달성에 필요한 효과를 창출하기 위해 조치를 취하는 것taking an action이다. 비록 그 효과가 살상과 관련될 수 있지만, 훨씬 많은 경우 전쟁이나 전쟁 이전 단계의 군사적 대립에서 승리하는 데 필수적인 모든 종류의 비폭력적이고 비살상적인 행동을 포함한다. 실제로, 더 나은 이해와 결정 그리고 행동은 군대로 하여금 불필요한 인명 손실을 예방할 수 있게 해 준다. 그들 자신의 국민과 무고한 시민 모두의 희생을 줄일 수 있는 것이다.

각 단계는 필수적이다. 무슨 일이 일어나고 있는지를 이해하지 못하면 좋은 결정을 내리거나 적절한 조치를 취할 수 없다. 결정을 내리고 전달하는 능력이 없다면 이해하고 행동하는 능력은 아무런 성과도 내지 못한다. 그리고 행동할 수 있는 능력 없이는 다른 어떤 것도 의미를 가질 수 없다. 그 과정은 본질적으로 순차적이다. 상황 이해와 의사결정에 앞서 미리 행동을 하거나, 무슨 일이 일어나고 있는지 알기 전에 결정을 내리는 것은 실수를 범하는 것이고, 군대에서 이러한 실수는 치명적일 수 있다. 미군들이 상황을 이해하고 결정하고 행동하는 과정을 마치면, 그것을 '킬 체인의 완료 혹은 닫는다closing the kill chain'고 말한다. 그리고 그들이 경쟁 군대가 그렇게 할 능력을 빼앗거나 좌절시킬 때, 그것을 '킬 체인의 파괴breaking the kill chain'라고 부른다. 군대가 이 두 가지를 얼마나 빨리, 얼마나 자주 그리고 얼마나 효과적으로 할 수 있느냐에 따라 그들의 승패가 결정된다.

어떤 사람들은 살상killing을 언급하는 것에 불편함을 느끼거나 이를 미군 문화에 어떤 문제가 있는 것으로 생각할지 모른다. 그러나 그렇게 볼 필요가 없다. 킬 체인은 사실 제복을 입은 미국인들이 실제로 하는 일의 본질을 더 알기 쉽게 만들고 공감을 넓힐 수 있는 개념이다. 우리 군대는 불투명하고 혼란스러우며 이해하기 어려운 존재로 보일 수 있다. 특히 군대와 의미 있는 접촉이 거의 없는 많은 미국인들에게 그렇다. 그럼에도 불구하고, 이해, 결정 그리고 행동의 과정은 수십억 명의 시민들이 그들의 직업과 삶에서 매일 하는 일이다. 기업은 시장을 이해하고 경쟁 방법을 결정한 다음 계획에 따라 행동해야 한다. 스포츠 팀들도 경쟁자들을 이해하고, 그들과 어떻게 경기하는 것이 최선인지를 결정하고, 경기 당일에 모두 힘을 모아 실행해야 한다. 이렇게 보면 제복을 입은 미국인들이 매일 수행해야 하는 핵심 업무들은 그 밖의 다른 사람들의 일과 크게 다르지 않다.

그럼에도 불구하고, 우리 군대는 미국의 다른 기관들과 근본적으로 **다르다.** 킬 체인은 또한 군대를 설명하는 데 도움이 된다. 살상은 실제로 우리 군에서 매우 소수의 사람들만이 하도록 허용되는 일이다. 군대에 근무하는 대다수 사람들은 상황에 대한 이해를 높이고, 결정을 용이하게 하며, 무수한 행동들을 실행하는 데 초점이 맞추어진 일을 하고 있다. 그 일의 대부분은 살상과는 무관하다. 그러나 이러한 과업의 모든 것은 미국의 다른 어떤 일과 달리 치명적인 업무를 성공시키는 데 근본적인 초점이 맞춰져 있다. 군인이 아니라면 그들이 감당해야 하는 독특한 부담감과 이질감을 이해하기 어렵다. 그 밖의 국민 어느 누구도 이러한 것을 죽임과 죽음의 임무를 담당하고 있는 이들보다 더 본능적이며 더 진지하게 느끼지는 못한다. 킬 체인은, 제복을 입은 미국인들이나 우리 모두에게, 우리 군대가 수행하는 이해, 결정, 행동의 능력이야말로 말 그대로 삶과 죽음의 문제라는 것을 상기시켜 준다.

전쟁에 있어서 이해와 결정 그리고 행동의 과업은 시대를 초월하지만 킬 체인은 1980년대에 시작된 정보 혁명과 연계되면서 비교적 새로운 의미를 갖게 된 용어다. 정보 혁명 이전에 킬 체인은 주로 단일 군사 플랫폼에 집중되었다. 예를 들어, 적 항공기가 어디에 있는지 파악하고, 그것에 대해 무엇을 해야 할지 결정하며, 그에 따라 행동하는 과정이 하나의 전투기나 방공 시스템 안에서 일어났다. 플랫폼은 확실히 협업했지만, 대부분의 개별 플랫폼은 자체적인 킬 체인 아래에서 움직였다.

정보 혁명은 1990년대에 네트워크 전쟁이라고 알려지게 된 것에 대한 전망을 제시했다. 새로운 기술은 정보의 수집, 처리 및 배포를 혁신했고 킬 체인을 분산시키는 것이 가능해졌다. 한 군사 시스템은 이해를 촉진하고, 다른 군사 시스템이 의사결정을 한다면, 또 다른 군사 시스템에서는 의도된 조치를 취할 수 있다. 이러한 모든 기능을 하나의 플랫폼에 집중시키는 대신, 군은 여러 가지 다양한 군사 시스템으로 이루어진 '전투 네트워크battle network'를 통해 이러한 기능을 분산시킬 수 있게 된 것이다. 그렇게 되면 킬 체인은 전체적인 과정과 목표를 훨씬 더 정확하게 묘사하게 된다. 왜냐하면 킬 체인은 정보 수집에서 출발하여 상황에 대한 이해와 의사결정 그리고 행동으로 순차적으로 연결되는 실제적인 계기들의 사슬이기 때문이다.

정보 혁명은 세계가 '군사분야의 혁명revolution in military affairs(RMA)'의 정점에 서 있다는 믿음을 낳았다. 군사분야의 혁명은 전면적인 기술 변화의 드문 시기로 기존의 군사 개념과 역량의 우열을 뒤엎고, 전쟁이 어떻게, 무엇을 가지고, 누구에 의해 전개되는지에 대한 새로운 사고를 요구하는 것을 말한다. 그러한 혁명의 고전적인 예는 자동 소총, 현대식 폭발물, 증기선, 항공기 그리고 다른 산업혁명 시대의 기술이 출현함에 따라 전쟁수행방식warfare이 혁신적으로 변화했던 19세기 말에서 제1차 세계대전의 발발에 이르는 시기이다. 많은 사람들은 20세기 말의 정보 기술이 비슷한 군사 혁명을 이끌 것이라고 믿고 있다. 군사분야의 혁명은 전투 네트워크와 함께 수행되는 일종의 전투 인터넷과 같은 것을 의미하며, 그 중심에 킬 체인이 있을 것이다.

문제는 지난 수년 동안 킬 체인이나 군사분야의 혁명의 언어를 주창하면서도 미국의 국방 기관들은 결코 자신들의 사고방식을 바꾸지 않았다는 점이다. 우리 군대는 킬 체인보다는 플랫폼을 구축하고 구입하는 데 여전히 주력해 왔다. 아프가니스탄과 이라크 전쟁이 한창일 때에도, 미국은 우리 군대를 현대화하는 데 수천억 달러를 투입했지만 잘못된 방식이 적지 않았다. 우리는 종종 입증되지 않은 기술을 사용하여 미군이 수십 년 동안 의존해 온 플랫폼을 약간 개선된 형태로 생산하려고 했다. 이 프로그램 중 많은 것들이 수십억 달러의 조달 실패로 귀결되었다. 일부 플랫폼은 성능이 매우 뛰어나지만 정보를 효과적으로 공유할 수 있는 단일 전투 네트워크로 통합되지 못했다. 작년 한 장교가 "심각한 문제는 내 물건 중 어느 것도 서로 교신할 수 없다."고 말할 정도이다.

그 결과 미군은 킬 체인을 완료하는 데 있어 할 수 있고 해야만 하는 것보다 훨씬 느리고 효과적이지 못하다. 이 과정은 매우 수동적이고 선형적이며 동적이지 못하고 변화에 둔감하다. 기존의 특정 군사 시스템[예컨대 구축함]은 하나의 특정 목적[예컨대 적 잠수함 공격]을 위한 상황이해, 의사결정, 그리고 조치를 신속히 수행하기 위해 적절히 작동할 수 있지만, 다른 예기치 않은 목적을 위해 다른 방식으로 재구성될 수는 없다. 간단히 말해서, 기존 군사 시스템은 미군이 전쟁에서 이해를 도출하고, 상황에 대한 지식을 의사결정으로 전환하고, 행동을 취하게 하는 수단들이 변화된 상황에 적응하도록 구축되지 않았다는 것이다.

비극적인 역설은 미국의 국방 기관에 있는 많은 사람들이 과거의 경험으로부터 잘못된 교훈을 배운 것처럼 보인다는 점이다. 그들은 잘못된 방식을 바꾸려는 시도로 인해 너무 심하게 소진되었기 때문에 올바른 방식으로 바꿔야 하는 필요성에 대해서조차 회의적으로 바뀌었다. '군사분야의 혁명'에 대한 이야기들은 사라졌다. **변혁**transformation 또한 오염된 단어가 되어 버렸다. 그리고 중동에서의 20년간의 전쟁은 이러한 과잉 반응을 부추겼는데, 미래의 위협에는 대비하지 않고 모든 것을 집어삼키는 현재의 분쟁에 집착했기 때문이다.

이러한 상황은 정보 혁명이 몇 년만에 끝나는 것이 아니기 때문에 특히 위험하다. 정보 혁명은 열정적으로 추진되고 있는데, 대개 국가안보와 거의 관련이 없는 상용 기술 회사들에 의해 추진되었다. 유비쿼터스 센서, '에지edge' 컴퓨팅, 인공지능, 로봇 공학, 첨단 제조술, 생명공학, 새로운 우주 능력, 극초음속 추진 기관, 양자 정보 기술과 같은 기술들은 광범위한 경제적, 사회적 영향을 미친다. 그뿐만 아니라 전통적으로 군사력의 기준이 되어 왔던 무기나 플랫폼을 넘어설 수 있는 엄청난 군사적 적용이 가능할 것이다. 이러한 기술들이 함께 결합될 경우, 전체 킬 체인을 변화시킬 것이다. 이는 군대의 행동 방식 뿐아니라 상황 이해와 의사결정의 특성도 변화시킬 것이다.

이것은 공상과학 소설의 얘기가 아니다. 이 기술 중 많은 것들이 이미 존재하고 있다. 실제로, 미군들은 그들의 일상생활에서 그들 중 많은 것을 사용한다. 점점 더 지능화되는 시스템 네트워크를 통해 필요한 물건을 구입하고 전달받을 수 있다. 몇 분 만에 차량을 배차받고 자유롭게 이동할 수 있다. 집을 보호하고 내부에서 진행되는 많은 프로세스를 제어할 수 있다. 가장 중요한 모든 자료를 즉시 사용할 수 있으며, 자신들이 알 필요가 있거나 하기 원하는 것들에 대한 유용한 정보나 권고를 기계로부터 받아 볼 수 있다는 점이다. 즉, 주변 세계에 대한 이해도를 높이고 더 현명하고 빠른 의사결정을 내리도록 해주고, 삶을 개선하는 데 더 적절한 행동을 하도록 도움을 받고 있는 것이다.

그런데도 우리 군에 근무하는 이들은 이런 기술을 거의 활용할 수 없다. 대신, 그들은 일상생활에서 사용하는 것보다 수년이나 뒤처져 있는 기술로 위험하고 중요한 일을 해 오고 있다. 이것을 작년에 참석한 꽤 큰 공군 학술 회의에서 다시 한번 확인할 수 있었다. 그 회의 한 패널에서 나는 신기술이 어떻게 더 나은 군사 시스템들 간의 네트워크를 구축하는 데 도움이 될 수 있는지에 대해 발표를 했다. 방청객에 있던 한 조종사가 현재 대부분의 군인들이 이메일과 인터넷 연결이 끊긴 채 생활하는데 이런 일이 어떻게 가능한지 물었다. 이때 천 명이 넘는 청중들이 손뼉을 치며 폭소를 터뜨렸다.

지금 미군이 직면하고 있는 문제는 이전 것과 근본적으로 다르고 훨씬 더 위급한 것으로, 새로운 기술의 도입 여부를 넘어서는 것이다. 그 이유는 중국 때문이다.

지난 30년 동안 중국 공산당은 미군의 전쟁 방식에 대해 총체적인 연구를 진행하고, 미국을 따라잡기 위해 달려왔다. 1990년부터 2017년까지 중공군 예산은 900%나 증가했다.[11] 중국은 미국의 방식으로 이기는 것이 아니라 다른 종류의 전쟁을 위한 전략을 고안해 왔다. 즉, 미군이 목표를 달성할 기회를 주지 않음으로써 승리하는 것이다. 중국은 미군의 전투 네트워크를 무너뜨리고, 미군의 전통적인 플랫폼을 파괴하며, 킬 체인의 완료 능력을 뒤흔들기 위한 첨단 무기체계를 빠르게 발전시켜 왔다. 이러한 위협은 대부분의 미국인들이 인식하는 것보다 훨씬 더 진전된 것이다.

그렇다고 해서 중국이 엄청난 거인이라거나, 미군에게 중국이 제기하는 도전에 효과적으로 대응할 수 있는 수단이 없다는 뜻은 아니다. 더 큰 관심사는 중국이 어디로 향하고 있느냐 하는 것이다. 중국이 계속해서 더 부유해지고 더 강력해진다면, 중국은 10년 안에 미국보다 더 큰 국내총생산을 갖게 될 것이며 이로 인해 미국만큼 또는 더 많은 군사력을 보유할 수 있을 것이다. 이를 통해 중국은 강대국이 될

---

11) Andrew J. Nathan, "The Chinese World Order," *New York Review of Books*, October 12, 2017, https://www.nybooks.com/articles/2017/10/12/chinese-world-order /.

뿐만 아니라 미국과 대등한 **동급 국가**peer로 부상할 것이다. 미국인들은 19세기 이후로 이렇게 강력한 경쟁자와 맞닥뜨린 적이 없으며, 이러한 규모의 도전에 대해 어떻게 할지 생각조차 해 본 적이 없다.

중국 공산당은 아시아와 세계에서 지배력을 행사하는 것을 목표로 하고 있으며 중국이 승리하기 위해서는 미국이 패배해야 한다고 믿고 있다. 우리는 첨단 기술 경쟁에서 패할 수 있다. 우리는 세계 경제에서 일자리와 영향력을 잃을 것이다. 우리는 우리의 관심사와 가치를 공유하는 파트너를 잃게 될 것이다. 우리는 하이테크 권위주의high-tech authoritarianism 모델을 세계의 더 많은 나라로 확산시키고자 하는 중국 공산당의 열망을 가로막는 능력을 잃을 것이다. 그리고 힘의 균형이 계속해서 미국에게 불리하게 이동할수록 중국 공산당의 야망이 더 커지고 더 단호하게 추진될 것이며, 자신의 목표를 달성할 수 있는 능력 또한 강화될 것이다. 이 과정에 미국이 얼마나 큰 상처를 받을지는 중요하지 않다.

중국 공산당은 신흥 기술을 활용하여 미국을 '뛰어넘고leapfrog' 세계 최고의 권력이 되는 것을 목표로 하고 있다. 중국 공산당은 인공지능, 생명공학, 로봇공학 및 기타 첨단 기술 분야의 세계적 주도자가 되기 위해 수천억 달러의 정부 자금을 투자하는 전례 없는 노력을 기울이고 있다. 중국 공산당은 이미 이러한 기술을 사용하여 대량 감시와 사회 통제 그리고 전체적인 독재를 가능하게 하는 세계를 구축했다. 그리고 중국의 지도자들은 이러한 기술들이 '전쟁에서 싸워 이길' 수 있는 '세계 최고 수준의 군사력'을 개발하려는 경쟁에서도 똑같이 필수불가결하다는 점을 분명히 알고 있다.

미국에 대한 중국의 도전은 단순히 군사적인 것에 국한되는 것은 아니지만, 보다 광범위한 도전은 명백히 군사적 측면을 가지고 있으며 이러한 점이 우리를 실질적인 곤경에 빠뜨리고 있다. 문제는 미국이 국방에 너무 적은 돈을 쓰고 있다는 것이 아니다. 미국이 지는 경기를 하고 있다는 데 있다. 수십 년 동안 우리는 크고, 비싸고, 정교하고, 병력을 가득 실은 그리하여 대체하기 어려운 소수의 플랫폼 중심의 군대를 구축해 왔다. 이러한 플랫폼은 하나의 전투 네트워크로 킬 체인을 완료할 수 있도록 되어 있다. 반면, 중국은 수백만 달러짜리 미사일을 대량으로 배치하여 천정부지로 비싼 미국의 소수 군사 플랫폼을 찾아 공격하도록 하고 있다. 우리가 지금까지 해 온 방식으로, 같은 일에 수천억 달러를 계속 쓰는 것은 대단히 어리석은 짓이다. 그것은 정확히 우리의 적들이 우리가 그렇게 하기 원하는 일일 것이다.

미국의 국방 기관에 근무하는 사람들이 어리석거나 무능하거나 또는 태만하기 때문에 이러한 문제에 직면해 있다고 생각해서는 안 된다. 반대로, 이 사람들의 대다수는 열심히 일하는 임무 지향적인 미국인들로서 그들이 이해하는 대로 옳은 일을 하기 위해 최선을 다하고 있다. 그들은 그들 자신의 복잡한 킬 체인과 씨름하고 있다. 그들은 미국의 적들이 무엇을 할지, 어떤 다양한 위협이 실현될지 그리고 미래는 어떻게 전개될지 이해하려고 애쓰고 있다. 그들은 이 불완전한 정보를 바탕으로 크고 복잡하며 비용이 많이 드는 결정을 내릴려고 노력하고 있다. 그리고 그들은 극도로 어려운 상황에서 일하고 있는데, 위험 회피적 관료주의에서는 거의 모든 계기마다 변화에 저항하고 방해하려는 경향이 강하기 때문이다.

이 책이 말하고자 하는 미군에 대한 위협의 실제 이야기는 더 복잡하다. 최근 수십 년 동안 일부 미국의 국방 지도자들이 변화의 필요성을 분명히 인식했지만, 그들이 봉사했던 기관들은 특히 2001년 9월 11일 이후 벌어진 테러와의 전쟁에 매몰되면서 변화를 이루지 못했다. 중국 공산당은 최근 수십 년 동안 미군의 작전을 두려움과 분노 속에 관찰한 뒤 자국의 첨단 기술 군대를 체계적으로 증강시켰다. 이것은 미국의 국방이 첨단 기술의 세계와 어떻게 점점 더 멀어지고 있는지에 관한 이야기이다. 좀 더 깊이 들여다보면, 미국이 어떻게 자신의 지배력을 믿고 방심하게 되었는지에 대한 이야기다. 이는 실질적인 지정학적 경쟁이 없는 긴 시간 동안 미국이 어떻게 절대 무적이라는 잘못된 인식을 갖게 되었는지에 대한 경고를 담고 있다. 결국 이는 미국이 어떻게 미래에 의해 매복 공격을 받게 되었는지에 대한 이야기이다.[12]

이러한 매복 공격은 미국의 국방 기관들이 오랫동안 미적거리며 해야 할 일을 하지 않았기 때문에 발생한 것이다. 국방은 엄밀히 말해 폐쇄적인 체제다. 그것은 몇몇 주요 기업들이 지배하고 있고, 비밀에 싸여 있으며, 새로운 진입을 꿈꾸는 사람들에게는 뚫릴 수 없을 것 같은 복잡한 법과 정책들이 촘촘한 거미줄처럼으로 얽혀 있는 곳이다. 최근 신흥 기술이 엔터테인먼트, 상업, 운송 등 세계 주요 산업계를 뒤흔들며 재창조하고 있는 반면 국방은 크게 영향을 받지 않고 있다. 그러나 이런

---

12) [역주] 이 책에 자주 보이는 '미래에 의한 매복공격(ambushed by the future)'이란 표현은 미래 위협에 대비하여 현재 적절한 전투 네트워크와 킬 체인을 구축하지 못함으로써 미래 어느 시점에서 군사력의 열세에 빠지게 되는 상황이 될 것이라는 의미로 사용되고 있다.

상황은 더는 지속 가능하지 않다. 현재 전체 미군의 군사력 모델은 아마존, 애플, 넷플릭스의 부상 속에서 반스 앤 노블Barmes & Moble이나 블록버스터 비디오Blockbuster Video가 했던 것과 거의 같은 모습이다. 이러한 상황은 비슷한 선택을 강요받고 있다. 변화하지 않으면 쓸모없는 것이 되고 만다. 적응하지 않으면 뒤처진다. 그러나 실패의 결과는 미국의 입장에서 시장에서의 그 어떤 실패보다 가혹할 것이다. 정말 중요한 것은 다름 아닌 모든 미국인과 우리의 가장 가까운 동맹국들의 안전이 위협받고 있다는 사실이다.

이것이 내가 이 책을 쓰는 이유다. 고도로 복잡한 군사 및 기술적 변화를 이해하고 이를 성공적으로 활용할 수 있는 방법을 아는 것이 필요하기 때문이다. 이 책의 제목이 킬 체인인 이유도 여기에 있다. 변화의 범위와 속도가 폭발적으로 증가하고 있는 상황에서도, 변하지 않고 그래서는 안 되는 것, 즉 사물의 본질에 집중하는 것이 중요하다. 군대에게 그것이 킬 체인이다. 새로운 위협과 신기술은 군대의 이해, 결정 및 행동 방식을 변화시키겠지만, 이러한 임무의 중심성은 결코 변화시키지 못한다.

킬 체인에 초점을 맞추면 우리가 기술에 대해 생각할 때 우리가 추구하는 결과와 수단을 착각하는 일반적인 오류를 피할 수 있다. 우리는 지난 30년 동안 이런 실수를 너무 많이 해왔다. 이제 다시는 그럴 여유가 없다. 미국의 국방 기관들은 너무 오랫동안 특정 플랫폼에 의존해왔기 때문에 단순히 그러한 플랫폼의 개량품을 더 많이 획득하는 것을 목표로 생각하기 쉽다. 그러나 진정한 목표는 더 효과적인 킬 체인을 확보하는 것으로 더 나은 이해, 더 나은 의사결정, 그리고 더 신속한 조치를 달성하는 것이다. 문제는 어떻게 새로운 기술을 이용하여 수십 년 동안 해왔던 것과 같은 방식으로 미군의 능력을 향상시킬 수 있느냐가 아니다. 새로운 첨단 기술을 활용하여 어떻게 우리가 완전히 다른 군대, 즉 새로운 종류의 군사력을 만들고 새로운 방식으로 운용할 수 있게 할 수 있느냐에 달려 있다.

킬 체인에 집중하면 우리가 새로운 기술에 대한 우상숭배나 기술만이 우리를 구할 수 있을 거라는 유혹에서 벗어날 수 있다. 기술이 우리를 구원해줄 수 없다. 새로운 기술도 중요하지만 새로운 사고만큼 중요하지는 않다. 그리고 우리가 올바른 것에 집중한다면 새로운 생각을 할 가능성은 더 크다. 어떤 상황에서는, 새로운 기술이 킬 체인을 완료할 수 있는 최상의 해결책을 제공할 수 있을 것이다. 다른 상황에서는 새로운 기술과 오래된 기술을 결합하거나 완전히 새로운 방식으로 오래된 기술을 사용함으로써 더 나은 해결책을 마련할 수 있다. 기술이 중요하기는 하지만 도구적인 고려사항이다. 더 중요한 것은 경쟁자보다 더 빠르고 더 효과적으로 이해하고 결정하고 행동할 수 있는 우리의 능력이다.

이 책을 집필하면서, 나는 존 매케인 밑에서 일할 때 스스로 정한 기본적인 규칙을 따랐다. 권고할 만한 대답도 없이 문제를 제기하지 않는다는 것이다. 나는 본문에서 잠정적인 해결책을 제안할 것이다. 그리고 이런 생각은 나만의 것이다. 내가 매케인을 대신해서 말하고 있는 것이 아니고, 그럴 수도 없다.

나는 중국의 부상이 오늘 미국이 직면한 가장 중요한 도전이라고 생각한다. 이 전략적 경쟁에서 미국이 동원할 수 있는 모든 역량을 장기적으로 동원하겠지만, 이러한 광범위한 노력을 이 책에서 다 다루지는 못한다. 내가 여기서 다루고자 하는 부분은 이러한 경쟁의 군사적 측면이다. 미국은 이러한 경쟁에서 단지 군사력만 가지고는 성공을 보장하지 못할 것이다. 그러나 그것이 없다면 다른 요인과 무관하게 실패로 이어질 것이 확실하다.

아마도 향후 수십 년 동안 미국의 최우선 국방 과제는 중국 공산당이 세계 경제의 중심인 아시아 태평양 지역에서 군사적 우위를 확립하는 것을 막는 것이 되어야 한다고 생각한다. 이는 최근 수십 년간 우리가 당연시하게 여겨온 군사적 우위라는 미국의 독자적 지위가 침식됐으며, 중국이 첨단 군사 강대국으로 계속 부상한다면 이러한 경향은 지속될 가능성이 크기 때문이다. 미국인의 입장에서 이러한 얘기를 듣기 힘들고, 여기에 대처하는 것은 더욱 힘들지만 피할 수 없는 현실이라고 생각한다.

하지만 모든 희망이 사라졌다고 생각했다면 나는 이 책을 쓰지 않았을 것이다. 그것은 아니다. 그러나 효과적인 대응을 위해서는 미국 군사력의 목적, 방법, 수단에 대한 훨씬 광범위한 새로운 구상이 필요하다. 그것은 미군이 공격적으로 싸우는 데 덜 집중하고 방어적으로 싸우는 데 더 집중할 것을 요구한다. 군사력을 상대편의 물리적 공간에 투사하기 위해 구축된 미군은 경쟁국들이 자신의 인접 공간으로 투사할 수 있는 능력을 거부하는 데 주력할 필요가 있다. 이러한 발상의 전환은 미군의 전면적인 재설계를 필요로 한다. 지금까지 유지해왔던 소수의 크고, 비싸고, 정교하고, 많은 인력을 필요로 하는, 교체하기 어려운 플랫폼들로 구성된 군대에서, 작고, 저렴하고, 소모적이고, 매우 자율적인 기계들로 구성된 군대로 바꾸어야 한다. 간단히 말해서, 플랫폼의 힘과 양에 의해 정의되는 군대가 아니라 킬 체인의 효과, 속도,

유연성, 적응성, 그리고 전체적인 역동성에 의해 정의되는 군대로 탈바꿈해야 한다.

이 모든 변화가 쉽다고 말할 수 있으면 좋겠지만, 결코 그렇지 않을 것이다. 돈이 부족하거나, 기술이 없거나, 유능하고 헌신적인 사람이 부족해서가 아니다. 진짜 문제는 상상력이 부족하다는 것이다.

대부분의 미국인은 그것이 없는 세상을 상상할 수 없을 정도로 오랫동안 타의 추종을 불허하는 군사적 우위를 누려왔다. 그 결과 강대국 간의 경쟁에서 성공하는 데 필요한 수준의 긴박함을 갖고 움직이지 않았다. 우리 국방 기관에 있는 많은 선량한 미국인들은 그러한 긴급성을 이해하고 있으며, 나름대로 그들이 생각하는 미군을 건설하기 위해 최선을 다하고 있다. 문제는 그들이 기존의 군사력과 비슷한 것을 건설하고 구매하는데 정치적, 경제적, 관료적 유인을 갖고 있는 기관에서 일하고 있다는 점이다. 이러한 역동적인 관계를 바꾸는 것은 정상적인 상황에서 어렵다. 게다가 미국의 지도자들이 근대 역사에서 찾아보기 어려운 정도로 정치적 대립과 혼란스러움, 신랄함과 공공연한 기능 장애에 매몰되어 있는 지금, 뭔가 바꾼다는 것은 한층 더 어려운 일이다.

그러나 아직도 워싱턴에서 변화가 가능하다고 믿는다. 그러한 변화가 이루어지는 것을 본 적이 있고 나 자신이 관여한 적이 있기 때문이다. 오랜 세월에 걸쳐, 나는 매케인이 군 예산이 낭비되지 못하게 막거나 최첨단 역량을 획득하는 수십억 달러를 배정하는 일을 도왔다. 매케인이 국방부의 전략 수립, 기술개발, 무기획득, 부대 재조직, 그리고 인적 자원의 관리에 관련된 기념비적인 개혁 작업을 수행할 때 옆에서 도왔다. 가장 중요한 일은, 매케인과 동료 의원들이 우리 국방을 새롭게 생각할 기회를 만드는 일이었는데, 그 일의 대부분은 그의 죽음이 임박했을 때였다.

내가 이 책을 쓰는 이유는 미국이 우리의 국방을 재인식할 수 있는 유일한 방법은 더 많은 미국인이 신흥 첨단 기술과 전쟁의 미래에 관한 의제를 더 잘 이해하는 데에 달려 있다고 믿기 때문이다. 나는 학자와 전문가들 사이에 이러한 문제에 관한 토론이 필수적이라고 믿고 있고 복잡한 군사기술 개념들을 엄격하게 다루는 것을 목표로 하고 있지만, 더 중요한 것은 이러한 문제들을 교양있는 시민들, 특히 미래 전쟁의 부담을 짊어지게 될 아들과 딸들, 남편과 아내들, 아버지와 어머니들이 쉽게 접근할 수 있도록 하는 것이다. 폭넓은 이해야말로 중요한 국가적 과제를 해결할 수 있는 유일한 방법이라고 믿는다.

그리고 이러한 것들이 실현되어야 한다. 미국은 완벽하기 어렵다. 우리 사회는 많은 모순을 안고 있고 많은 실수를 저지를 수 있는 건강한 능력을 보유하고 있다. 현재 우리의 정치적 삶은 유별나게 신랄하고 비도덕적으로 보일 수 있다. 매케인과 함께 보낸 시간도 마찬가지였다. 하지만 나는 전적으로 미국을 응원하고 있다. 왜냐하면, 나는 기술과 전쟁의 미래, 즉 킬 체인의 미래를 규정하는 가치가 미국인이 추구하는 가치와 부합하는 세상에서 살고 싶기 때문이다.

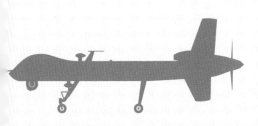

제1장

요다의 혁명에
무슨 일이 일어났는가?

제1장

요다의 혁명에
무슨 일이 일어났는가?

1991년, 냉전이 끝나 갈 무렵 앤드루 마셜Andrew Marshall은 미래를 내다보고 있었다. 18년 동안 그는 국방부 내에서 가장 영향력 있는 부서 가운데 하나인 총괄평가국[1] 국장으로 재직해 왔다. 아마도 대부분의 미국인들은 들어 본 적도 없을 것이다. 이 부서의 임무는 간단히 말해서 미국의 경쟁국들, 특히 소련의 군사력을 평가하고, 시간의 흐름 속에서 미국의 전략적 지위를 어떻게 개선할 수 있을지를 결정하는 것이었다. 마셜은 국방장관에게 직접 보고했고 장관 외에는 소수만이 그의 보고서에 접근할 수 있었다. 그는 지난 42년 동안 7명의 국방장관들을 모셨다. 이로 인해 그는 신화적인 지위를 얻게 되었고, 몇몇 국방부 장관들을 비롯하여 펜타곤의 많은 이들이 그를 경건하게 "마셜 선생님Mr. Marshall"이라고 불렀다. 그러나 워싱턴의 국방계에서 그는 다른 이름으로 불렸는데, 요다Yoda가 그의 별명이다.[2]

---

1) [역주] 총괄평가국(Office of Net Assessment; ONA)는 1973년 구 소련의 군사적 위협을 과학적으로 평가하기 위해 설립된 부서로 군사적 경향, 핵심 경쟁요소, 위험과 기회에 대한 장기적 비교평가를 실시하고 미 군사력의 미래 전망을 제시하는 것을 목표로 한다. 앤드루 마셜이 1973년부터 2015년까지 국장으로 재직하며 42년간 업무를 담당했다.
2) 마셜에 대한 더 많은 이해를 위해서는 다음 문헌 참조. Andrew Krepinevich and Barry Watts, *The Last Warrior: Andrew Marshall and the Shaping of Modern American Defense Strategy* (New York: Basic Books, 2015).

마셜의 사무실이 했던 일들의 대부분은 과거와 현재에 초점을 맞췄지만, 1991년에 새로운 프로젝트에 착수하면서 그는 앤드루 크레피네비치Andrew Krepinevich라는 이름의 유능한 육군 대령에게 도움을 청했다. 마셜은 새로운 기술의 출현과 소련의 붕괴가 국제 안보를 어떻게 변화시킬지, 그리고 이 모든 것이 미국에 어떤 의미가 있는지를 고려하여 미래의 전쟁에 대한 평가를 내리고 싶어 했다. 이러한 질문들은 마셜이 이 프로젝트를 시작하기로 결정한 직후, 미국이 이라크의 쿠웨이트 침공에 대응하여 전쟁을 벌임으로써 더욱 절실해졌다.

이라크에 투입된 미군은 소련과 싸우기 위해 수년간 훈련받은 숙련된 부대였다. 그런 점에서 걸프전은 냉전 시대의 각본대로 싸웠다. 전쟁을 결정했을 때, 전투에 투입될 미군의 대부분은 미국에 근거지를 두고 있었기 때문에 대서양을 넘어 수송되어야만 했다. 선박, 전차, 항공기 그리고 미사일뿐만 아니라 전투를 지속하는 데 필요한 연료, 식량, 탄약과 예비 부품 등 '산더미 같은 보급품iron moutain'이 중동으로 체계적으로 운송되어 대규모 전진 기지에 비축되었다. 이것은 마치 권투 선수가 상대에게 주먹을 느린 영상으로 보내는 것처럼 6개월 동안이나 계속되었다. 그러나 이라크인들은 이러한 전쟁 준비에 맞서 할 수 있는 것이 아무것도 없었다. 그들은 자신들의 문 앞으로 모여드는 미군에 대항할 능력을 갖추고 있지 못했다. 그저 지켜보고 기다릴 수밖에 없었다. 전쟁은 미국의 방식으로 시작되었다. 미군은 기술적 우위 덕분에 원하는 시기와 장소 그리고 원하는 방식으로 작전을 수행했다. 그리고 몇 주 만에 그들은 이라크 군대를 무너뜨렸다.

우리 세대의 많은 미국인들처럼, 나의 성장 경험 중 하나가 텔레비전에서 이 전쟁을 구경한 것이었다. 군사적인 것에 관심이 많았던 열한 살 소년은 뉴스에서 실시간으로 보도되는 전쟁 상황을 지켜 보았고, 전쟁이 전개되는 모습을 보면서 놀라지 않을 수 없었다. 보이지 않는 스텔스 폭격기들이 바그다드 시내로 날아와 그들이 오는 것조차 모르는 목표물들을 공격한다. 스마트 폭탄은 주변 지역에 피해를 주지 않고 엘리베이터 수직 통로나 창문을 통해 들어가 공격 대상 건물을 정확하게 파괴한다. 전차와 공격기들이 사막을 가로질러 돌진하고 공화국 수비대를 초토화시키면서, 단 백 시간 만에 지상전에서의 승리를 기록한다. 그리고 수만 명에서 수십만 명의 사망자가 발생했던 이전 전쟁과 달리 전사자는 129명에 불과했다.

걸프전은 새로운 전쟁수행방식을 대표하는 것처럼 보였다. 그러나 1992년 그가 국방부 장관에게 보낸 마셜의 보고서는 다른 결론을 내렸다. 그는 미래 전쟁이 어떻게 치러질지에 대해 훨씬 더 전면적인 변화를 예견했다. 그는 소련 군사 계획가들이 작성한 당시 기밀 문건으로부터 영향을 받았는데, 여기에는 '군사기술 혁명military technical revolution'의 도래에 대한 내용이 담겨 있었다. 러시아 장교들은 새로운 감지 장치sensor가 전장의 모든 목표물을 식별할 수 있으리라 믿었다. 또한 이 기술이 멀리 떨어져 있는 목표물에 대한 정보를 그 어느 때보다 정확하게 공격할 수 있는 새로운 공격무기shooter에 거의 즉각적으로 제공할 수 있을 것이라고 보았다. 이는 역사상 가장 빠르고 효과적인 킬 체인이 될 것이다. 소련인들은 이를 '정찰ー타격 복합체reconnaissance-strike complex'라 불렀고, 미군이 이라크에서 그것을 증명했다고 믿었다.

마셜은 이런 주장에 동의하지 않았다. 그의 보고서는 "미국은 가장 유용한 정보를 가장 필요로 하는 사람들에게 신속하게 전달할 수 있는 잠재력을 확보하지 못했다"고 결론지었다. 이 평가는 미 국방부가 의뢰한 걸프전에 대한 한 주요 연구에 의해서 확인되었고, 그 이듬해인 1993년에 공개되었다. 이 보고서에서는 "당시 가장 극적인 것으로 보였던 전쟁의 일부 양상들은, 군사 역사상 가장 일방적인 전투 중 하나[걸프전]가 막 끝난 뒤 생각했던 것보다 그리 극적이지 않았다."[3)고 결론지었다. 미국의 전투 네트워크는 "베트남 시대로부터 눈에 띄게 변하지 않았다."[4) 당시 스커드 미사일 발사대 같은 움직이는 목표물을 찾아내서 타격하려고 애썼지만 그리 성공적이지 않았다. 걸프전 당시 미군의 공습 41,309건 중 대부분은 재래식 폭탄이지 스마트 폭탄은 아니었다. 이듬해 합참의장이 된 윌리엄 오웬스William Owens 제독은 나중에 "우리는 본질적으로 나폴레옹, 율리시스 그랜트, 드와이트 아이젠하워가 했던 방식으로 이라크에서의 전쟁을 수행했다. 다른 말로 하면 대량의 화력을 퍼부은 것이다."라고 말했다.[5)

마셜은 그가 나중에 '군사분야의 혁명'이라고 이름 붙인 것이 다가오고 있다는 것을 알았다. 군사분야의 혁명은 주요 기술 발전이 무기와 전쟁 방식을 혁신했던 시기들이 있었다. 마셜은 기관총, 증기선, 비행기의 발명과 같은 역사적인 사례를 들었다. 그러나 그는 신기술 자체로는 군이 성공할 수 없다고 강조하기도 했다. 군은 그

3) Thomas A. Keaney and Eliot A. Cohen, *Gulf War Air Power Survey Summary Report* (Washington, DC: Department of the Air Force, 1993), 251.
4) Keaney and Cohen, *Gulf War Air Power Survey*, 237.
5) William A. Owens, with Ed Offley, *Lifting the Fog of War* (Baltimore: Johns Hopkins University Press, 2001), 14.

신기술을 작전적으로 운용할 수 있는 새로운 방법을 개발해야 했고 새로운 전략적 목적을 위해 오래된 기관들을 개혁해야 했다.

마셜의 보고서는 우리가 "또 다른 10년 혹은 20년을 이끌 수 있는 변화의 초기 단계에 있을 것"이라고 알려주었다. 군사분야의 혁명은 주로 새로운 정보 기술에 의해 추동되는데, 이를 통해 전쟁에서 상황에 대한 보다 나은 이해와 의사결정 그리고 행동이 가능하게 될 것이다. 강대국의 군대는 또 다른 종류의 전략적 이점을 차지하기 위해 경쟁할 것이다. 그 목표는 전통적인 플랫폼과 무기를 끌어모으는 것보다는 더 빠르고 효과적인 킬 체인을 만드는 것이다. 이는 미국이 군사력에 대해 다르게 생각할 것을 요구하는 것이다. 왜냐하면 성공적인 군사분야의 혁명은 전차나 유인 항공기, 대형 선박과 같은 미군의 전통적legacy 플랫폼의 유효성에 의문을 제기할 것이기 때문이다. 실제로, 적군이 이러한 새로운 종류의 킬 체인을 구축할 수 있다면 걸프전에서 보여 주었던 미국의 전통적 전쟁수행warfare 방식과 수단은 더 이상 미래에 충분하지 않을 것이다.

마셜이 보고서를 끝내자마자 그의 분석가들 일부는, 미국의 전통적인 플랫폼 중심의 접근법에 대항하여 강력한 적군이 어떻게 새로운 군사 혁명을 이용할 수 있을지를 설명하기 위한 간단한 표현법을 찾았다. 그들이 합의한 용어는 '접근 금지 및 지역 거부anti-access and area denial(A2/AD)'였다. 1992년까지만 해도 그들은 중국이 개발하기 시작한 무기가 바로 이런 것이라는 사실을 거의 알지 못했다.

⁓✺⁓

마셜의 변화에 대한 요구는 예견된 것이었다. 그는 나중에 이 보고서를 그의 부서에서 작성한 '가장 잘 알려진 것'으로 평가했다. 그러나 이 보고서는 의도한 효과를 거두지 못했다. 문제는 국방부 장관은 말할 것도 없고 국방부가 보호해야 할 수억 명의 미국인들, 그리고 미 의회의 의원 대부분이 변화의 필요성을 느끼지 못하고 있었다는 점이다.

이라크에서 전운이 가라앉았을 때, 미국은 새로운 세계에 들어와 있었다. 소련은 사라졌고, 그것과 함께 오랜 시간 동안 지속되었던 강대국 간의 경쟁과 전쟁의 전망도 사라진 것이었다. 새로운 러시아는 엄청난 충격을 받았고, 중국은 여전히 가난하고 무력했다. 미국과 동맹을 맺은 유럽의 절반[서독]은 필사적으로 원하던 나머지 절반과의 통일에 몰입하였다. 일본은 부유했지만 평화 헌법에 의해 제약을 받는 동맹국이었다. 콜린 파월Colin Powell 장군은 1991년 '악마'나 '악당'이 더 이상 존재하지 않는다고 주장하면서 "나는 카스트로와 김일성에게 흥미를 갖고 있다"고 농담할 정도였다.

오래된 '양극bipolar 세계'가 사라지면서 많은 강대국들이 힘을 겨루는 '다극multipolar 세계'로 넘어간 것이 아니었다. 오히려 우리는 독특한 새로운 시대, 즉 '단극unipolar 시대'로 접어들었다. 미국은 강대국을 넘어 초강대국superpower 이상이었다. 미국은 한 외국 지도자의 말로 표현하자면, '극초강대국hyperpower'으로 인식되었다.

실질적인 위협이 없는 상황에서, 미국 지도자들은 군대의 규모를 축소하고 '평화의 분담금peace dividend'을 거두기를 바랐다. 미군이 수행한 유일한 군사 작전은 소말리아나 아이티와 같은 지역의 평화 유지, 국가 건설, 인도주의적 행동이었다. 토마스 멘켄Thomas Mahnken은 이를 두고 "미미한 이익을 위해 일부 수단을 이용하는 제한된 목적을 위한 전쟁"이라고 불렀다.[6] 미 국방부에서는 '전쟁 이외의 군사 작전Military Operation Other Than War'이라는 용어를 사용하기도 했다. 미국이 실제 전쟁을 치러야 할지 모른다고 생각했다고 해도, 북한이나 이란, 또는 이라크와 같은 열등한 국가를 상대로 1991년 걸프전에서 했던 것을 재연하는 것을 계획하는 수준이었다.

그럼에도 불구하고, 군사분야의 혁명이라는 아이디어에 관심을 끄는 일에 관한 한 마셜은 성공하고 있었다. 적어도 그렇게 보였다. 1990년대 워싱턴은 정보 시대의 도래와 그 모든 새로운 기술들에 매료되었는데, 정부, 특히 국방계에서는 소수만이 그 의미를 제대로 이해했다. **혁명**과 **변혁**transformation은 국방 문헌과 정부 문서에서 유행어가 되었다. 미군의 모습을 새롭게 상상하기 위한 많은 야심 찬 노력이 저술, 신문, 정부 계획에서 '다음 이후의 군대Army after Next', '네트워크 중심 전쟁Network-Centric Warfare', '공동 비전 2010Joint Vision 2010' 그리고 '전쟁의 불확실성 해소Lifting the Fog of War'와 같은 이름이 등장했다. 국방부의 주요 전략 문서인 1997년 《4년주기 국방보고서》에서는 국방부가 '군사분야의 혁명의 활용'을 우선적으로 추진해야 한다는 점을 명시적으로 밝혔다.[7]

---

6) Thomas G. Mahnken, "Weapons: The Growth & Spread of the Precision–Strike Regime," *Daedalus* 140, no. 3 (2011): 45-57.

7) US Department of Defense, *Report of the Quadrennial Defense Review* (Washington, DC: Department of Defense, May 1997), 41.

변화에 대한 요구는 다른 이름으로 이루어졌지만, 핵심적인 생각은 마셜이 10년 전에 강조했던 '정찰-공격 복합체'를 지향하는 것이었다. 새롭게 개발되는 첨단 기술로 인해 군대는 이전 그 어느 때 보다 빠르게 킬 체인을 완료할 수 있는 감지장치 sensors와 발사장치shooters의 새로운 전투 네트워크를 건설할 수 있게 되었으며, 이러한 전투 네트워크는 인간보다는 첨단기계에 더 많이 의존하게 될 것이다. 그리고 이 새로운 킬 체인으로 인해 많은 전통적인 군사 시스템이 취약하고 쓸모없는 것으로 전락하게 될 것이다.

　　워싱턴의 많은 사람들은 옳은 말을 하고 있었고, 그들은 확실히 국방 기술에 많은 돈을 쓰고 있었다. 그러나 미국이 실제로 어떻게, 무엇을 가지고 싸워야 하는지에 대해서는 거의 변화가 없었다. 근본적인 이유는 이전과 똑같았다. 워싱턴의 의사 결정자들에게 그러한 변화가 필요하다는 인식을 심어 주지 못했기 때문이다.

　　미국이 발칸반도에서 슬로보단 밀로세비치 유고슬라비아 대통령의 인종 청소를 종식시키기 위해 전쟁에 나섰을 때, 미국은 걸프전을 치렀던 것과 거의 같은 방식으로 전쟁을 수행했지만 전략은 잘 맞아떨어졌다. 미국의 접근법은 동일한 가정에 기초하고 있었다. 우리는 우리의 시간 계획과 조건에 따라 싸웠다. 우리는 적들이 근접할 수 없는 보호구역에 있었다. 우리는 기술적으로 우리의 적들보다 우월했고, 우리가 승리를 향해 가는 도중에 아주 소수의 사상자만 냈을 뿐이다.

　　실제로, 1995년 보스니아에서 공중전이 시작된 이래 1999년 코소보와 연관된 78일간의 폭격이 끝날 때까지 미국은 오직 4명의 군인만을 잃었다. 그리고 이들 모두 전투 중이 아니라 훈련 중에 사망했다. 미국의 전투 네트워크나 킬 체인의 완료 방식에 있어 어떤 결정적 혁신이 있었기 때문에 승리한 게 아니었다. 상대가 유능하지 못했기 때문에 얻어진 결과였다. 그럼에도 불구하고 늘 그랬듯이, 그러한 경험은 전쟁을 어떻게 할 것인가에 대한 자신들의 전통적인 전제들을 고착시켰을 뿐만 아니라 미국의 군사적 우위에 대한 자만심을 키워 놓았다.

　　이 생각에 특히 예리한 주장을 내놓은 이가, 1996년 미국에서 두 번째로 높은 군 장교로 퇴역한 윌리엄 오웬스William Owens 제독이다. 그는 4년 후 출판한 책에서 걸프전에서 자신이 수행했던 일을 '잔여적 과신residual overconfidence'에 기반했던 것이며8) "우리는 걸프전의 경험에서 잘못된 교훈을 얻었다"고 혹평했다. 오웬스는

---

8) [역주] 여기서 '잔여적 과신'은 과거의 군사적 우위에 대한 믿음이 과도하게 많이 남아 있

"우리의 승리는 무척이나 서투른 적에 대항하여 우리 교리와 전술, 무기가 우월하다는 것을 검증한 것에 불과했다"고 썼다. 그는 "만약 우리가 변화하지 않는다면, 20년 전 레이건 시대에 획득된 무기와 장비가 쓸모없게 되는 향후 10년에서 15년 안에 미국의 군사력은 심각한 약화를 경험할 것이며 어쩌면 군사적 역량의 총체적 붕괴를 감수해야 할 것"이라고 경고했다.

오웬스의 비판은 마셜의 생각과 일맥상통했고 새천년이 밝아오자 요다는 다시 그 일을 시작했다. 그가 초기에 경고했던 일들이 일어나고 있었다. 미국은 자신들이 싸우는 방식을 바꾸기 위해 군사 혁명을 충분히 활용하지 못했다. 반면 중국과 같은 나라들은 자신들의 방식으로 '정찰-공격 복합체'를 구축하고 있었다.

마셜은 '미래의 전쟁 20XX 워게임 시리즈'라고 불리는 것을 추진했다. 이 시리즈는 "진행 중인 군사분야의 혁명과 관련된 핵심 기술 및 전략 동향이 완전히 실현되었을 때 미래의 전쟁이 어떻게 전개될 수 있는지를 현실적으로 시뮬레이션하고자 했다."[9] 워게임은 정의되지 않은 미래 날짜인 20XX년으로 설정되었다. 이 워게임에서는 2025년에서 2030년 사이에 미국이 '주요 동급 경쟁자'라는 중립적인 용어로 정의되는 경쟁자와 겨루도록 되어 있었다. 그러나 모든 사람들은 오직 한 국가만이 이 설명에 부합한다는 것을 알고 있었다. 그것은 중국이었다.

마셜은 20세기 마지막 몇 년 동안 일련의 워게임을 수행하기 위해 두 명의 국방 전문가에게 눈을 돌렸다. 그중 한 명은 로버트 마티니지Robert Martinage였는데, 그는 이후 버락 오바마 대통령 시절 국방부에서 근무하게 된다. 다른 한 명은 마이클 비커스Michael Vickers였는데, 그 또한 조지 W 부시 대통령과 오바마 행정부의 국방부 고위 관리가 되었다. 비커스는 소형화된 핵무기를 발목에 박은 채 비행기에서 뛰어내린 적이 있는 전직 그린베레로 잘 알려져 있다. 이후 CIA 요원으로서 찰리 윌슨 하원의원이 아프가니스탄에서 소련에 대항한 미국의 은밀한 전쟁을 계획하는 일을 도왔다. 영화 《찰리 윌슨의 전쟁》에는 비커스가 공원에서 여러 사람과 동시에 체스를 두는 장면이 그려져 있다.

2001년 마티니지와 비커스는 마셜에게 최종 보고서를 제출했는데, 여기서 그들

는 것을 의미한다.

9) Michael Vickers and Robert Martinage, *Future Warfare 20XX Wargame Series: Lessons Learned Report* (Washington, DC: Center for Strategic and Budgetary Assessments, December 2001), 1.

은 미 국방부의 많은 핵심 전제에 대해 이의를 제기했다. 보고서에서는 중국과 같은 경쟁자가 미군과 거의 같은 수준의 첨단 기술의 대부분을 가까운 미래에 보유하게 될 것으로 예견했다. 상대는 빠르게 목표물을 찾을 수 있고, 우주 공간을 포함해서 목표물이 어디에 있든 많은 수의 정밀한 무기로 타격할 수 있을 것이다. 미국 본토 역시 정밀 유도미사일의 사거리에 들어간다. 미군의 통신망과 물류망도 위압적인 공격에 놓이게 될 것이고, 미국이 이라크와 발칸반도에서 그랬던 것처럼 싸울 수 있는 능력을 발휘할 수 없게 될 것이다. 미군이 이 미래의 전쟁터에서 성공할 수 있는 유일한 길은 군사분야의 혁명을 완전히 수용하고 기술적으로 진보된 전투 네트워크, 특히 무인 전투 네트워크를 구축하여, 그 시점에서 미군이 할 수 있는 그 어떤 것보다도 효과적으로 숨어서 정찰과 공격의 킬 체인을 완료할 수 있어야 한다. 그렇게 하지 않는다면 미래 전쟁의 결과는 정말 용서할 수 없는 것이 될지 모른다. 미래 전쟁터에서의 규칙은 "당신이 포착된다면, 바로 죽을 수 있다"는 것이다.10)

이번에는 상황이 마침내 바뀔 것 같은 순간이었다. 새 국방부 장관이 막 취임했다. 그는 공공연하게 군사분야의 혁명이 필요하다고 주장했다. 그는 국방부에 첨단 군사기술과 전투 방식의 개발을 감독하기 위해 새로운 전투력 혁신 부서를 만들었다. 그는 국방부가 마셜의 20XX년 워게임 시리즈에서 강조했던 주요 작전적 문제를 해결하도록 지시한 새로운 국방 전략에 서명했다. 이는 1991년 이후 미국이 맞서온 함량 미달의 국가들보다는 오히려 점점 강력한 군사력을 갖고 부상하고 있는 강대국들에 더 많이 초점을 맞춘 것이었다. 바로 중국이었다.

이 새로운 국방부 장관은 마셜이 바라던 모든 것을 할 것 같았다. 그러나 군사분야의 혁명의 관점에서 볼 때 결국 제대로 이루어지지 않았다. 그 장관의 이름은 도널드 럼즈펠드Donald Rumsfeld였으며, 2001년 취임한 지 9개월 만에 미국은 공격을 받았다.

흔히들 "9·11이 모든 것을 바꿨다"고 말한다. 사실 많은 면에서 그랬다. 미 의회는 국방비를 증액하기 시작했고, 많은 자금이 국방부로 흘러들어 갔다. 럼즈펠드

10) Vickers and Martinage, *Future Warfare 20XX Wargame Series*, 6.

장관은 여전히 군사분야의 혁명을 우선시했으며, 9·11 공격에 대한 미국의 대응을 하나의 기회로 보았다. 2002년에 발표한 보고서 제목을 '미군의 변혁Transforming the Military'으로 붙인 것도 그런 이유 때문이었다. 아프가니스탄에서 탈레반 권력의 신속한 제거는 국방부보다는 CIA에 의해 구상되었지만 하나의 출발점이 되었다. 그러나 럼즈펠드에게 군사분야의 혁명에 대한 그의 생각, 즉 첨단 기술로 무장한 정예 신속 기동부대의 변혁적 잠재력을 보여 준 진정한 사례는 2003년 이라크 전쟁이었다.

9·11 사건은 또한 부시 행정부가 '지구적 차원의 테러와의 전쟁'에 모든 관심을 돌리면서 우선순위의 극적인 변화를 가져왔다는 점에서 모든 것을 바꾸었다. 이 분쟁의 시련을 통해 진정한 군사 혁신의 계기가 만들어졌다. 수천 건의 대테러 임무 수행을 통해, 합동특수작전사령부는 그들과 싸우기 위해 정보를 이해로, 이해를 결정으로, 결정을 목표한 행동으로 전환하는, 즉 킬 체인을 닫을 수 있는 새로운 기술과 방법을 개발하였으며, 이는 지구촌 전역의 테러 네트워크를 분쇄할 만큼 파괴적인 속도와 효율성을 과시했다. 이것은 2007년에 도입된 광범위한 대반란 전략의 일환이었다. 이러한 군사 혁신을 통해 이라크에서 알카에다를 궤멸시키고 당시 미국이 이라크에서 사실상 패배하는 것을 막았다.

9·11 사건이 모든 것을 바꿔 놓은 상황에서 가장 심각한 것은 사실 가장 바람직하지 않은 것이었다. 그것은 미국의 정책이 대테러리즘으로 전환되는 가운데 중국과 중국의 반접근/지역거부(A2/AD)에 대한 강조가 슬그머니 사라졌다는 점이다. 부시 행정부에서 두 가지의 우선순위가 상호 배타적인 것은 아니지만, 특히 잘못된 이라크 침공이 시간이 지날수록 더 큰 대가를 치르게 되면서 그렇게 된 것이다. 돌이켜 보면 9·11 사건에 대한 미국의 대응은 거의 20년 동안 미군의 관심과 상상력의 상당 부분을 중동의 더 깊숙한 곳으로 끌어들이면서 전략적 지체를 가져왔고, 지금도 크게 달라지지 않고 있다.

그러나 더 깊은 의미에서 보면 사실 9·11은 아무 것도 바꾸지 않았다. 럼즈펠드를 비롯한 일부 인사들은 아프가니스탄과 이라크에서의 초기 승리는 '변혁적'이라고 주장했지만, 실제로는 변화보다 연속성을 훨씬 더 많이 보여 주었다. 1991년과 마찬가지로 미군은 우리를 막을 힘이 없는 상대방의 문턱 앞 안전지대에서 작전을 수행했다. 우리는 언제 싸워야 할지를 결정했으며 거의 피해 없이 작전을 수행했다. 우리는 기술적으로 우수했고 비록 2003년 이라크 전쟁에 참전했던 미군이 1991년보다 정밀 유도 무기를 사용하는 데 능숙하기는 했지만, 우리가 싸웠던 상대방의 재래식 전력의 허약함 때문에 우리의 군사적 우위는 다시 한번 과장되었다.

더 큰 문제는 1991년 이후 계속 남아 있는데, 여전히 시급한 변화의 필요성을 느끼지 못하고 있다는 점이다. 워싱턴은 우리의 군사적 우위에 대해 그 어느 때보다도 확신하고 있었으며, 사실 그러한 우위를 가져다준 전통적 군사적 수단과 방법에 대해서도 마찬가지였다. 이라크 전쟁이 결국 전략적인 재앙으로 치닫고 있음에도 불구하고, 대부분의 국방 기관들은 이러한 고통스런 경험을 비정상적이고 미국의 전쟁 방식에 대한 전통적인 가정에는 적용할 수 없는 것으로 외면했다. 우리는 걸프전 이후에도 계속해서 같은 종류의 군사 플랫폼을 대량 구입하고 있으며, 이전에 해왔던 방식으로 이들을 사용할 계획을 수립하고 있다.

미 국방부에서는 미국의 군사력이 필요한 수준만큼 준비되지 못한 것은 2001년 9월 11일 이후 미군의 예산과 관심이 테러와의 전쟁에 완전히 소모됐기 때문이라는 믿음이 팽배해 있다. 끊임없는 작전으로 인해 미군이 큰 비용을 지불했다는 것도 확실히 사실이다. 우리 역사상 최악의 미 본토 공격이 행정부로 하여금 우선순위를 재조정하게 했고 잠재적인 것보다 실제 위협에 초점을 맞추도록 한 것도 사실이다. 그러나 이것은 이야기의 단지 일부분에 지나지 않는다.

더 큰 문제는 상상력의 결핍과 관련되어 있다. 지난 20년 동안, 미국 지도자들은 군사력과 전쟁 억제에 대한 잘못된 생각에 막대한 돈을 써 왔다. 우리는 전 세계 많은 장소에 미군을 지속적이며 예측가능하게 주둔시킴으로써 미국의 경쟁자들이 공격적으로 행동하지 않을 거라고 생각해왔다. 그러다 보니 킬 체인을 완료하는 새롭고 더 나은 방법들을 정기적으로 혁신하지 못했다. 결과적으로 우리는 제한된 전략적 자산의 반복적인 배치를 통해 우리 군을 지상으로 몰아넣었고, 미국의 적대국들은 이에 대응하기 위한 계획을 수립해 왔던 것이다.

동시에 미국의 지도자들은 실제적인 실험을 통해 더 빠르고 적응력이 뛰어나며 효과적인 킬 체인을 구축하기보다는 전통적인 군사 플랫폼을 개선하는 데 엄청난 양의 돈을 투자했고 종종 그만큼 엄청난 규모의 실패를 경험하기도 했다. 이라크와 아프가니스탄 전쟁이 한창이던 지난 20년 동안, 다수의 새로운 무기 프로그램들이 시작되었고 결국 아무것도 보여 주지 못하고 폐기되었다. 미국의 전략 및 국제문제 연구소The Center for Strategic and International Studies는 실제 이런 프로그램이 훨씬 많다는 것을 알고 있었지만 18개에서 세는 것을 중단했다. 미 국방부와 의회는 2000년대 동안 이러한 프로그램에 590억 달러 이상을 투자했으며 이 프로그램들이 취소

될 무렵에 쓸 만한 것은 거의 없었다.[11]

이 목록에는 육군이 미래 전투 시스템에 지출한 181억 달러가 포함되어 있다. 여기에는 지상전의 미래를 재정립할 항공기와 전투 차량의 명단도 있다. 또한 해병대의 신화적인 수륙양용 상륙함을 대체하는 원정 전투차에 지출한 33억 달러도 들어있다. 그리고 공군의 인공위성에서부터 해군 함정 그리고 신형 다목적 헬리콥터에 이르기까지 수많은 무기체계들이 포함되었다. 이들 모두 비약적인 차세대 기술이라는 평가를 받았다. 이는 모두 수십억 달러의 비용이 드는 일이었다. 그러나 모두 실패했고, 모두 취소되었다. 그리고 이러한 프로그램은 늘 그랬듯이 아무런 결과도 가져오지 못했다.

아무런 결과도 내지 못하고 취소된 프로그램 목록에는 2001년 국방비가 증액되었을 때 시작되거나 속도가 붙었던 값비싼 프로그램들도 추가돼야 한다. 대부분은 일정보다 수년이나 지연되었고 처음 예산보다 수십억 달러가 초과되었지만, 좀비처럼 비틀거리며 계속 살아 남았다. 이 목록에는 F-35 합동 타격 전투기, 포드급 항공모함, KC-46 공중급유기, 연안 전투함 등 정기적으로 뉴스를 만들어내는 프로그램이 포함되어 있다. 그러나 여기에는 인공위성, 라디오, 통신 장비, 소프트웨어 프로그램, 정보 시스템 등 대부분의 미국인들이 들어 본 적이 없지만 수천억 달러의 세금이 투입되는 훨씬 더 많은 무기 구입 프로그램들이 포함되어 있다.

럼즈펠드를 비롯한 인사들이 '변혁적'이라고 주장했던 이 시스템 중 많은 것은 마셜과 그와 생각이 비슷한 사람들이 의도했던 방식에서는 실제로 변혁적이지 않았다. 이 시스템은 킬 체인을 완료하는데 있어 더 우수하고, 더 빠른 방법을 보여 주지 못했다. 그것들은 단지 오래된 것을 개선하는 데 불과했다. 예를 들어, 새로운 항공모함의 변화라는 것이 항공기를 이륙시키는 데 있어 증기를 사용하던 것을 전자기파로 바꾼 것이다. 이와 유사하게, 새로운 공중급유기는 지금까지 급유 과정을 직접 보는 뒤쪽 사람이 하던 것을 앞쪽에 있는 사람이 기름을 전달하는 관을 원격으로 조종하면서 급유 작업을 할 수 있게 했다. 럼즈펠드를 비롯한 이들이 이러한 기술을 새로운 플랫폼에 추가하라고 지시했을 때 이 기술들은 성숙 단계에 이르지도 않았지만, 기본적으로 모두 같은 방식으로 추가되었다. 의회가 이에 동조하여 그들에게

---

11) Todd Harrison, *Defense Modernization Plans Through the 2020s: Addressing the Bow Wave* (Washington, DC: Center for Strategic and International Studies, 2016), 6.

자금을 지원했다. 산업계는 돈을 벌 수 있는 기회에 뛰어들었다. 그리고 수십억 달러의 추가 비용이 투입되었지만 몇 년이 지나도 이 시스템 중 상당수는 여전히 문제를 안고 있다.

더 큰 문제는, 이러한 소위 정보화 시대의 군사 시스템 대부분이 미국인들에게 충격을 줄 정도로 정보를 공유하고 서로 직접 소통하는 데 어려움을 겪고 있다는 점이다. 예를 들어 F-22와 F-35A 전투기는 공군 프로그램인 동시에 같은 회사가 만든 항공기이지만 기본적인 공중 위치 결정 및 표적 자료를 직접 공유할 수 없다. 이들은 정보를 처리하고 전송하는 데 호환되지 않는 서로 다른 방법으로 설계되었기 때문이다. 한 명은 그리스어를 하고 다른 한 명은 라틴어를 하는 것 같은 것이다. 한 항공기가 표적을 식별하면, 그 자료를 다른 항공기로 전송할 수 있는 유일한 방법은 지난 세기에 했던 것과 같다. 무전기로 다른 사람에게 말해 주는 것이다.

이런 정보 공유의 문제는 예외라기보다 공군의 프로그램뿐만 아니라 육군과 해군, 해병대 그리고 그들 사이에서 일상적으로 일어나고 있는 일이다. 국방부와 의회, 방위산업이 모두 새로운 정보 기술의 중요성과 전군이 하나의 '합동 전력'으로 함께 운영되는 것의 필요성에 대해 입을 모아 말하고 있는 바로 그 시기에, 그들은 제대로 작동한다고 해도 결국 반대되는 결과를 가져오는 새로운 군사 시스템에 수십억 달러의 국방비를 쏟아부은 것이다. 그 결과 미군판 바벨탑이 되었다.

지난 20년 동안 개발된 군사력 중 일부는 실제로 혁명적이었지만, 많은 군사력이 요람 단계에서 사라지고 말았다. 국방고등연구사업청DARPA에서 인공지능 등 첨단 기술에 대한 유망한 작업을 추진했지만 연구실을 벗어나는 일은 거의 없었다. 반자율형 장거리 대함 미사일은 해마다 적절한 자금 지원을 받기 위해 고군분투해야 했다. 오랫동안 공군은 X-45와 같은 무인 전투기를 가지고 꾸물거리다가 결국 포기했다.[12] 해군은 X-47을 개발했는데, 이는 항공모함에서 발사되고 회수되는 최초의 무인 항공기였다. 매번 같은 장소에 착륙용 고리를 떨어뜨리기 때문에 착륙하는 데 매우 효과적이었지만 비행 갑판에 피해를 입혔다. 해군은 항공모함의 다른 위치에 착륙하도록 프로그램을 보완했지만, 이러한 성공에도 불구하고 해군은 몇 년 후 이

---

12) Tyler Rogoway, "The Alarming Case of the USAF's Mysteriously Missing Unmanned Combat Air Vehicles," *The Drive*, June 9, 2016, https://www.thedrive.com/the-war-zone/3889/the-alarming-case-of-theusafs-mysteriously-missing-unmanned-combat-air-vehicles.

프로그램을 폐기했다. 문제는 이러한 결정 그 어느 것도 전통적인 방위산업체들로 하여금 차세대 기술을 우선시하도록 하는 강력한 유인을 만들어내지 못했다는 점이다.

이러한 유망한 기술들이 방치되거나 버려지는 것은 자금 부족 때문이 아니다. 유인 항공기와 같은 전통적인 생각과 이익을 위협했기 때문이다. 이라크와 아프가니스탄 전쟁 중에도 미국은 군 현대화를 위해 많은 돈을 썼다. 하지만 그 돈의 대부분은 새로운 형태의 오래된 것들을 위해 쓰였고, 그것이 바로 많은 진정한 혁명적 노력이 결국 과소평가되거나 폐기된 진짜 이유다. 그것들이 각 군의 정체성을 형성하고 있는 전통적인 거대한 유인 시스템을 위협했기 때문이다. 워싱턴의 많은 사람들이 전통적 시스템을 계속 구입하고 건설하기를 원했고, 그 프로그램들 중 일부는 중요하고 성공적이었다. 그러나 많은 현대화 시도는 발전 속도가 너무 느려서 기반 기술이 더 이상 현대적이지 않았고, 그러한 노력은 비용이 많이 드는 거대한 과거로 달려가는 일이 되어 버렸다.

더 심각한 문제는 국방부와 의회가 군사력의 현대화를 후퇴시켰다는 점이다. 그들은 현대화를 그 어느 때보다 킬 체인을 빠르게 완료할 수 있는 새로운 전투 네트워크를 확보하는 것이 아니라 전차, 유인 단거리 항공기, 대형 인공위성, 대형 함정 등 수십 년 동안 의존해 온 기존의 플랫폼의 좀 더 나은 버전을 사들이는 것으로 생각했다. 이러한 시스템은 1992년 마셜이 "점차 군사 작전에서 덜 중심적일 것"이라고 쓴 바로 그것이었다. 왜냐하면 미국의 적들이 정찰–공격 복합체를 개발함에 따라 그러한 플랫폼은 거대하고 취약한 목표가 될 것이기 때문이다. 그러나 이러한 전통적 시스템에 매년 수십억 달러를 쏟아부었다. 그리고 워싱턴이 네트워크보다는 수단, 킬 체인보다는 플랫폼에 초점을 맞췄기 때문에, 미군은 서로 통신하고 함께 운용하는 것이 어려운 일련의 감지장치와 발사장치를 보유하게 된 것이다. 마치 서로 짝이 잘 맞지 않는 퍼즐 조각들을 모아 놓은 것과 같다.

안타깝게도 이러한 결과는 국방 기관의 사소한 오류의 결과라기보다 그들의 운영 방식과 사유 방식에서 비롯된 것이다. 각 군, 의회, 방위산업은 주로 플랫폼 차원에서 군사력을 인식한다. 이런 식의 사고방식에서 정보를 공유할 수 있는 능력은 부차적인 것이 된다. 사실, 이러한 생각은 다른 식의 사고방식을 차단한다. 방위산업체들은 각 군이 수십 년 동안 사용 중인 기존 플랫폼을 유지하고 개선하기 위해서 특정 기업에 더 의존하게 만드는 폐쇄적인 기술 독점 시스템을 구축함으로써 더 많은 이익을 얻는데, 여기서 기업들은 진짜 돈을 벌게 된다. 이런 행태는 그들이 나빠서가 아니라 플랫폼 중심의 방위산업시장에서 자신들의 이익을 합리적으로 추구하는 데서 비롯된 것이다.

이러한 일은 군사분야의 혁명에 관련된 안타까운 역설이다. 미 국방부와 의회가 혁명의 기치 아래 우선시했던 군사력 획득 계획은 종종 마셜과 같은 사람들이 구상했던 것과는 정반대였다. 그 프로그램들 중 상당수가 국방비를 고갈시키는 재앙이 되자, 워싱턴의 의사결정자들은 군사분야의 혁명에 대한 생각 전체에 등을 돌렸다.

이런 상황에서 발생한 것이 이라크 전쟁이었다. 럼즈펠드를 비롯한 워싱턴의 지도자들은 미래에 대비하지 못했을 뿐 아니라, 또한 이라크에서 저기술 무장세력과 싸우는 미군들이 절실히 필요로 했던 방탄 장비, 내폭 차량 그리고 무인 감시기를 제대로 제공하지 못했다. 전쟁이 길어질수록 **혁명**은 입에 담기 어려운 말이 되었다. 인력 부족과 기초 장비 부족 속에 미군 사상자가 늘어났고, 기술이 미래 전쟁을 변화시킬 것이라는 생각은 미군이 전사하고 있는 실제 전쟁에서 제대로 계획을 세우지 못했다는 것과 같은 말로 여겨졌다. 우리가 이라크에서 겪은 많은 비극에 덧붙여서, 럼즈펠드를 비롯한 이들이 의도했던 대로 전쟁은 혁명적 모습을 보여 주지 못했고, 결국 군사분야의 혁명에 대한 생각 자체를 퇴색시키고 말았다.

⚜

군사분야의 혁명에 대한 반발은 빠르고 가혹했다. 2008년 로버트 게이츠 국방부 장관은 '미래 전쟁 열기Next War-itis, 즉 국방 기관들이 미래 분쟁의 필요에 부응할 수 있어야 한다는 식의 생각'이 가져온 재앙에 대해 언급했다. 사실 게이츠는 너무 많이 나아갔다. 국방 기관들을 병들게 만든 진짜 문제는 '과거 전쟁 열기', 즉 과거에 성공한 개념과 무기가 앞으로도 계속 성공할 것이라는 믿음 그리고 과거를 최적화하기 위해 엄청난 돈을 쓰겠다는 국방 기관의 의지였다.

미 국방부는 계속해서 같은 방식의 전쟁을 구상했다. 기술적으로 열세인 적, 경쟁하지 않는 전장, 막강한 화력 지원, 느린 킬 체인, 낮은 손실률 등이 주요 전제였다. 각 군은 1991년부터 의존해 온 것과 같은 종류의 무기획득에 예산을 계속 투입했다. 의회는 국방부가 요청한 것보다 더 많은 예산을 기존 프로그램에 추가함으로써 다른 기술을 개발하는 것을 어렵게 만들었다. 이들은 과거 경험과 비용 절감이라는 현재의 요구에 근거해서 그들이 생각하기에 미래에 덜 필요할 것 같은 무기들, 예컨대 미군의 방공망, 장거리 정밀 타격 무기, 전자전, 공격용 잠수함에 대한 예산을 삭감했다. 그러나 이러한 무기체계는 1992년 마셜이 주장했던 것과 같은 것으로, 미국이 자신의 정찰-공격 복합체로 강대국과 맞닥뜨리게 될 미래를 위해 더욱 필요한 시스템이었다.

'과거 전쟁 열기'는 버락 오바마 행정부 시절 더욱 심화되었다. 그는 미국이 군사적으로 우세하다는 것, 우리가 어떻게 그리고 무엇을 싸울지에 대한 우리의 전통적인 가정이 타당하다는 것 그리고 우리의 가장 큰 위협은 새로운 킬 체인을 가진 외국의 라이벌이 아니라 우리 자신의 권력을 남용하는 것이라고 확고하게 믿었다. 따라서 그의 최우선 과제는 부시가 시작한 전쟁을 끝내고, 군사비를 삭감하며, '본토에서의 경제 발전'에 집중하는 것이었다. 새 대통령은 '아시아로의 선회pivot to Asia'를 선언하면서 중국과의 경쟁을 더욱 진지하게 받아들였다. 그리고 그의 국방부에서는 '공해전AirSea Battle'이라고 불리는 새로운 작전 개념을 연구하기 시작했는데, 이 작전 개념은 서태평양에서 점차 확대하고 있는 중국의 군사적 도전에 맞서 공군과 해군 전력을 결합하기 위한 것이었다. 그러나 오바마는 대통령 임기를 시작하자마자 이러한 초기 계획들을 공허하게 만드는 일련의 결정을 내리고 만다.

2011년, 연방 지출을 줄이기 위해, 대통령과 의회는 궁극적으로 10년에 걸쳐 국방예산에 1조 달러를 삭감하도록 의무화하는 계획을 입법화했다. 예산이 줄어들면 더 많은 몫을 차지하기 위한 경쟁이 벌어지게 마련이다. 그 결과 미래의 요구와 현재의 요구 사이의 제로섬 싸움이 벌어졌다. (이 중 후자는 정말로 과거의 우선순위와 프로그램이었다.) 양쪽 모두를 지원할 충분한 예산은 없다. 현재의 요구를 지지하는 강력한 세력이 존재하고 있었다. 군부는 그것을 원했고, 방위산업도 마찬가지였다. 많은 의회 유권자들은 현재의 요구로부터 이익을 얻었다. 어쩌면 놀랄 일도 아니겠지만, 음악이 끝났을 때 어떤 자리도 차지하지 못한 것은 미래였다. 전통적 시스템은 새로운 첨단 기술보다 우선순위가 높았고, 미국은 20년 동안 해 왔던 전쟁에 대한 오래된 가정에서 벗어나지 못했다.

다시 한번 미국 지도자들이 예상한 대로 미래가 나타나지 않자, 이러한 경향은 더욱 깊어지기만 했다. 부시에 대한 자신의 비판에도 불구하고 오바마는 외국에 대한 개입을 피하고, 러시아와의 관계를 개선하고, 중국과의 경쟁을 더욱 진지하게 받아들이는 등 부시와 거의 같은 계획으로 대통령직을 시작했다. 그러나 그는 곧 부시

가 했던 것과 거의 같은 일을 하고 있다는 것을 알게 되었다. 러시아와의 긴장관계
는 심해졌고 중국에 집중할 수 없었으며, 아프가니스탄뿐만 아니라 다른 전쟁에도
말려들었다. 전쟁은 이라크뿐 아니라 리비아, 예멘, 시리아 등지에서도 발발했다. 그
는 줄어든 예산으로 이 모든 것을 해야 했다. 행정부와 의회는 미래에 대비하기 위
해 현재 무엇을 하지 말아야 할지, 무엇을 사지 말아야 할지에 대한 힘든 선택은 하
지 않았다. 미군에게 더 많은 임무를 계속해서 떠넘겼지만, 더 이상의 지원은 없었
다. 미군은 어느 때보다도 현재의 작전이 부과하는 어려움에 허덕이며 다른 것을 생
각할 여유가 없었다.

지난 30년간 우리의 경험과 선택에서 비롯된 더 심각한 문제는 미국이 킬 체인
을 구축해 온 방식이 전쟁의 미래와 무관해질 위험이 크다는 점이다. 우리 군사 시
스템 간의 연결은 매우 경직되어 있고, 지나치게 교범적이다. 연결도 불안하여 매우
느렸다. 우리가 초점을 맞추어온 것은, 특정 종류의 표적에 관련하여 상황에 대한
이해를 높이고, 의사결정을 촉진하고, 신속한 행동을 취할수 있도록 특정 군사 시스
템들을 서로 연결하는 것이었다. 그러나 이러한 킬 체인은 그들이 특별히 다루게 되
어 있는 것과는 다른 위협에 대해서는 쉽게 적응하지 못한다. 이러한 방식은 분쟁이
발생할 때 정지해 있는 목표물을 타격하는 것과 같이 큰 변화가 없는, 미리 계획된
목표에 대해 매우 효과적일 수 있다. 하지만 우리의 킬 체인으로는 움직이는 목표물
이나 한꺼번에 복합적 선택을 요구하는 역동적인 위협에 대해서는 대응하기 어렵다.

이러한 어려움의 근본적인 이유는 상황을 이해하고, 결정을 내리고, 행동을 취
하는 데 필요한 미군의 시스템이 새로운 변화에 대응할 수 있도록 구축되지 않았기
때문이다. 반대로 미군 시스템에 깔린 기술들은 마치 블랙박스에 들어가 있는 것과
같다. 더 나은 기술이 개발되어 활용할 수 있다고 해도 개방해서 갱신할 수 없기 때
문이다. 마치 미군이 영원히 우세할 것이라는 잘못된 믿음 때문에 자신들이 사용하
는 기술 역시 시간이 지나도 변함없이 지속될 것이며, 새로운 상황에 적응할 수 있
는 능력이 미국의 군사력 구축 방식의 핵심 덕목이 될 필요는 없다고 생각하는 것
같다.

이런 식의 흐름은 앤드루 마셜이 1992년에 다가올 군사 혁명에 대해 처음 언급
했을 때 상상했던 것이 아니었다. 그리고 42년 동안 근무하던 그가 2015년에 총괄
평가국 국장직에서 물러났을 때 세상이 보여 주었던 것과도 확실히 달랐다. 그는 근
무 기간의 절반 이상을, 미국의 미래와 전략적 경쟁자가 미국의 전통적인 전쟁 방식

과 수단에 대항하기 위해 새로운 기술을 어떻게 활용할 수 있는지에 대해 워싱턴에 경고하는 데 주력했다. 실제로 1992년 마셜은 미군의 기술적 우위로 말미암아 "방어자들이 자신들의 약점을 해결하기 위한 대응책 마련에 나섰다"고 경고했다.13) 이러한 대응책 모색은 워싱턴이 비로소 심각하게 주목했을 때까지 20년 이상 계속되었다. 그 결과 미국은 미래에 의한 매복 공격에 스스로를 취약하게 만들었고, 그 일이 일어난 바로 그날, 미래는 현재가 되었다.

그날은 2014년 2월 27일이었다.

---

13) [역주] 중국과 같은 경쟁국이 미국의 기술적 우위에 효과적으로 대응할 수 있는 방안을 마련하기 시작했다는 의미다.

제2장

리틀 그린맨과
암살자의 철퇴

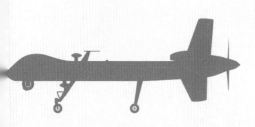

제2장

리틀 그린맨과 암살자의 철퇴

우크라이나에서 일어나고 있는 일에 대해 어쩔 줄 몰라 하는, 한 무더기의 메일을 발견한 것은 2014년 2월 27일이었다. 우크라이나에서는 러시아가 밀고 있는 빅토르 야누코비치Victor Yanukovich 대통령에 대한 대규모 시위로 수개월 동안 몸살을 앓아 온 상태였다. 며칠 전 야누코비치 대통령은 우크라이나를 떠나 러시아로 도망쳤다. 미국 정부 안팎의 친구들은 크림반도의 우크라이나 정부 청사와 다른 전략적 장소들을 무장한 군인들이 점령하고 있다고 알려 주었다. 곧 언론 보도가 쇄도하기 시작했고, '리틀 그린맨Little Green Men'으로 불리는 무장 군인들이 출현했다는 것을 확인해 주었다. 이들은 국가 휘장이 없는 녹색 유니폼에 복면을 쓴 중무장 군인이었다. 그들이 러시아 특수부대일 것이라는 추측이 바로 나왔다.

이것에 대해 미국 정부의 허가 찔렸다고 말하는 것은 점잖은 표현이다. 러시아 군이 크림반도로 이동했다는 징후가 있었지만, 그 주 초 상원 외교위원회의 한 브리핑에서 국무부 고위 관리들이 보고한 바는 달랐다. 그들은 상원 의원들로 가득 찬 방에서 이러한 군사 활동이 러시아 군대가 세바스토폴에 있는 자신들의 해군 기지로의 통상적인 움직임과 다른 것이 아니라고 말했다. 이 미국 관료들이 의도적으로 거짓말을 한 것은 아니다. 그들은 미국 정부가 갖고 있는 최고의 정보에 따라 충실히 보고하고 있었다.

워싱턴이 얼마나 잘못되었는지는 곧 분명해졌다. 그 다음 날 리틀 그린맨들은 크림반도를 장악하고 우크라이나 육·해군을 차단하면서 우크라이나의 나머지 영토로부터 그 지역을 봉쇄해 버렸다. 크림반도에 남아있던 2만5천 명의 우크라이나 군대도 고립되었다.

우크라이나 새 정부는 크림반도에 있던 군대를 바로 철수시켰고, 모스크바는 3월 21일 크림반도를 러시아 연방에 합병했다. 유럽 대륙의 국경이 폭력을 통해 바뀐 것은 제2차 세계대전 이후 처음 있는 일이다.

러시아의 리틀 그린맨은 거기서 멈추지 않았다. 이들 중 상당수가 우크라이나 동부 지방으로 진출하여 크림반도에서 큰 효과를 보았던 작전을 똑같이 실시했다. 그들은 러시아어를 사용하는 분리주의 단체들이 우크라이나 정부군에 대항하여 반란을 일으키도록 선동했다. 그들은 지역 민병대들을 무장시키고 이들과 함께 싸웠다. 전투가 점점 더 어려워지면서, 리틀 그린맨은 자신들의 정교한 군사 시스템을 활용하여 더 많은 전투를 수행했다.

이들은 워싱턴에 있는 대부분의 사람들이 알고 있는 러시아 군대가 아니었다. 그들은 전자전 시스템, 통신 방해 장치, 방공망, 장거리 정밀 로켓포와 같은 고도의 역량을 갖춘 무기를 가지고 있었는데, 이들 중 대부분은 미군이 보유하고 있는 그 어떤 것보다도 뛰어났다. 그리고 리틀 그린맨은 이 무기들을 대단히 효과적으로 사용했고, 오랫동안 미군만의 영역에 속했던 고속 정밀전high-speed, precision warfare을 수행했다.

당시 우크라이나 지휘관들이 나에게 들려준 이야기들은 오싹할 정도였다. 리틀 그린맨은 우크라이나 무인기를 교란시켜 하늘에서 떨어지게 했다. 그들은 또한 우크라이나 탄두의 퓨즈에 전파 방해를 일으켜 목표물에 부딪혀도 폭발하지 않고 힘없이 땅바닥에 떨어지게 했다. 리틀 그린맨은 상대의 전자신호를 감지하여 그들을 공격할 수 있었다. 무전 통신을 주고받은 우크라이나 군은 대화를 나눈 몇 분 후 로켓포 포격을 받아 전멸하였다. 이들의 장갑차가 무인 정찰기에 의해 포착되면 곧바로 특수탄이 날아와 장갑차의 가장 약한 부분인 상판부를 공격하여 안에 있던 모든 사람을 몰살시켰다. 우크라이나 군인들이 벙커나 참호 속으로 도망치려고 했지만, 리틀 그린맨은 밀폐된 공간에서 모든 산소를 빨아들이는 열압력탄thermobaric weapons을 명중시켜 그 안에 있는 모든 사람들을 태워 죽였다. 지상에서 이동하는 우크라이나 군대의 대열은 집속탄cluster munitions 공격에 의해 궤멸되었다.

우크라이나 장교가 나에게 들려준 또다른 이야기는 나를 얼어붙게 만들었다. 그는 리틀 그린맨에게도 알려진 매우 유능한 지휘관이 있었다. 분쟁 중 어느 날, 이 남성의 어머니는 우크라이나 당국으로 추정되는 사람으로부터 전화를 받았다. 이 사람은 그녀의 아들이 동부 우크라이나에서 전투 중 심하게 다쳤다고 말했다. 그녀는 즉시 어떤 엄마라도 할 수 있는 행동을 취했다. 아들의 휴대폰으로 전화를 건 것이다. 그녀는 자신에게 전화한 사람이 아들의 휴대전화 번호를 알고 있던 러시아 요원이었다는 것을 알지 못했다. 우크라이나 사령관은 보안상의 이유로 전화를 거의 사용하지 않았지만, 효자였던 그는 곧장 어머니에게 전화를 걸었다. 이것으로 리틀 그린맨은 그의 위치를 파악할 수 있었다. 몇 초 후, 어머니와의 전화 통화가 채 끝나기도 전에 그는 정밀 로켓 포탄에 맞아 전사했다.

2014년 우크라이나에서 등장한 것은 단순히 리틀 그린맨 이상의 군대였다. 놀라운 속도와 치명적인 위력으로 킬 체인을 완성하는 감지장치sensors와 발사장치shooters로 구성된 전투 네트워크battle network였다. 그것은 러시아 방식의 정찰–공격 복합체였다. 그리고 그다음 해 시리아에서 그것이 나타났을 때 미국은 또다시 허를 찔렸다. 그곳에서 미군은 이미 1년 동안 싸우고 있었다.

미군은 곧 자신들에게 바짝 접근하여 작전을 전개하는 선진화된 러시아 군대를 발견하게 되었다. 러시아가 던져 준 위협은 워싱턴에 있는 대부분의 사람들이 지난 수십 년 동안 전혀 심각하게 생각하지 않았던 것이다. 미 지상군은 생전 처음으로 상공에서 들려오는 항공기 소리가 친구인지, 적인지 고민해야 했다. 미국 조종사들은 통신 방해, 고도의 정밀 대공 미사일 포대 그리고 주기적인 근접 비행으로 괴롭히는 러시아 첨단 전투기들과 맞서야 했다. 유럽 해역에 있는 미 해군 함정들도 마찬가지였다. 그들은 수 미터 이내에서 거칠게 접근하는 러시아 군함이나 자신들을 추적하는 잠수함들, 그리고 자신들 머리 위로 날아가는 순항미사일에 대응해야 했다. 이들 미사일은 러시아 전함들이 시리아로 발사한 것이었다.

얼마 지나지 않아 이 새로운 러시아군은 미국이 방어하겠다고 약속한 북대서양 조약기구NATO 동맹의 동쪽 지역에 어두운 그림자를 드리우고 있었다. 러시아는 유럽을 겨냥할 수 있는 지상 발사 순항미사일을 배치하면서 중거리 핵전략 협정INT을 위반했다. 나토 반대편 러시아 군구에서는 수만 명의 병력이 갑자기 모습을 드러내는 '불시의snap' 군사행동을 벌이면서 미군 지휘관들로 하여금 실제 공격의 시작이 아닐까 하는 우려를 갖게 만들었다. 러시아 지도자들은 미국의 개입을 저지하기 위해서는 나토 국가들과의 갈등을 핵전쟁의 위협으로 빠르게 확대시키는 것이 필요하

다고 언급하기도 했다.[1]

2016년, 랜드 연구소의 두 분석가인 데이비드 쉬라박David Shlapak과 마이클 존슨 Michael Johnson은 러시아 군대가 60시간 안에 발트해 3개국 수도의 외곽에 도달할 수 있으며, 미군과 나토군이 효과적으로 대응하지 못할 것이라고 예측했다.[2] 국방부와 의회 일각에서는 이러한 상황을 깨닫기 시작했다. 미국은 새로운 러시아 군대와의 전쟁에서 패배할 수 있으며, 러시아는 [크림반도에서처럼] 이를 기정사실로 만들어 버릴 수 있다는 것이다.

이것은 미군이 대비해온 전쟁이 아니었다. 대부분의 미국 전투력은 유럽에서 철수했다. 지난 10여 년간 중동 전역에서의 작전에 엄청난 비용을 지불하고, 여전히 약속대로 배치되지 않고 있는 값비싼 군 현대화 프로그램에 자금을 투입했지만, 국방부와 의회는 자기들이 보기에 불필요해 보이는 많은 시스템과 무기체계의 도입을 꺼렸다. 이것들이야말로 리틀 그린맨이 등장했을 때 필요했던 바로 그 무기라는 것이 나중에 밝혀졌다. 미국은 또한 러시아군이 완료했던 킬 체인에서 살아남지 못할 너무나 많은 프로그램에 투자했다. 미군은 지난 20년 이상 더 작은 적들과 싸우기 위해 최적화되었다. 그리고 이제 미국은 미군의 무기체계와 전쟁수행방식을 압도할 수 있는 기술적으로 선진화된 군사적 경쟁자와 마주하고 있음을 알게 되었다. 미군 장군들은 러시아군이 미군에 비해 "수적으로나 사거리, 그리고 화력에 있어 우위에 있다."는 것을 공개적으로 말하기 시작했다.

그러나 더 깊이 들여다보면, 이러한 일이 예고 없이 발생하는 지진과 같은 것은 아니었다. 우크라이나와 시리아에서 떼지어 몰려드는 리틀 그린맨의 전술적인 기습은 예측하기 어려웠을지 모르지만, 많은 사람들을 놀라게 했던 그들의 출현은 사실 넓은 의미에서 보면 그리 놀랄 만한 일도 아니다. 2014년 2월 26일의 사건은 러시아의 군 현대화와 지난 10년 이상 진행되어 온 지정학적 야망의 정점이었다. 이는 워싱턴의 많은 사람들이 간과하고, 때로는 적극적으로 무시해 왔던 위협이다. 이 사건들의 더 큰 의미는 미국 지도자들로 하여금 중국에서 일어나고 있는 유사하지만 훨씬 더 큰 군사적 도전을 일깨웠다는 점이다. 사실 러시아는 그저 경종을 울리는

---

1) [역주] 핵전쟁의 위협이 있을 경우 미국이 개입하기 어렵기 때문이다.
2) David A. Shlapak and Michael Johnson, *Reinforcing Deterrence on NATO's Eastern Flank: Wargaming the Defense of the Baltics* (Santa Monica, CA: RAND Corporation, 2016), https://www.rand.org/pubs/research_reports/RR1253.html.

데 불과했다.

⚜

　미국이 그렇게 오랫동안 러시아를 잘못 이해한 이유는 냉전 이후 가졌던 커다란 희망, 사실은 소망적 사고에 불과한 희망 때문이었다. 소비에트연방공화국(소련)의 붕괴로 등장한 러시아는 고장 난 국가였고, 미국의 지도자들은 러시아가 유용한 동맹국이 될 수 있기를 희망했다. 1990년대 러시아는 힘을 상실했고 가난과 범죄로 인해 무법천지로 변해 버렸다. 자존심의 상실로 고통받고 있었다. 러시아의 경험은 미국과 정반대였다. 미국은 유일한 초강대국으로 등장했고 독보적인 지배력으로 자신들이 생각하는 대로 세계를 바꿀 수 있다는 무한한 낙관주의에 빠졌다. 미국의 낙관주의는 러시아로 확대, 적용되었다. 조지 H. W. 부시 대통령(1989~1993년)을 시작으로 오바마 행정부(2009~2017년)까지 이어지면서 러시아를 민주적이고 자본주의적인 국가 그리고 미국의 동반자로 만들려는 초당적인 합의가 이루어졌다. 이를 통해 미국은 러시아가 공산주의에서 벗어나고 핵무기의 보유를 보장받으며, G-8, 세계무역기구 및 기타 국제기구에 가입하는 데 도움을 주었다. 그러나 코소보와 이라크에 그랬던 것처럼 이해가 충돌할 때, 누가 강대국이고 누가 아닌지는 분명해졌다. 워싱턴은 자신의 방식대로 밀어붙였다.

　클린턴 이후 미국 대통령들은 러시아와 더 나은 관계를 구축하겠다는 포부를 가지고 취임했다. 도널드 트럼프(2017~2021년)도 마찬가지였다. 그는 전임자의 실패를 개인적 실수와 무능함의 결과라 보았고, 자신이 이를 시정할 수 있다고 생각했다. 사실 이들 대통령의 임기가 끝날 때쯤 미·러 관계는 더욱 나빠져 있었다. 미국 대통령들이 더디게 배운 것은 러시아가 미국이 희망했던 동반자가 되는 것보다 1991년에 상실한 강대국 지위를 회복하는 데 더 큰 관심을 가지고 있다는 점이다. 이것은 1999년 12월 31일 블라디미르 푸틴이 대통령이 되었을 때 특히 분명해졌다.

　푸틴은 2000년대 초반 권력 장악력을 강화하면서 러시아의 군사 현대화를 강하게 밀어붙였다. 그는 소련의 종말을 '20세기 최대의 지정학적 재앙'이라고 언급하면서, 세계 군사력 균형에서 러시아의 정당한 위치라고 믿었던 수준으로 복원하기 시작했다. 그리고 러시아의 힘이 세지면서 푸틴의 지정학적 야망도 커졌다.

　2008년 8월 푸틴의 야망과 그가 건설하고 있던 새로운 군대를 위한 초기 시도가 이루어졌다. 당시 그는 러시아 군대를 구소련의 조지아 공화국에 보내, 성공적인 결과를 달성했다. 모스크바는 두 개의 분리주의 집단 거주지를 잘라 내어 사실상 러시아에 합병했다.

그러나 그 작전 자체는 푸틴에게 경각심을 심어주었다. 그의 새로운 군대는 전쟁의 기본 기능을 수행하는 매우 서툴렀다. 러시아군은 얼마 전 장악한 영토에 부대를 투사하느라 무척 고생했다. 미국과 나토는 코소보에서처럼 조지아를 구하기 위해 개입하지 않았지만, 서방세계가 그렇게 했다면 러시아 군이 막을 수 없었을 것이라는 것을 푸틴은 알아차렸다.

푸틴은 물러서지 않고 더 완강히 밀어붙였다. 러시아 군사기획자들은 오랫동안 미군을 연구해 왔다. 그들은 미군이 코소보와 이라크에서 전쟁을 치렀던 것과 거의 같은 방식으로 러시아 주변부와의 미래 전쟁을 치를 것이라는 것을 알고 있었다. 그래서, 오바마 행정부가 러시아와의 관계를 '재설정'하기 위해 노력하고 있을 때, 푸틴은 기술적으로 정교한 무기체계를 건설하는 데 돈을 쏟아부었다. 장거리 미사일과 로켓, 탁월한 능력의 특수작전부대, 첨단 방공 시스템, 전자전, 사이버 무기, 위성을 먹통으로 만들 레이저, 위성 격추 미사일, 전술 핵무기 등이 여기에 속한다. 이 모든 군사 현대화에는 한 가지 분명한 목적이 있었다. 그것은 미국이 유럽에 군사력을 투사할 능력을 갖지 못하게 만들고, 특히 푸틴이 여전히 위대한 러시아의 일부라고 믿고 있는 유럽의 많은 지역을 차지하기 위한 것이다.

이 새로운 러시아 군대는 우크라이나와 시리아에서 이전 조지아와는 매우 다른 작전 수행능력을 보였다. 푸틴은 이러한 개입을 러시아의 무인 항공기, 지속적인 정찰, 정밀 화력, 그리고 리틀 그린맨의 전투 네트워크를 위한 실사격 화력 훈련으로 활용했다. 그 결과 빠른 속도의 킬 체인을 확보했는데, 이는 우크라이나와 시리아 반군을 섬멸했을 뿐 아니라 미군의 전쟁수행방식과 수단을 약화시키는 것이었다. 이러한 상황은 앤드루 마셜이 거의 20년 전에 사람들에게 상상하도록 자극했던 20XX년의 전쟁과 놀랍게도 비슷하다. 간단히 말해 푸틴은 그의 소련 전임자들이 단지 꿈만 꾸었던 정찰-공격 복합체를 건설하고 있었던 것이다.

전쟁에 대한 러시아의 새로운 접근은 전통적인 전쟁터를 넘어 경쟁국들의 내정에까지 확대될 것이라는 것이 곧 분명해졌다. 2013년 2월 러시아군 총참모장이자 최고위급 장교였던 발레리 게라시모프Valery Gerasimov가 집필한 한 논문에 핵심적인 내용이 정리되어 있다. 이 논문은 이듬해 우크라이나와 시리아에 '리틀 그린맨'이 등장한 이후 미 국방부가 읽어야 할 필수적인 글이 되었다. 여기서 게라시모프는 "바로 '전쟁 규칙'이 바뀌었다."라고 썼다. "정치적이고 전략적인 목표를 달성하기 위한 비군사적 수단의 역할이 커졌고, 많은 경우 그것들은 효과 면에서 무기의 힘을 넘어섰다."[3]고 지적했다. 다르게 설명하면, 정찰–공격 복합체는 이제 국가들의 정치적, 사회적 균열을 파악하고 '정체를 알 수 없는 군사적 수단'을 통해 그들의 심장을 직접 타격할 수 있는 능력을 보유하게 되었다. 여기에는 허위 정보 공작, 정치적 전복, 암살, 사이버 공격, 그리고 민주적인 사회구조를 찢기 위한 소셜 미디어의 사용 등 다양한 '적극적 조치'가 포함되었다. 이제 전쟁은 어디에나 존재하게 될 것이다.

이런 종류의 현대 정치전은 '게라시모프 독트린'으로 알려지게 되었다. 그것은 조지아에서 배양되었다. 그리고 우크라이나에서 파괴적인 효과를 발휘했고, 그 후 유럽 전역에 걸쳐 더욱 광범위하게 사용되었다. 2016년에는 러시아가 미국 민주주의의 정당성을 약화시키기 위해 미국 대선에 개입했을 때 미국을 상대로 직접 사용되었다. 이것 역시 워싱턴을 놀라게 했다. 그러나 다시 한번 미국 정부는 10년 이상 다른 지역에서 전개된 노골적인 위협에 제때 대응하지 못했다. 대부분의 미국 지도자들은 우리에게 그런 일이 일어날 수 없을 것이라고 생각해왔다.

2014년 리틀 그린맨과 새로운 러시아 군대의 출현으로 워싱턴의 지도자들이 골머리를 앓고 있는 동안, 지구 반대편에서는 또 다른 복병이 등장했다. 중국은 오랫동안 남중국해, 즉 동남아의 중심에 있는 135만 평방 마일의 태평양 바다에 대한 소유권을 주장해 왔다. 중국 정부는 미국과 다른 나라들의 선박들이 그 바다를 통과하기 위해서는 그들의 허가를 받아야 한다고 수시로 주장해왔다. 미국은 이 해역에 대한 중국의 영유권 주장에 오랫동안 이의를 제기해 왔다. 특히 3조 4천억 달러 규모의 세계 무역이 매년 이 해역을 통과하고 있기 때문이기도 하다. 남중국해의 긴장감은 수년 동안 고조되어 왔지만 국내 문제와 중동 사태로 인해 산만했던 워싱턴에서는 큰 관심을 끌지 못했다. 그러나 러시아에 대한 우려가 커지면서 상황이 바뀌었

3) Quoted in Molly McKew, "The Gerasimov Doctrine," *Politico Magazine*, September/October 2017, https://www.politico.com/magazine/story/2017/09/05/ gerasimovdoctrine– russia–foreign– policy–215538.

다.

2014년 중국은 자국 해안에서 멀리 떨어진 남중국해로 대형 준설선 함대를 파견했다. 이는 얕은 암초와 환초로 이루어진 곳을 인공섬으로 바꾸기 위해서였다. 남중국해가 중국에 속한다는 중국 정부의 주장을 적극적으로 보여 주기 위한 조치였다. 남중국해는 주변 인접국들 모두 자신의 영토라고 주장하는 곳인데, 이곳을 섬의 형태로 갖추면서 활주로, 관제탑, 격납고 그리고 군사적으로 보이는 기지 등을 설치했다. 이윽고 미국 정부는 중국이 인공섬에 장거리 레이더, 지대공 미사일 포대, 전투기 그리고 다른 무기들을 배치하고 있다는 것을 확인하고 공개적인 해명을 요구했다. 오바마 대통령이 이 사실을 언급하자, 중국 시진핑 국가주석은 이를 부인했다. 중국 국가주석은 전 세계를 대상으로 말도 안 되는 거짓말을 한 것이다.

푸틴의 우크라이나 개입이 미국의 지도자들에게 러시아가 야기한 광범위한 군사적 문제에 대해 일깨워 준 것처럼, 중국의 인공섬 건설은 중국에 대한 더 큰 깨달음을 가져다주었다. 워싱턴의 정치 지도자들은 앤드루 마셜과 같은 국방 전문가들이 수년 동안 경고해 왔던 우려를 점차 인식하게 되었다. 중국은 러시아와 마찬가지로 미국과 맞서기 위해 첨단 기술 군대를 건설해 왔다. 워싱턴의 많은 이들이 이를 더 심각한 문제로 보기 시작하였다. 중국은 러시아보다 훨씬 더 오랫동안 이 목표를 위해 노력해 왔고, 훨씬 더 많은 진전을 이루었다. 이것은 워싱턴 지도부가 대부분 무시해 왔던 더 크고, 더 오래된 이야기의 일부이다.

미국은 러시아와는 역사적으로 매우 다른 관계를 중국과 맺어 왔다. 사실 중국과 미국은 소련에 대응하여 세력 균형을 구축해 온 냉전 후반의 동반자였다. 당시 중국은 문화대혁명과 대약진의 혼란에서 벗어나고 있었다. 1978년까지 중국의 새 지도자인 덩샤오핑은 중국을 경제 개방과 세계 경제로의 통합이라는 방향으로 이끌어 가길 원했다. 미국에서도 중국에 대한 초당적 합의가 이루어졌다. 아시아 전문가인 커트 캠벨과 엘리 래트너가 썼듯이, "미국의 힘과 패권을 통해 중국을 미국이 바라는 방향으로 쉽게 주조할 수 있을 거라는 기본적인 생각" 위에 안도하고 있었다.[4] 미국은 1991년 냉전과 걸프전에서 승리하면서 이러한 높은 목표를 달성할 수 있다는 자신감을 가졌다. 그러나 이러한 사건들은 중국으로 하여금 다른 생각을 갖게 만

---

4) Kurt Campbell and Ely Ratner, "The China Reckoning: How Beijing Defied American Expectations," *Foreign Affairs*, March/April 2018, https://www.foreignaffairs.com/articles/china/2018−02−13/chinareckoning.

들었다.

중국군은 걸프전을 깊이 연구했고, 여기에는 이라크에서의 안정화 작전에 대한 평가를 포함했다. 중국군 관리들이 바그다드를 방문했을 때 이라크가 중국이 가지고 있던 노후화된 소련 방공망과는 같은 무기체계를 가지고 있었으며, 어떤 경우에는 자신의 것보다 더 낮다는 것을 알게 되었다. 최종 연구보고서는 베이징에서 이틀에 걸쳐 중앙군사위원회에 보고되었고, 당시 국방위원장으로 곧 주석에 오를 지도자인 장쩌민이 이틀간의 브리핑에 모두 참석했다. 중국 공산당을 불안하게 한 것은 미군의 은밀함과 정교함뿐만 아니라 이라크군을 완전히 궤멸시키지 않고도 승리를 거둘 수 있는 그들의 능력이었다.[5] 미국은 이라크로 잠입해서 그들의 전투 능력, 즉 그들의 킬 체인을 선별적으로 파괴했다. 그리고 미군이 이라크에 그렇게 할 수 있다면, 중국에도 똑같이 할 수 있다고 상상하는 것은 어렵지 않았다.

그 후 몇 년 동안 중국 지도자들은 자신들의 군대를 혁신할 필요가 있으며 그들의 주된 위협은 미국이라는 것을 알려 주는 추가적인 증거들을 발견하게 된다. 1996년 중국과 대만 사이의 긴장이 고조되자 미국은 항공모함 전단을 중국 본토에서 100마일 떨어진 대만해협으로 출항시켰고, 중국군은 그들이 어디에 있는지 정확한 위치를 찾아내기 어려웠다. 3년 후 중국은 이라크에서 승리했던 것과 같은 전쟁 방식으로 미국이 세르비아의 전투 능력을 파괴하고 밀로세비치가 항복하도록 강요하는 것을 지켜보았다. 그러나 미국의 공습으로 베오그라드에 있는 중국 대사관이 파괴되자 중국과 보다 직결된 문제가 되었다. 미국은 그것이 사고라고 주장했지만, 중국 정부는 그렇게 생각하지 않았다. 그 공격은 중국 공산당으로 하여금 미국에 맞설 수 있는 군대를 건설하기로 마음먹게 된 중요한 계기가 되었다.

중국은 이른바 '995 계획(1999년 5월 베오그라드 대사관 공격에 따른 이름)'에 따라 새로운 종류의 군사력 건설에 박차를 가했다. 중국은 선박과 탱크와 같은 전통적인 군사 시스템에 계속해서 돈을 썼지만, 그것의 우선순위는 소위 '암살자의 철퇴'와 같은 무기를 개발하는 것이었다. 이는 중국 역사에 등장하듯이 더 강력한 적들을 물리치기 위해 사용된 특수 무기를 일컫는 말이다. 그것은 다윗과 골리앗의 싸움 같을 것이다. 목표는 거인과의 싸움에서 이기는 것이 아니라, 그들의 취약점을 공격함으

---

5) Jeffrey Engstrom, *Systems Confrontation and Systems Destruction Warfare* (Santa Monica, CA: RAND Corporation, 2018), 10.

로써 싸우지 못하도록 만드는 것이다.

이러한 무기들은 1992년에 앤드루 마셜의 사무실에서 상상했던 바로 그러한 종류의 것이었다. 이들은 이전의 실험적인 논의에서 같은 이름으로 거론된 것인데, 바로 접근 거부와 지역 거부A2/AD의 무기들이다. 중국의 계획은 미국과 직접 싸우기보다는 그들의 킬 체인을 끊기 위해 전체 미군 조직이 의존하고 있는 기본 시스템과 가정을 공격한다는 것이었다. 중국은 미군이 어떻게 싸울지 알고 있었고, 미국의 전쟁수행방식에 대한 매우 체계적인 대응을 위해 새로운 무기를 만들기 시작했다.

중국이 가장 먼저 무력화해야 할 곳은 제2차 세계대전 이후 전진 배치된 주일 미군과 괌 기지망이었다. 워싱턴은 이 기지들이 다른 세계 기지들과 마찬가지로 적대국들이 공격할 수 없는 성역이라고 가정하고 있다. 아시아에서 전쟁이 일어날 경우, 미군은 이라크와 발칸반도에서 전쟁을 치르는 것과 유사한 방식으로 그들의 전진 기지에 보급품을 산처럼 쌓아 둘 것이다. 이를 기반으로 미군은 그들이 원하는 방식으로 원하는 시기에 원하는 장소에서 싸우려고 할 것이다. 중국은 이러한 미국의 계획을 알고 있었고, 아시아에서 미국의 중요한 전투 기반 시설을 없애기 위해 중거리 및 장거리 탄도미사일 등 엄청난 양의 미사일을 확보했다. 중국의 계획은 미국에 대응하여 싸우는 것이 아니라, 더 많은 미사일을 가지고 미군 기지들을 초토화시키는 것이었다.

중국이 거부하고자 했던 두 번째 주요 대상은 미국의 공격기였다. 중국은 미국의 공군력이 미국이 중국과의 전쟁을 시작한다면 우선적으로 사용될 수단이라는 것을 알고 있었고, 이라크와 발칸반도에 있었던 것처럼 공군력이 미국의 전쟁 계획에서는 없어서는 안 될 부분이라는 것을 간파하고 있었다. 그 결과 중국은 가능한 멀리서 미국 항공기의 접근을 탐지하기 위해 조기경보 체계와 장거리 레이더를 개발했다. 그것을 기반으로 더 먼 거리에서 미국 항공기들을 격추시킬 수 있는 가공할 만한 수준의 공중 및 미사일 통합 방어 네트워크를 구축했다. 그들의 목표는 미국이 자신들의 가장 효과적인 무기를 갖고 자신들이 익숙한 전통적인 방식으로 싸우는 것을 더 어렵고 더 비싸게 만드는 것이다.

미국의 육상 기지와 공격 항공기 이외에도 중국 정부는 미국이 군사력을 투사하는 또 다른 수단인 항공모함을 겨냥하고 있다. 항공모함은 늘 이동하고 있기 때문에 육상 기지보다 훨씬 더 힘든 목표물이다. 그러나 중국은 대부분의 미국 항공모함이 아시아에 본거지를 두고 있지 않기 때문에 분쟁이 발생할 경우 이 지역으로 항해해와야 한다는 것을 알고 있었다. 이는 미국 항공모함들이 위협을 가하기 전에 중국군이 그들을 찾아내 목표물로 삼을 수 있는 시간을 벌 수 있다는 것을 의미한다. 그래서 중국은 미국의 항공모함이 태평양을 횡단하는 긴 여정 동안 그들을 사냥할 수 있는 초수평선 레이더, 장거리 정찰 위성과 항공기 그리고 그밖에 다른 방법들을 개발하기 시작했다.

중국은 또한 미국의 항공모함과 부수 전단을 공격할 무기들을 개발했다. 세계 최초의 대함 탄도미사일인 DF-21은 1,000마일 이상을 날아가 항공모함을 공격할 수 있다. 미사일에 맞은 항공모함이 완전히 침몰하지는 않더라도 전투 능력을 무력화시키는 그런 임무를 수행하도록 설계되어 있다. 이 능력으로 DF-21은 '항공모함 킬러'라는 별명을 얻게 되었다.

하지만 중국은 거기서 멈추지 않았다. 미국이 이런저런 값비싼 무기를 획득하느라 낭패를 보는 사이에 중국은 더 강력한 항공모함 킬러 미사일인 DF-26을 실전 배치했다. 이 미사일은 DF-21보다 더 큰 탄두를 싣고 두 배나 더 멀리 날아가 더 정밀하게 타격할 수 있다. 또한 조용한 디젤 잠수함과 함께 저공비행과 예측불허의 기동으로 탐지와 격퇴가 어려운 대함 순항미사일을 배치했다. 이 모든 무기들은 미국 해군력의 핵심을 정확히 타격하기 위해 설계된 것이다.

또 다른 암살자의 철퇴들은 1991년에 미국이 이라크에게 했던 것처럼 하는 데 초점을 맞추었다. 전쟁 수행을 지속할 수 있는 기본 시스템을 파괴하는 것이다. 미국의 경우, 이것은 통신과 정보 위성, 특히 미국의 무기들이 목표물을 찾을 수 있게 도와주는 위치 확인 시스템GPS이다. 감지장치에서 발사장치로 목표물에 대한 정보를 전달해 주는 것이 정보 네트워크다. 그리고 미군들이 작전 구역으로 들어올 수 있게 하고 그들에게 식량, 연료 및 보급품을 제공하면서 전투를 지속할 수 있게 하는 것은 병참 보급이다. 중국은 미군의 정보 수집과 정보통신 그리고 전투에서의 지휘·통제 능력을 무력화시키기 위해 첨단 항공기, 전자 공격, 사이버 역량, 위성 요격 미사일 등 보다 정밀한 무기를 개발했다. 이것은 모두 중국 군부가 궁극적으로 '시스템 파괴 전쟁'이라고 부르는 더 넓은 전투 교리의 일부이다. 미국이라는 거인을 귀머거리, 벙어리, 장님으로 만들어 버리면 그들은 움직일 수도 싸울 수도 없을 것이라는 간단한 생각이었다.

중국은 암살자의 철퇴 외에도 군사력을 투사하기 위한 현대적 수단을 개발하는 데 주력하였다. 정밀 유도미사일로 무장한 호위함과 잠수함 그리고 자신들의 고유한 방식으로 설계된 항공모함들로 구성된, 거대하고도 현대화된 대양 해군을 바다에 풀어놓았다. 또 중국은 대만과 그 밖의 다른 나라의 해안으로 중국의 해병대를 실어나를 수 있는 수륙양용 함정과 상륙정을 건조했다. 그리고 미 당국자들이 공개적으로 인정한 공대공 미사일을 탑재한 장거리 폭격기와 첨단 전투기를 개발했으며, 이 전투기들은 미국의 최고 무기들과 어깨를 나란히 할 수 있는 수준이다. 만약 암살자의 철퇴를 보유하는 이유가 아시아 대부분 지역에 대한 미군의 접근을 막기 위해서라면, 그 외 다른 무기들은 미국이 없을 때 중국이 그 지역에 자신의 힘을 투사하고 자신들의 군사적 통제력을 행사할 수 있게 해 줄 것이다.

중국은 재래식 군사력을 빠르게 증강시켰고, 핵무기도 비슷한 수준으로 발전시켰다. 1990년대 핵탄두의 소형화에 성공한 이후 중국은 더욱 정교한 운반 수단과 함께 더 많은 핵탄두 제조에 착수했다. 중국은 지상과 잠수함 그리고 전폭기에서 핵무기를 발사하는 데 필요한 모든 핵심 요소들을 개발했는데, 이는 핵무기 3인조로 알려진 것이다. 중국의 대륙간 탄도미사일 중 가장 성능이 뛰어난 것은 여러 개의 핵탄두를 탑재할 수 있어 한꺼번에 여러 표적을 개별적으로 타격할 수 있다. 이러한 역량은 양적인 측면에서 미국이 여전히 우위에 있지만, 놀라운 것은 중국의 급속한 핵 증강이 미국 정책 입안자들이 미국 핵산업의 유지와 현대화를 조직적으로 무시하고 자금 지원을 줄이는 사이에 발생했다는 점이다.

암살자의 철퇴 개발에 필요한 일부 기술은 중국에서 자연적으로 개발되었지만 다른 많은 기술은 중국 정부가 뒤를 봐주는 사실상 대규모 절도 행위의 결과로 획득되었다. 보도에 따르면 이렇게 훔쳐 간 기술들은 1990년대 핵무기 설계의 불법적인 유용에서부터 지난 25년 동안 수많은 군사 프로그램 설계의 약탈에 이르기까지 다양하다. 중국에서 합작투자에 뛰어든 미국 기업들은 자신들의 지적 재산을 중국에 넘긴다는 사실을 알고도 그렇게 했다. 그러한 기술들은 중국의 산업과 군사력 발전을 위해 사용되었다. 중국은 미국의 군수 및 방위산업체로부터 지적 재산과 영업 기밀을 약탈함으로써 군사적 연구 개발에 필요한 수년간의 힘든 작업과정을 절약할 수 있었다. 이는 마라톤 중간쯤에서 차를 얻어 타는 것과 마찬가지다.

예를 들어 중국의 CH-4B 무인기는 미국의 프레데터Predator 무인기와 비슷하다. 중국의 J-20 5세대 전투기는 F-35 합동 타격 전투기와 매우 흡사하다는 점이 자주 언급되었다. 실제로 워싱턴 일각에서는 미군을 괴롭힌 수십억 달러 규모의 무기획득 사업이 무산되고 나면, 이를 모방하려는 중국을 괴롭히기 위한 기발한 계획의 일부라 농담하기도 했다. 2012년까지 미 국가안보국NSA 국장이자 미국 사이버 사령부US Cyber Command 사령관인 키스 알렉산더Keith Alexander 장군은, 미국이 사이버 산업스파이로 인해 매년 2,500억 달러의 손실을 보고 있다고 추정했다. 이것의 대부분이 중국에 의한 것이다. 그는 이것을 "역사상 가장 거대한 규모의 자산의 양도"라고 불렀다.6)

미국인들은 기술 혁신에 대한 중국의 중앙집권적이고 권위주의적인 접근을 비웃는 경향이 있다. 그러나 중국이 발전시킬 수 있는 선진화된 군사기술의 질과 양, 그리고 속도에 대한 미국의 예측이 늘 틀려 왔음을 인정해야 한다. 사실 미국이 군사혁신을 얘기하면서 종종 자신들의 목표에도 미치지 못한 상태에서 포기하는 반면, 중국은 눈 깜짝할 사이에 자신의 군대를 혁신시켰다. 그에 더해 미국이 해마다 돈을 쏟아붓고 있는 바로 그 군사 시스템을 이제 겨냥하고 있다.

꽃장식

궁극적으로, 중국이 제기하는 전략적 도전은 러시아의 위협을 왜소해 보이게 만들었다. 적대적인 수사와 무력 시위에도 불구하고 러시아는 중국보다 재래식 경제력과 군사력에 있어 훨씬 뒤처져 있으며, 그 격차는 매일 더 커지고 있다. 리틀 그린맨의 우크라이나 침공의 더 중요한 의미는 미국에게 훨씬 더 강력한 전략적 도전인 중국에 대해 경종을 울리는 것이었다. 하지만 러시아의 우크라이나 개입으로 미국이 2014년과 그 이후에 그랬던 것처럼 중국에 관심을 돌렸던 것은 아니다.

중국의 전략적 도전이 새롭게 부각된 것이라거나, 시진핑이 권력을 장악한 2012년을 기점으로 두드러졌다고 생각하는 것은 솔깃하게 들린다. 그러나 실제로 중국은 1993년 이후 조직적으로 군대를 혁신해왔다. 이러한 군사력 증강은 때로는 빠르게, 때로는 더디게, 어떤 곳에서는 더 명백하게, 또 다른 곳에서는 은밀하게 진행되어 왔지만, 하나의 일관된 노력이 경주되어 왔다는 것은 분명하다.

증거는 어디에나 있다. 중국은 1993년 이미 자국의 군사 목표가 "첨단 기술을

---

6) Josh Rogin, "NSA Chief: Cybercrime Constitutes the 'Greatest Transfer of Wealth in History,'" *Foreign Policy*, July 9, 2012, https://foreignpolicy.com/2012/07/09/nsa−chief−cybercrime−constitutesthe−greatest−transfer−of−wealth−in−history/.

보유하고 국지전을 수행하는 것"이라고 선언했다. 중국 지도부는 9·11 테러로 미국이 방심하고 있을 때 반드시 잡아야 할 '전략적 기회의 순간'이라고 공개적으로 말했다. 2007년, 중국은 노후화된 기상 위성을 새로운 위성 요격 미사일로 격추하는 이례적이고 공개적인 조치를 취했다. 그리고 러시 도시Rush Doshi가 주장했듯이, 2009년 세계 금융 위기의 여파로 미국이 흔들리자 후진타오 주석은 중국의 전략을 "역량을 숨기고 시간을 끌어야 한다(도광양회)"는 덩샤오핑의 당부에서[7] 벗어나 세계 무대에서 보다 적극적으로 공세적인 역할을 수행하는 것으로 전환했다.[8]

이러한 사건들과 또 그 밖의 많은 일들이 워싱턴에 경종을 울리기는 했지만, 주의를 끌지는 못했다. 확실히 많은 미국 지도자들과 국방 기관의 구성원들이 중국의 급속한 군사혁신에 대응하기 위해 끊임없이 노력하였다. 여기에는 암살자의 철퇴에 대응할 수 있는 새로운 방법을 개발하려는 국방부의 노력도 포함된다. 그러나 중국은 결코 최우선 순위가 되지 못했다. 주로 군사력에 초점을 맞춘 중국의 강력함에 대한 폭로가 눈사태처럼 늘어났지만, 미국이 어떻게 군대를 건설하고 어떻게 사용할 계획인지에 대해서는 의미 있는 변화를 이끌어 내지 못했다.

미국의 군사적 우위에 대한 가장 큰 위협으로부터 주의를 분산시키는 것은 부분적으로 9·11 사건에서 시작된 테러와의 전쟁, 그리고 점차 악화되었던 중동에서의 혼란에서 비롯되었다. 중동 사태는 조지 W. 부시의 외교정책을 집어삼켜 버렸고, 정도는 덜하지만 버락 오바마 행정부도 마찬가지였다. 이들 행정부 모두 집무를 시작할 때는 중국에 초점을 맞출 것이라고 그들의 의도를 분명히 밝혔다. 그러나 미국의 지도자들은 중국의 전략적 도전이 확대되고 있음에도 이를 무시해왔다. 중국에 유리한 조건으로 무역과 투자를 늘림으로써 자신의 이미지대로 중국을 만들 수 있을 것이라는 초당적인 합의가 강력하게 지속되었기 때문이었다. 이러한 합의는 워싱턴을 넘어 미국인들의 행동에도 큰 영향을 끼쳤다. 유력한 미국 기업들과 은행들은 흔히 중국으로부터 경제적 이익을 얻기 위해 안보 이익을 외면했다. 이러한 합의에서 벗

---

7) [역주] 도광양회는 1990년대 덩샤오핑 시기 중국의 외교방침으로 국제적으로 영향력을 행사할 수 있는 경제력이나 국력이 생길 때까지는 침묵을 지키면서 강대국들의 눈치를 살피고, 전술적으로도 협력하는 외교정책을 말한다.

8) Rush Doshi, "Hu's to Blame for China's Foreign Assertiveness," Brookings Institution, January 22, 2019, https://www.brookings.edu/articles/hus-to-blame-for-chinas-foreignassertiveness/.

어난 발언과 행동은 종종 중국 정부의 반감을 살 만한 전쟁 선동이라고 경멸당했다.

미국의 지도자들이 러시아와 중국 군대에서 비롯된 위협을 너무 과소평가한 이유는 그들이 아니라 결국 우리에게 있다. 우리는 우리 스스로 만든 신화에 눈이 멀었다. 즉 냉전이 종식되면서 세계는 강대국 간의 경쟁과 갈등을 넘어서, 9·11 위원회 보고서에서 언급되었듯이 테러리즘과 같은 초국가적 위협이 '세계 정치의 규정적 성격'될 것이라고 믿었다.[9] 우리는 중국과 러시아가 미국처럼 되기를 원한다고 우리 스스로에게 말했다. 그리고 미국의 기술과 사업, 그리고 문화에 더많이 노출된다면 그들은 우리가 원하는 동반자가 될 것이라 여겼다. 우리가 이러한 포부를 이루려고 했던 것이 잘못되었다는 것은 아니다. 문제는 우리 주변에서 일어나고 있는 일들이 그러한 믿음과 점차 괴리를 보이고 있음에도 불구하고 너무 오랫동안 그러한 믿음에 집착했다는 것이다.

2014년 처음에는 러시아에 의해, 그 다음에는 중국에 의해 매복 공격을 당한 후에야 워싱턴의 상황이 바뀌기 시작했다. 워싱턴 지도자들은 한 가지 개념에 갑자기 사로잡혔다. 그들 중 다수가 이를 '강대국 경쟁의 재등장'이라고 칭했다. 그리고 어떻게 대응할지를 생각하기 시작했다. 이 일을 맡은 설계자 가운데 한 명이 로버트 워크Robert Work였다. 그는 당시 국방부 차관이었는데, 앤드루 마셜의 제자로 한때 그와 함께 연구작업을 수행했고 워게임을 운영한 적이 있었다. 수년 동안 워크는 중국과 러시아가 마셜이 경고했던 종류의 군사적 대응책을 획득하고 있다고 우려해왔다. 그는 2015년 글에서 "우리의 기술적 이점이 침식되고 있다는 것이 걱정이다. 상당히 빠른 속도로 사라지고 있다"고 썼다.[10]

국방부 차관으로서 워크는 뭔가를 하려고 했다. 그가 새로운 '상쇄Offset 전략'이라고 불렀던 아이디어는 미국이 인공지능과 같은 최첨단 기술을 활용하여 전략적 경쟁국들보다 앞서 도약하는 것이었다. 워크는 이런 식으로 표현하지는 않았지만, 마셜이 처음 구체화한 이후 20년 동안 평판이 나빠진 군사분야의 혁명을 새롭게 추

---

9) *The 9/11 Commission Report: Final Report of the National Commission on Terrorist Attacks upon the United States* (New York: W. W. Norton, 2004), 362.

10) Bob Work, "The Third Offset Strategy" (speech at Reagan Defense Forum, Reagan Presidential Library, Simi Valley, CA, November 7, 2015), https://dod.defense.gov/News/Speeches/Speech−View/Article/628246/reagan−defense−forum−the−third−offset−strategy/.

진하려고 노력하고 있었다. 기술은 급격하게 변했지만, 목표는 달라지지 않았다. 미군이 그 어느 때보다 빠르게 적 목표물을 찾아 행동에 옮길 수 있는 첨단 기술과 정보 중심의 전투 네트워크를 구축하는 일이다. 이는 20년 전 마셜이 말한 것처럼, 가장 유용한 정보를 가장 필요한 사람들에게 신속하게 전달하는 것이다. 다른 말로 하자면, 여전히 관건은 누구보다 빨리 킬 체인을 완료하는 것이다.

워크의 생각에는 한 가지 문제가 있었다. 지난 수십 년간 미국이 군 현대화를 위해 수천억 달러를 들였음에도 불구하고, 그를 비롯한 다른 많은 사람들이 미래에 미군의 중심이 될 것이라고 믿었던 기술에 국방부가 거의 접근할 수 없다는 사실이다. 비록 몇몇 전통적인 방위산업체들이 첨단 미사일과 유도 에너지 무기와 같은 혁신적인 기술을 개발하고 있었지만, 가장 효과가 큰 대부분의 기술들은 미군에게 그것을 제공하는 데 별 관심이 없는 상업적인 기업들에 의해 개발되고 있었다. 국방부가 어떻게 이러한 곤경에 빠지게 되었는지가 우리 이야기에서 훨씬 더 중요한 부분이다.

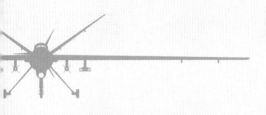

제3장

두 도시의 이야기

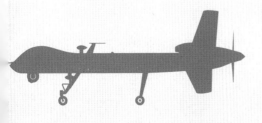

제3장

두 도시의 이야기

미국이 어떻게 미래에 의해 매복공격을 받게 되었는가는 단순히 미국이 자국의 우위에 대한 잘못된 인식을 갖고 있으며, 군사기술적 야심을 갖고 있는 적대적인 신흥 강대국들을 심각하게 받아들이지 않았기 때문만은 아니다. 이것은 드와이트 D 대통령이 '군산복합체'라 불렀던 것으로, 냉전 시대 민간 방위산업체와 국방부 사이에 존재했던 내밀한 관계에 관한 이야기이기도 하다. 좀 더 넓게는 워싱턴의 미국 정부와 1950년대 캘리포니아에서 실리콘 밸리를 중심으로 성장한 첨단 기술의 세계 간의 긴밀한 협력에 관련된 이야기며, 어떻게 그 협력 관계가 시간이 가면서 침식되어 군부와 기술계가 서로를 이해하기 어렵게 되고 심지어 서로 다른 가치관을 가진 두 개의 다른 세계에 살고 있는 것처럼 느끼게 되었는지에 대한 이야기다. 워싱턴과 실리콘 밸리의 분열로 말미암아 이 두 도시는 다른 세계가 되어 버렸다.

1946년 4월 30일, 육군 참모총장으로서 아이젠하워는 전쟁에서 승리하고 평시에 유지되어야 하는 군사 획득의 '정책 일반'에 대한 메모를 작성하여 전쟁부에 제출했다.[1] 그는 이 메모에서 민간 기술자와 산업가를 군 운영자와 결합하고, 현재의 무

---

1) Dwight D. Eisenhower, "Scientific and Technological Resources as Military Assets" (memorandum for Directors and Chiefs of War Department General and Special Staff Divisions and Bureaus and the Commanding Generals of the Major Commands, Office of the Chief of Staff, War Department, Washington, DC, April 30, 1946).

기 구매 책임과 미래 기술개발을 분리하며, 주요 기술개발 노력의 '효과적인 통일된 방향'을 제시하는 것이 필요하다고 주문했다. 아이젠하워는 제2차 세계대전의 교훈으로 "일부 동맹국들은 침략자들의 공격을 막기 위한 주요 수단으로 자신들의 목숨을 바쳤지만, 우리는 기계와 기술을 사용하여 생명을 구할 수 있었다"고 지적했다.[2] 이러한 생각은 그가 대통령직을 시작했을 때 가졌던 원칙으로, 새로운 전략적 경쟁이 막 시작되고 있는 상황이었다.

냉전 초기 미국 정부가 느꼈던 광범위한 긴박감은 아무리 강조해도 지나치지 않다. 미국은 인류 역사상 가장 비극적인 전쟁에서 살아남았지만, 적대적 이념과 핵무기를 보유한 강대국과의 장기적인 전략적 경쟁에 놓여 있었다. 당시 미국에는 '잔여적 과신' 같은 것은 없었다. 사람들은 군사기술개발에 뒤처질 것을 크게 우려했고, 소련이 1957년 스푸트니크 발사와 함께 미국을 제치고 우주로 진출했을 때 그러한 공포는 현실이 되었다. 미국이 실패할 수도 있고, 실패는 또 다른 종말론적 전쟁을 초래할 수 있다는 믿음이 널리 퍼져 있는 상황이었다.

그 위협은 미국인들의 마음을 집중시키는 계기가 되었다. 냉전에서 패배하는 것보다 더 나쁜 일은 없을 것이고, 아이젠하워는 그런 일이 일어나지 않도록 거의 모든 것을 할 준비가 되어 있었다. 따라서 그는 야심 찬 새로운 군사기술을 개발하기 위해 대규모 투자를 감행했고 어떤 위험도 감수할 수 있는 것처럼 보였다. 심지어 그것은 필수적인 것처럼 보였다.

아이젠하워의 시각으로 볼 때, 워싱턴의 주된 역할은 큰 일들을 바로잡아 가는 것이었다. 그것은 올바른 사람들, 꼭 좋은 사람들이나 착한 사람들이 아니라 오늘날 '창업자'라고 불릴 수 있는 특별히 재능 있는 사람들을 고르는 것에서 시작되었다. 아이젠하워는 그들에게 명확하게 정의된 문제를 제시했고 이를 해결하는 데 필요한 광범위한 권한을 부여했다. 그리고 그들에게 성공에 필요한 모든 자원과 지원을 제공하는 한편, 도출된 결과에 대해 엄격한 책임을 지움으로써 이 창업자들에게 힘을 실어 주어야 한다고 믿었다. 간단히 말해서, 그것은 집중 전략이었다. 즉, 우선순위,

---

2) Dwight Eisenhower, notes for address to the Industrial Associations, Chicago, 1947, Eisenhower Presidential Library, https://www.eisenhower.archives.gov/all_about_ike/speeches.html, quoted in Robert O. Work and Greg Grant, *Beating the Americans at Their Own Game: An Offset Strategy with Chinese Characteristics* (Washington, DC: Center for a New American Security, 2019), 2.

돈, 노력, 그리고 가장 중요한, 사람을 집중시키는 전략이었다.

　아이젠하워가 첫 번째 과업을 맡긴 이는 베르나르 슈리버Bernard Schriever 공군 장군으로, 막 준장으로 승진한 독일 이민자 출신이었다. 대통령은 그에게 몇 분 안에 지구 반대편으로 핵무기를 날려 보낼 수 있는 대륙간 탄도미사일 개발 임무를 맡겼다.3) 1954년 슈리버가 이 일을 시작하게 되었을 때 실현 가능성은 거의 없어 보였지만, 아이젠하워의 전폭적인 지원으로 캘리포니아의 오래된 교회에 사무실을 차렸다. 그는 기업과 기술자들에게 거액의 이익을 보장함으로써 대규모 계약을 발주했고, 이들을 하나의 군산복합팀으로 통합했다. 그는 케이프 커내버럴Cape Canaveral이라고 불리는 늪지대에 우주 발사 센터를 조성했다. 로켓 엔진과 미사일 시제품들이 발사대에서 반복적으로 발사되었다. 그러나 아이젠하워는 슈리버를 변호하고, 그가 필요할 때마다 더 많은 돈을 지원해 주었으며, 관료들과 경쟁자들로부터 그를 보호해주었다. 예를 들어 동료 공군 장성 커티스 르메이Curtis LeMay는 미사일이 유인 폭격기를 대체해서는 안 된다고 믿으며, 사사건건 미사일 프로젝트를 무산시키기 위해 노력했다. (이는 무인 시스템에 대한 싸움의 초기 형태로 지금도 계속되고 있다.)

　결국 슈리버와 그의 팀은 불가능한 일을 해냈다. 그들은 몇 분 안에 지구 반대편의 정확한 위치에 핵무기를 투하할 수 있는 토르Thor, 아틀라스Atlas, 타이탄Titan, 미니트맨Minuteman 미사일을 개발했다. 이들이 개발한 기술을 바탕으로 미국은 인류 역사상 처음으로 우주를 비행하고 달에도 갈 수 있게 되었다. 그들은 단 5년 만에 이 모든 것을 해냈다.

　슈리버는 단 하나의 성공 케이스가 아니었다. 반대로 그는 냉전 초기에는 불가능해 보이는 군사기술을 개발한 많은 창업자 중 한 명이었다. 원자폭탄의 창시자인 로버트 오펜하이머를 위해 일했던 헝가리 난민 에드워드 텔러는 세계 최초로 수소폭탄을 만들었다. 하이만 리코버Hyman Rickover 제독은 오늘날이라면 해군 대위 계급도 달지 못할 괴팍한 사람이었다. 그는 자신의 소속 기관인 해군의 반대를 무릅쓰고 잠수함에 들어갈 수 있는 원자로를 소형화하여 수년 동안 해저에서 기동할 수 있도록 했다. 록히드사의 신상품 개발부서의 열정 넘치는 책임자인 켈리 존슨Kelly Johnson은 SR-71 블랙버드를 개발했다. 이 비행기는 매우 빠르게 비행하기 때문에

---

3) 아이젠하워와 슈리버에 대한 더 깊은 논의를 위해서는 다음 저서를 참조. Neil Sheehan, *A Firey Peace in a Cold War* (New York: Vintage Books, 2009).

자신에게 발사된 어떤 미사일도 따돌릴 수 있었다. SR-71은 지금도 여전히 가장 빠른 유인 항공기인데, 존슨은 이를 연필과 계산자로 설계했다고 한다. 또한 다른 국방 창업자들도 있었는데, 이들은 냉전 시대 내내 미국을 지탱한 기술을 수년 만에 구축했다.

이것이 미국이 심각한 상황에서 행동하는 방식이다. 무엇보다 중요한 일은 잘할 수 있는 사람을 고르는 일이다. 그 어떤 것보다 우선순위가 주어져야 할 일은 다른 사람이 할 수 없는 일을 성공할 수 있는 사람, 그리고 효과를 발휘할 놀라운 기술을 신속하게 만들어 낼 수 있는 산업가들이다. 다른 관심 사항, 즉 공정성이나 효율성과 같은 것들은 부차적인 중요성을 가질 뿐이다. 이런 접근은 때때로 낭비나 부실한 결과, 그리고 자원의 남용을 가져오기도 했다. 그러나 그것은 빠르게 움직이면서 일을 진행되게 했으며, 그 결과 소련보다 앞서기 위한 비용으로 충분한 것이었다.

⁓⊱⋯⋯⊰⁓

군산복합체는 워싱턴이 조성한 유인에 부응해 성장했다. 모두가 우선순위가 무엇인지 알고 있었다. 그들에게 엄청난 돈이 투입되었다. 그리고 거의 모든 사람들이 그러한 일에 참여하고 싶어 했다.

실리콘 밸리는 이렇게 탄생했다. 국방부가 배양한 스타트업이었다. 앨 고어 부통령의 역사학자이자 전직 참모였던 마가렛 오마라Margaret O'Mara는 "실리콘 밸리는 제2차 세계대전 동안, 그리고 그 이후의 방위산업 계약을 통해 과수원의 침울한 풍경에서, 컴퓨터 메인 프레임에서부터 마이크로프로세서, 인터넷에 이르는 전자산업의 생산과 혁신의 중심지로 탈바꿈했다."고 묘사했다.[4] 이러한 기술들은 전례 없는 신무기들의 핵심을 구성했다. 1991년 걸프전 당시 미국의 미사일을 정확한 목표물로 유도한 유도 시스템과 탑재 컴퓨터들은 실리콘 밸리 덕택에 만들어진 것이다. 여기에 깊이 뿌리내린 군사적 경향은 무기 개발 작업에 기꺼이 나서게 할 뿐만 아니라 이러한 작업을 수용하는 문화를 만들어 냈다. 1950년대와 1960년대 동안, 한 세대

---

4) Margaret O'Mara, "Silicon Valley Can't Escape the Business of War," *New York Times,* October 26, 2018, https://www.nytimes.com/2018/10/26/opinion/amazon－bezos－pentagonhq2.html.

의 기술자들은 우주 경쟁에서 이기는 것과 같이 냉전이 만들어 낸 일련의 도전적인 문제들로부터 동기부여 되었다. 그들은 자신들의 일로 인해 더 부유해졌고, 미국을 더 안전하게 만들 수 있다고 믿었다.

그러나 이후 수십 년 동안 상황이 변하기 시작했고, 이러한 변화는 군사기술의 급속한 발전을 제약하는 위험한 것이었다. 1960년대에 군산복합체를 관리하고 규율하기 위해 관료제도가 팽창하며 구체화되었다. 아이젠하워가 추구했던 군사 획득과 혁신에 대한 보다 개인화된 접근법, 즉 적임자를 고르고 그들에게 책임을 맡기던 방식은 당시 주도적 기업에서부터 유행하기 시작했던 산업화 시대의 관리 방식의 광범위한 도입과 함께 점차 관료화되었다.

1960년대 국방부를 이끌었던 제너럴 모터스 출신 로버트 맥나마라Robert McNa-mara만큼 이러한 경향을 더 강화시킨 사람은 없었다. 그의 재임 기간 동안 효율성을 개선한다는 미명 아래 감독, 분석 및 관리를 담당할 새로운 관리자층을 추가하였고, 이러한 관리의 확대로 획기적인 기술을 신속하게 개발할 수 있는 능력은 현저히 억제되기 시작했다. 의회는 예산안 처리 과정에서 군부의 손을 묶었다. 국방부가 '계획을 잡고' 의회가 승인한 것 이외에 새로운 방법이나 새로운 생각에 돈을 쓰는 것을 더욱 어렵게 만들었다. 미국 정부가 전쟁 준비를 완벽하게 효율적으로 관리하려고 노력하면서 국방예산은 몇 년 전에 미리 편성되어야 했다.

그 결과 군사기술을 개발하는 과정은 점점 더 어려워지고, 지체되고, 덜 창조적인 것이 되었다. 이러한 상황은 1970년대 초반 더욱 악화되었는데, 당시 실리콘 밸리의 많은 기술자들은 베트남 전쟁에 거부감을 느끼면서 미국 정부를 위해 일하는 데 불편함을 느끼기 시작했다. 1970년대 후반쯤 일부 국방부 혁신가들은 좋은 기술을 빨리 얻기 위해서는 획득 시스템을 우회하지 않으면 안 된다는 것을 알게 되었다. 사실, 걸프전에서 첫선을 보인 많은 무기들, 예를 들어 스텔스나 정밀 유도 무기들은 이런 방식으로 개발되었다. 1981년까지 국방부의 선도적인 기술자이자 나중에 국방부 장관이 된 윌리엄 페리William Perry는 이러한 프로그램들을 최고 수준의 비밀로 분류했기 때문에, 대부분의 관료들은 그런 프로그램이 존재한다는 것조차 알지 못했다.

1980년대에 이르러 획득 시스템의 상황은 더욱 심하게 악화되었다. 결국 무기 획득 과정을 개혁하기 위한 의회 위원회가 만들어졌다. 휴렛 패커드의 설립자인 데이비드 패커드David Packard 전 국방부 차관이 위원회를 이끌었다. 그가 조언을 구한 사람은 다름 아닌 슈리버 장군이었다. 그는 1986년 2월 11일 패커드에게 보낸 편지에서 혹독한 평가를 내렸다. 그는 아이젠하워는 일을 제대로 했지만 "지난 수십 년동안 우리는 길을 잃었다"고 썼다. "질적으로 우수한 무기를 시의적절하게 개발하지못하고 있으며" 군수품 조달은 "입법 과정의 눈보라 속에 정치화"되었으며 "세부사항까지 일일이 통제하는 미시 관리의 미로" 속에 방황하고 있다고 지적했다. 슈리버는 "그렇게 해서 만들어진 시스템은 혼란, 지체 그리고 자기 만족적 동기가 얼기설키 꿰매진 누더기가 되었다"고 비판했다. "의사결정 과정에 그 어느 때보다 많은 규칙, 요구 사항, 문서, 검토자와 검사자들이 비생산적으로 관여하고 있다"는 것이 그의 진단이었다. 요컨대, 이런 시스템에서라면 슈리버가 이룩한 업적은 불가능하다는 것이다.

슈리버의 편지에서 가장 놀라운 점은 그러한 주장이 오늘날에도 그대로 적용될수 있다는 점이다. 사실 1980년대 이후 수십 년 동안 상황은 더욱 악화되었다. 때로는 의도적으로, 때로는 의도치 않게 워싱턴은 국방과 첨단 기술의 세계를 갈라놓는방향으로 작용하면서 군사복합체의 유인 구조를 더욱 심하게 왜곡시켰다. 소련의 위협이 사라지자 군사력 획득에 대한 긴박감도 함께 사라졌다. 미국은 '극초강대국'이되었다. 냉전 기간 군사기술 혁신을 추동했던, 전략적 경쟁자보다 앞서야 한다는 압력은 실리콘 밸리의 사업을 지탱해 온 많은 돈과 함께 사라졌다.

1993년 국방부 차관 윌리엄 페리는 '최후의 만찬'으로 알려진 회의를 소집했다.그는 당시 주요 방위산업체 CEO들을 불러 모았는데, 꽤 많은 사람들이 모였다. 그는 모임에서 그들의 왼쪽과 오른쪽 사람들을 잘 봐 두라고 했다. 몇 년 안에 국방비가 줄어들면 그들 대부분이 사라질 것이기 때문이었다. 페리는 CEO들에게 합병을촉구했고, 그것이 바로 그들이 한 일이다. 냉전이 끝났을 무렵에는 107개의 주요 방위산업체가 있었다. 그러나 1990년대 말이 되자 5개로 줄어들었다.[5]

5) Pierre A. Chao, "The Structure and Dynamics of the Defense Industry" (remarks at the Security Studies Program Seminar, Center for Security and International Studies, Washington, DC, March 2, 2005), http://web.mit.edu/SSP/seminars/wed_archives05spring/chao.htm.

페리에 대해 달리 말할 수 있는 것이 무엇이든지 간에, 그는 돈에 대해 틀리지 않았다. 국방 연구개발을 위한 연방기금은 1990년대부터 상당한 규모로 지속적으로 감소했다. 어려운 군사적 문제를 해결하기 위해 신기술에 대규모 집중 투자를 하던 시대는 냉전과 함께 사라졌다. 의회 의원들은 감축된 연구개발비를 자신들의 주와 지역에 배정했고, 이러한 결정에는 군사적 가치보다 정치적인 이유가 더 많이 작용했다. 미 국방부에서는 연구개발 자금을 소액 계약으로 분할하면서 대규모 프로젝트를 수행하기 어렵게 만들어 버렸다. 정치 지도자들은 자신들이 확대할 수 있는 계약 건수와 자신들이 자금을 지원한다고 말할 수 있는 소규모 기업의 수에 더 집중하는 것 같았다. 워싱턴의 정치인들은 기술혁신보다는 예산을 지원했다는 정치적 과시에 더 관심이 많았다.

확실히 더 심각한 문제는 새로운 군사 시스템의 지속적인 재개발이 급격하게 늦추어지고 있다는 점이다. 예를 들어 냉전 초기에 미군은 몇 년에 한 번씩 다른 신형 항공기를 구입했다. 그러나 냉전 이후, 새로운 항공기와 차량을 개발하기 위한 순환 주기가 10년을 넘어가는 경우가 많았다. F-35의 경우 거의 이십 년이 소요됐다. 미국의 국방비 지출 가운데 점점 많은 부분이 새로운 것을 개발하는 것보다는 오래된 것을 운영하고 유지하는 것으로 옮겨 갔다. 새로운 군용기와 다른 시스템을 설계하고자 하는 야심 찬 젊은 기술자들은 그들의 전체 경력에서 기껏해야 한두 번의 기회를 얻을 수 있을지 모른다는 매우 현실적인 전망에 직면했다. 이것은 그들에게 자신들의 재능을 다른 곳에 사용하게 하는 강력한 동기가 되었고, 그들 중 많은 이들이 그렇게 했다.

이런 일의 어느 것도 군사적 문제 해결에 도움을 주고자 하는 기술 기업들에게는 반가운 상황이 아니다. 그들이 국방계에서 일할 수 있는 기회는 점점 더 작은 과학 프로젝트와 기술 시제품 개발로 줄어들었다. 이 프로젝트들은 종종 대규모 군사 프로그램으로 전환되지 못하고, 대신 '죽음의 계곡'으로 알려진 곳으로 사라지게 되었다.[6] 이러한 기업들은 민간 투자를 유치하고, 더 큰 기업으로 성장하는 것이 점점 더 어렵다는 것을 알게 되었다. 당연히 많은 이들이 퇴출되거나 포기하게 되고, 남아 있더라도 거리를 두게 된다. 2001년부터 2016년까지 미국 정부를 위해 일하려던

6) [역주] 죽음의 계곡(valley of death)은 스타트업 기업의 초기 단계에서 자신들이 제품이 수익을 내지 못하는 상황에서 과도한 비용 지출로 인해 심각한 재정적 어려움을 겪게 되는 상황을 말한다.

신생 기업 중 40%가 3년 만에 사라졌다. 절반 이상이 5년 만에 문을 닫았으며, 80% 가 10년 만에 자취를 감추었다.[7]

　워싱턴의 정치 지도자들이 이러한 골치 아픈 경향이 특히 문제가 된다는 것을 인식한다고 해도, 그것을 바꾸기 위해 개입하는 경우는 드물었다. 그들은 새로운 군 사 시스템을 도입하는 것을 거의 불가능하게 만들고 있는 국방 관료제에 대해서도 그리 크게 걱정하는 것 같지 않았다. 그들은 염려하고 있다고 말할는지 모른다. 하 지만 아무것도 변하지 않았다. 왜 그런가 하면 그것이 바뀌어야 될 이유가 없었기 때문이다. 미국은 경쟁에서 한 바퀴 이상 앞서고 있었다. 사실 실존적 위협이 없는 상황에서 훨씬 더 큰 문제는 낭비, 사기, 남용, 과도한 기업 이익, 소외계층의 배척 과 같은 군산복합체의 잘못으로 보였다.

　그 결과 의회와 국방부의 지도자들은 다른 미덕에 부합하도록 국방 획득 시스템 을 조정하기 시작했다. 최고의 군사기술을 개발하고 배치하는 데 있어 속도를 중시 하지 않았다. 오히려 군부가 지출하는 모든 비용을 계획하고 회계 처리하는 데 있어 투명성, 공정성, 사회 정의, 행정의 용이성, 그리고 부단한 효율성의 추구와 같은 것 이 강조되었다. 성공할 만한 사람을 고르는 일은 과거의 일이 되어 버렸고, 불공정 해 보이기까지 했다. 의회는 한번 일어난 나쁜 일이 결코 다시 일어나지 않도록 하 기 위해 새로운 절차와 부서, 서류 요건과 공식적인 과업 검사를 강화하는 법안들을 연이어 통과시켰다. 그리고 국방부는 형식적 절차에 스스로를 얽어맴으로써 이러한 문제들을 가중시켰다. 이 모든 것이 위험 회피의 하향곡선으로 이어지면서 국방 기 관과 그 외부에 있는 창조적인 사람들이 새로운 군사 역량을 개발하고 배치하는 것 을 어렵게 만들었다.

　혁신의 기운이 둔화되자 정부와 산업계는 미래의 기술적 기적을 가져다줄 것 같 은 프로그램을 시작하려는 유혹을 받았다. 결코 무기를 운용해 본 적이 없는 획득 담당 공무원은 그럼에도 불구하고 이러한 무기에 대한 정확한 요구 조건을 정의하 기 위해 노력했다. 결국 누가 무기를 만들 것인가에 대한 결정은 전투원들에게 최고

7) Andrew P. Hunter, Samantha Cohen, Gregory Sanders, Samuel Mooney, and Marielle Roth, *New Entrants and Small Business Graduation in the Market for Federal Contracts* (Washington, DC: Center for Strategic and International Studies, 2018), Ⅷ, https://csisprod.s3.amazonaws.com/s3fspublic/publication/181120_NewEntrants andSmallBusiness_WEB.pdf?GoT2hzpdiSBJXUyX.lMMoHHerBrzzoEf.

의 가치를 선사할 기술 혁신보다는 '기술적으로 수용 가능한' 시스템을 납세자에게 최저가로 제공할 수 있는 계약자에게 더 많이 의존하게 되었다. 국방부와 의회는 미래의 비용을 보다 쉽게 계획하고 매년 자금을 조달하는 데 문제가 없는 그런 프로그램에 기존의 기술을 맞추는 일에 열중했다. 단점은 이러한 프로그램들이 알아서 지탱한다는 점이다. 일단 설립되어 자금을 확보하고 나면 아무리 새롭고 좋은 프로그램이 있다고 해도 이를 대체하기 매우 어려워진다는 사실이다.

시간이 가면서 방위산업체들은 그들의 가장 큰 고객을 병들게 했던 문제들과 굼뜨게 움직이는 조달 시스템에 부합하는 방식으로 움직이기 시작했다. 그들은 미국 정부가 빠른 기술 혁신보다 기존 무기의 점진적 개량에 훨씬 더 초점을 맞추고 있다는 것을 알게 되었다. 워싱턴의 공무원들이 빠른 기술 혁신보다 회계 관리와 행정 편의를 우선시했다. 이들이 공정하고 깨끗한 획득 과정을 끊임없이 추구하면서 수많은 점검 사항과 난관들을 만들어 나가자 방위산업체들도 이에 적응했다. 그들은 건설 과정에서 수시로 바뀌는 국방부의 요구 사항만 충족시킨다면 작업에 시간이 얼마나 걸리든 얼마나 잘 마무리되든 상관없이 비용을 지불하는 그런 무기획득 계약을 좇았다. 방위산업체들은 더욱 관료화되고 있는 국방부 획득 과정에 대응하고 줄어드는 대규모 계약을 따내기 위해 연구 개발보다 변호사, 로비스트, 회계사, 컨설턴트에게 더 많은 돈을 들였다.

많은 기업들이 이런 변화에 실망했고 그렇게 하도록 강요받고 있다고 느꼈다. 그러나 그들도 변화했고, 워싱턴의 관료화된 획득 시스템에서 자신들의 영향력을 이용하여 이익을 챙겼다. 그들은 기술개발을 위한 계약에는 값싸게 입찰하고 실제 그것을 생산하는 비용과 시간을 과도하게 책정했다. 그들은 납품할 수 없는 것을 약속하기 일쑤였다. 그리고 그들은 새로운 기업과 신기술이 그들의 공식적인 프로그램을 대체하는 것을 어렵게 만들기 위해 국방부와 의회에서 정치적 영향력을 행사했다. 간단히 말해서, 미국 정부는 방위산업체들이 잘못된 일을 하도록 유인을 제공했고, 따라서 그런 일이 벌어지고 있는 것이다.

이 모든 것이 방위산업의 통합을 재촉했다. 그 과정은 경제적인 이유로 시작되었을지 모르지만, 1990년대의 궁핍한 시절부터 9·11 테러 사건에 따른 대규모 지출 증가, 2011년에 시작된 급격한 예산 삭감과 2017년 지출 증가에 이르기까지 일관되게 진행되었다. 이유는 간단했다. 워싱턴은 해마다 새로운 법, 정책, 규제를 도입하여 수많은 기업들로 하여금 많은 비용을 들게 만들고, 방위산업에서 살아남기 어렵게 했기 때문이다. 주주의 이익을 극대화하기 위해 신탁의 책임을 지고 있는 기업 리더들에게는 통합이 가져올 수 있는 규모의 경제와 가격 경쟁력을 통해 이러한 비용을 극복하는 것이 가장 합리적인 발전 방향으로 보였다.

실제로 이 과정은 가속화되었다. 지난 5년 동안 록히드 마틴Lockheed Martin은 시코르스키Sikorsky와, 노스럽 그루만Northrop Grumman은 오비탈 ATKOrbital ATK와, 제너럴 다이내믹스General Dynamics는 CSRA와, SAIC는 Engility와, L3는 해리스Harris와 합병했고, 유나이티드 테크놀로지스United Technologies는 레이엘 콜린스Raywell Collins를 인수하여 2년 후에 레이씨온Raytheon과 합쳤다. 2011~2015년 동안 1만 7000여 개 기업이 방산 사업을 접은 것으로 추산된다.[8] 이런 움직임의 대부분은 효율성의 향상을 가져왔지만, 종종 혁신의 효과와 속도를 희생시키는 대가를 치르게 마련이다. 방위산업체들이 커짐에 따라 기업 관료주의도 팽창하게 되고, 창의적인 공학자들이나 기술자들이 빠르게 움직이며 문제를 해결하는 것이 점점 어려워졌다. 워싱턴의 일부 지도자들이 이러한 통합을 비판하지만, 이는 그들이 만들어 낸 유인의 논리적 결과였다.

국방에 관련된 일은 새로운 기업들에게 점점 더 매력 없는 폐쇄적인 체제가 되었고, 진입 장벽은 극복할 수 없을 것 같았다. 군과 거래할 의지와 능력이 있는 기업은 줄어들었고, 방위산업체들이 더 통합되어 경쟁력이 떨어지면서 국방부는 더 많은 요구를 감당할 수 있는 소수의 대기업으로 눈을 돌렸다. 목소리를 내는 집단이 줄어들면 사각지대가 만들어질 수밖에 없고, 그것이 바로 미국 정부가 정보 혁명을 잘못 이해하게 된 주된 이유였다. 국방 기관들은 사물things의 관점, 즉 플랫폼을 건설하고 구매하는 것을 중심으로 생각했고 여전히 그렇게 생각하고 있다. 정보 혁명과 군사분야의 혁명은 사물에 대한 것이 아니라 연관성connections에 대한 것이다. 마셜과 다른 사람들이 그렇게 생각했다. 혁명은 네트워크에 관한 것이었다.

국방부와 의회는 플랫폼들 사이에서 어떻게 상승효과를 확보할 수 있을지 몰랐다. 그리고 연결성 구축은 전통적인 방위산업체의 전문 분야가 아니었다. 그래서 이들 군산복합체는 자신들이 가장 잘 알고 있는 것을 계속했다. 그것은 무기를 만들고

---

8) Joe Gould, "American Exodus? 17,000 US Defense Suppliers May Have Left the Defense Sector," *Defense News*, December 14, 2017, https://www.defensenews.com/breaking−news/2017/12/14/americanexodus−17000−us−defense−suppliers−may−have−left−the−defense−sector/.

구입하는 것이었다. 그리고 워싱턴이 무기들 사이의 연관성에 대해 생각하는 정도까지 소수의 전통적 방위산업체에게 그것을 건설하도록 맡겼다. 자동차, 선박, 비행기 제조사에 수십억 달러를 건넸고 복잡한 컴퓨터 소프트웨어 작성, 정보기술개발, 통신망 구축 등의 업무를 맡겼다. 이러한 노력 가운데 상당수가 실패로 끝났고 어떤 다른 것들과도 연결할 수 없는 사용 불능의 무기체계나 여러 조각의 하드웨어만 생산하는 프로그램으로 귀결되었다. 그러나 국방부는 일이 잘못되고 있음에도 계속 많은 돈을 낭비했다. 의회 역시 자금 지원을 계속했다. 그리고 이러한 좀비 프로그램들은 여전히 비틀거리며 지속되고 있다.

아이러니한 것은 국방계를 벗어났거나 애초에 발을 들이기조차 꺼렸던 젊은 공학자들 덕분에 미군이 그토록 원하던 정보 혁명이 바깥 세상에서 폭발했다는 점이다. 미국 정부의 정책과 행동이 신기술개발자들을 워싱턴과 방위산업 시장에서 밀어내면서 상업 기술 경제의 기회가 그들을 실리콘 밸리로 몰아갔던 것이다.

1990년대 인터넷 붐이 시작되면서 새천년 이후 성장한 신기술의 세계가 열렸다. 실리콘 밸리가 구축하고 있던 소프트웨어, 서비스, 가전제품의 상업 시장이 급성장하면서 국방부의 구매력은 그만큼 빠르게 왜소해졌다. 새로운 스타트업들이 부자가 되어 거대 기업으로 성장하고 있는 것은 수십만 명의 고객이 있는 정부 시장 때문이 아니라 수억 명의 고객이 있는 수십억 달러의 상업 시장 때문이었다. 이에 비해 국방부와 함께 일할 경우 예상되는 수익은 보잘 것 없었고, 복잡한 조달 시스템을 따라가는 데 필요한 과도한 비용과 번거로움을 감당할 가치가 없었다. 수천억 달러를 투입하고자 하는 투자자들은 단순하게 계산했다. 실제 수익은 방위 기술을 요구하는 미국 정부가 아니라 상업 기술을 통해 실리콘 밸리에서 이루어진다. 따라서 전자를 희생시키면서 막대한 자금이 후자에 흘러들게 마련이었다.

이러한 기본적인 유인 덕분에 막대한 민간 투자를 지원받고 있는 미국 최고의 공학자 세대는 미래의 기술을 구축하는 작업을 추진하면서 정보 혁명을 과감하게 추동했다. 이는 2000년대 초반 중국의 가속적인 군사 현대화 와중에 이미 쇠퇴기에 접어들었던 미군의 기술 우위를 지키기 위한 것이 아니었다. 오히려 인터넷 검색을 개선하고, 온라인 광고를 최적화하며, 소셜 미디어에 애완 고양이 동영상을 게시하기 위해였다. 이 기술들이 무엇에 사용되었든 간에, 그들은 군사분야의 혁명을 위해 필요한 것들을 정확하게 수행했다. 그들은 모든 것과 모든 사람을 연결했고, 더 많은 사람에게 더 나은 정보를 제공하고 있으며, 삶과 일 그리고 고양이에 대해 더 현명하고 더 빠른 결정을 할 수 있도록 해주었다.

더욱 아이러니한 것은, 상업 기술 혁명이 일어난 바로 그때, 미국 정부의 과도한 해외 전쟁 개입과 군사 현대화 프로그램의 결함으로 인해 미국 국방 기관의 구성원들이 군사분야의 혁명의 전망에 대해 등을 돌리고 있었다는 점이다. 미국 정부는 새로운 기술의 매복에 대해 제대로 준비되지 않은 상태였다. 그러나 공교롭게도 바로 그때, 정보 혁명의 열풍이 몰아닥쳤다.

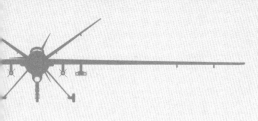

제4장

정보 혁명 2.0

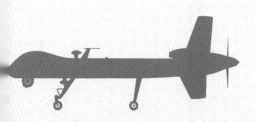

제4장

정보 혁명 2.0

2018년 내가 상원에 근무할 때 엔비디아Nvidia라는 컴퓨터 회사 임원들의 방문을 받았다. 그 기업은 대폭 줄어든 국방 관련 기술개발 지원을 받는 기업 가운데 하나였다. 그들은 자신들의 기술을 사용하여 초당 20만 조 번의 연산을 수행할 수 있는, 세계에서 가장 빠른 슈퍼컴퓨터를 만드는 오크 리지 국립연구소Oak Ridge National Laboratory와 업무 협력을 논의하기 위해 왔었다. 이들 간의 협력 관계는 놀랍고도 흥미로운 성과였지만, 나는 곧 다른 것에 관심을 가지게 되었다.

엔비디아의 핵심 기술은 그래픽 처리 장치Graphics Processing Unit; GPU로 불리는데 군대를 위해서가 아니라 비디오 게임을 염두에 두고 만들었다. 게임 개발자들은 이용자들의 욕구를 충족시키기 위해 대규모 게임을 고해상도에서 고속으로 구동할 수 있는 더욱 강력한 컴퓨터를 개발해 왔지만, 완전히 만족시키지 못했다. 그러나 엔비디아의 소형화된 GPU가 그 해결책을 제시해 주었다. 이 장치는 최근 몇 년 동안 게임의 폭발적 확산을 가능하게 했다. 게임 이용자들의 화면에 수천 개의 초현실적 인공 행위자들로 가득 찬 풍부한 가상 세계를 만들어 냈으며, 이 모든 것이 거의 실제와 같은 속도로 실행되었다.

엔비디아는 컴퓨터 엔진이 인간에게 인공 세계를 탐색할 수 있게 한다면 지능형 기계가 실제 세계를 탐색하는 것도 가능할 것이라는 점이다. 이 회사의 GPU는 곧 인공지능과 기계학습에서 광범위하게 활용되면서 새로운 혁명을 이끄는 데 기여했다. 오크 리지 국립연구소가 슈퍼컴퓨터를 만든 것도 엔비디아의 강력한 컴퓨팅 핵심 기술을 함께 결합함으로써 가능했다.

하지만 내가 더 흥미를 느낀 것은 자율 주행차를 구동하는데 있어 엔비디아의 역할이었다. 엔비디아가 자율 주행차용 미니 슈퍼컴퓨터를 만드는 유일한 회사는 아니지만, 이 분야의 선두 주자임은 확실하다. 강력한 컴퓨터 GPU와 인공지능용 가속기를 차량 계기판에 탑재된 교과서 크기의 '칩'에 통합한 것이다. 엔비디아의 컴퓨터는 성능이 뛰어난 기계학습 알고리즘을 갖추고 있어서, 차량이 혼잡한 도로에서 매초 발생하는 무수한 사건을 파악하여 도심 거리에서 이동하는 것과 같이 복잡하고 시간에 민감한 작업을 수행할 수 있게 한다. 이는 모든 정보를 차량이 수집하고, 그것이 필요로 하는 곳에서 바로 처리되고 해석될 수 있다는 것을 의미한다. 이러한 것이 엔비디아를 비롯한 개발자들이 '에지edge' 컴퓨팅이라고 부르는 기술을 개발하도록 이끌었다.[1] 이에 대한 더 나은 표현은 아마도 기계 두뇌machine brain일 것이다.

일부 주도적인 미국의 기술 기업과 달리, 엔비디아는 국방부와 거래를 하는 데 개방적이었다. 그래서 나는 엔비디아의 GPU가 미군의 현장 시스템에 얼마나 깔려 있느냐고 물었다. '전혀 없다'는 그의 대답에 사실 나는 놀라지 않았다.

그의 답변에서 알 수 있듯이, 대부분의 미군 시스템은 엔비디아와 같은 상업 기업들이 개발하고 있는 최첨단 기술에 한참 뒤쳐져 있다. 미군 시스템에 탑재된 컴퓨터 중 가장 성능이 뛰어난 것은 F-35 합동 타격 전투기의 핵심 프로세서이며, 이 때문에 '날아다니는 슈퍼컴퓨터'라는 별명을 얻었다. 프로세서는 초당 4,000억 번의 작업을 수행할 수 있다.[2] 이에 비해 엔비디아의 DRIVE AGX Pegasus는 상용차나 트럭에서 초당 320조 번의 작업을 수행할 수 있다.[3] 처리 능력에서 800배 차이가 난다.

다른 미군 프로그램들과 비교했을 때, 지능적 시스템에 관한 한 F-35는 몇 광년이나 앞서 있다. 대부분의 미군 기계가 수집하는 정보는 실제로 기계 자체에 탑재되어 처리되지 않는다. 정보는 시스템에 저장된 다음 몇 시간 또는 며칠 후 기계가 다른 일을 끝낸 후 처리된다. 그렇지 않으면 실시간으로 운영 센터로 다시 보내지게

---

1) [역주] 에지 컴퓨팅은 중앙 집중식 서버나 클라우드가 아닌 데이터가 수집되고 분석되는 물리적 위치 근처에서 컴퓨팅이 이루어지는 분산 컴퓨팅 모델로써 처리시간을 획기적으로 줄일 수 있다.

2) Lockheed Martin, "Multi-Mission Capability for Emerging Global Threats," F-35 Lightning Ⅱ Lockheed Martin, https://www.f35.com/about/capabilities.

3) Rob Csongor, "Tesla Raises the Bar for Self-Driving Cars," Nvidia, April 23, 2019, https://blogs.nvidia.com/blog/2019/04/23/tesla-selfdriving/.

되는데, 테라바이트 단위로 전송되기 때문에 군사 통신망에 큰 부담이 된다. 어느 쪽이든 대부분의 자료를 뒤지고 관련 정보를 찾는 것은 기계가 아닌 인간의 일이다. 2020년 현재 말 그대로 수만 명의 미군 병사들이 이 일을 전업으로 하고 있다. 그들이 근무하지 않는 날에는, 엔비디아의 기술을 사용하는 비디오 게임을 하거나 집으로 운전해서 돌아올 때 도움을 받을 수 있을 것이다. 하지만 군대에 오게 되면 그들은 본질적으로 제2차 세계대전 때 할아버지가 했던 것과 같은 성격의 일을 하고 있다.

～✿～

정보 혁명은 국방부가 현대 인터넷의 기원이 되는 것을 구축하면서 시작되었는지 모른다. 그러나 워싱턴과 실리콘 밸리 사이, 그리고 국방계와 기술계 사이의 공백이 커지면서 미군은 뒷전으로 밀려났다. 반면, 상업 기술 업체들은 정보 혁명을 열정적으로 밀어붙였고 모든 분야로 이를 확대시켰다. 특히 지난 20년 동안 일어난 일이다.

정보 혁명의 핵심은 여전히 이 단어가 1990년대 유행어가 되었을 때와 같은 기본 구성 요소로 이루어져 있다. 그것은 센서(정보 수집), 컴퓨터(정보 처리 및 저장), 네트워크(정보 이동)로 서로를 강화하면서 발전해 왔다. 이러한 기술 중 하나의 개선이 나머지 두 기술의 발전을 가능하게 했고, 실제로도 요구하기 때문에 변화의 속도는 기하급수적으로 빨라졌다. 이를 통해 실리콘 밸리의 상업 기술 기업들은 20년 전 사람들이 생각했던 것보다 훨씬 더 멀리 정보 혁명을 이끌어 왔으며, 오늘날 미군이 머물러 있는 곳과는 현격히 먼 곳으로 달아나 버렸다.

예를 들어 통신 기업들은 빠른 네트워크를 구축하여 3G에서 4G로 몇 년 만에 표준을 전환하여 데이터를 10배 더 빠르게 전송했다. 곧이어 이보다 20배 더 빠르게 데이터를 전송할 수 있는 5G로 성공적으로 전환할 것이다. 어디에서나 볼 수 있는 이러한 연결성은 국방부의 연결 수준과 뚜렷한 대조를 보인다. 확실히 국방부의 네트워크는 상업 네트워크가 아닌 장소와 조건에서 작동해야 한다. 그러나 이러한 어려움을 극복하기 더욱 어렵게 만드는 것은, 이와 같은 네트워크가 흔히 국방예산을 기존의 군사 플랫폼으로 몰리게 하는 데 유능한 기업들에 의해 구축되기 때문이다. 그 결과 군사 네트워크는 정보의 흐름을 용이하게 하는 대신 이를 억제하고 있으며, 마치 비포장도로와 제각기 다른 규모의 다리와 검문소로 가득찬 중세 세계와 같다. 결과적으로 국방부 내의 대부분의 플랫폼과 시스템은 다른 플랫폼이나 시스템과 실제 소통할 수 없으며, 빠르고 안정적이라고도 말할 수 없다.

기계식 눈과 귀 역할을 하는 감지장치도 마찬가지다. 국방부는 수십 년 동안 사용해 온 감지장치(예를 들어, 카메라)의 성능을 높이기 위해 좀 더 시야가 넓고 해상도가 높은 것을 개발하는 데 수십억 달러를 투자했다. 그 결과 일반인들이 이용할 수 있는 그 어떤 것보다도 뛰어난 정교한 감지장치를 탄생시켰다. 그러나 상업 기술이 이를 따라잡고 있다. 세계는 이제 알렉사Alexa나 시리Siri와 같은 기계가 모든 것을 들을 수 있게 해 주는 음향 센서뿐만 아니라 모든 것을 볼 수 있게 해 주는 저비용 고성능의 소형화된 감지장치들로 넘쳐나고 있다. 이들은 전자 광학, 적외선, 레이더, 광선 레이더, 그리고 무선 주파수와 관련된 첨단 기술을 이용한 것들이다. 상업 기업들은 합성 조리개 레이더4) 같은 감지장치 개발까지 시작했는데, 지금까지는 미국 정부에서만 보유했던 기술이다.

이것은 몇 가지 뚜렷한 변화를 가져왔다. 현재 많은 미국 가정에는 네스트Nest와 링Ring과 같은 회사가 만든 저가 감지장치가 설치되어 있는데, 사용자들은 핸드폰을 통해 자신들의 가장 중요한 장소에서 무슨 일이 일어나고 있는지를 실시간 영상으로 살펴볼 수 있다. 반면 일반적인 미군 기지에서는 여전히 많은 수의 사람들이 그 장소에 직접 서서 지켜보거나 할리우드 스퀘어처럼 쌓여 있는 감시 모니터의 영상을 쳐다보고 있다. 마찬가지로 많은 미국인들은 차량 주변에서 일어나는 일을 알려 주는 센서가 장착된 차량을 운전하지만, 대부분의 미군 차량은 그런 기능을 갖고 있지 않다.

지구상에서 감지장치가 확산되면서 우주 공간에서도 마찬가지의 일이 일어나고 있다. 상업용 위성은 수백 마일 떨어진 곳에서 지구상의 물체를 자세히 볼 수 있으며, 얼마 안 가 사람들의 얼굴까지 식별할 수 있을 것이다. 이러한 위성들의 수는 매년 수백 개씩 늘어나고 있다. 실리콘 밸리는 곧 지구 전체를 한순간도 놓치지 않고 살펴볼 수 있는 수천 개의 작은 위성들을 쏘아 올릴 것이며, 이들 위성들은 지구 전

---

4) [역주] 합성 조리개 레이더(Synthetic Aperture Radar; SAR)는 공중에서 지상 및 해양을 관찰하는 레이더로 공중에서 레이더파를 순차적으로 쏜 이후 레이더파가 굴곡면에 반사되어 돌아오는 미세한 시간 차를 처리하여 지상지형도를 만들거나 지표를 관측하는 레이더 시스템이다. 이런 특성으로 인해 야간과 악천후에도 사용할 수 있으며, 이동목표에 대한 추적이 가능하기 때문에 가장 정교한 레이더라 평가받고 있다.

체를 실시간으로 감시할 수 있을 것이다. 실제 총 1만 4500명의 인력을 보유하고 있는 미국 국가지질정보국National Geospatial-Intelligence Agency은 최근 향후 20년 안에 생성될 지구상의 모든 이미지를 분석하는 데만 800만 명 이상이 필요할 것으로 추산했다.5)

쉽게 말해, 실리콘 밸리는 전 세계를 하나의 감지장치로 변화시키고 있으며, 이 감지장치가 수집하는 자료들을 저장하고 분석할 수 있는 더 강력한 컴퓨터 능력에 대한 요구가 끊임없이 늘어나고 있다. 실제로 오늘날 전 세계 자료의 90%는 2년 전 까지만 해도 존재하지 않았던 것으로 추정된다. 상업 기술 회사들은 이 문제를 해결했다. 컴퓨터 처리 성능은 1990년대 이후 매년 거의 두 배씩 증가했으며 클라우드cloud 기능의 등장으로 용량이 큰 컴퓨터나 자료 보관 장치를 가정이나 사무실에서 물리적으로 소유할 필요가 없어졌다. 이를 통해 언제 어디서나 자료를 처리하고 저장할 수 있는 거의 무제한의 기능이 제공되고 있다. 그러나 미군만은 여기서 제외되어 있다. 최근 국방부에서 클라우드 컴퓨팅을 채택하여 2019년 10월에 대규모 클라우드를 구축하는 계약을 승인했지만, 트럼프 대통령이 입찰사인 아마존과 그 창업자인 제프 베조스Jeff Bezos에 대해 공개적으로 공격한 일로 인해 공식적인 조달 논란에 휘말리게 되었다.6)

그러나 최근 정보 혁명은 클라우드를 넘어 엔비디아와 같은 기업들이 구축하는 기술인 에지 컴퓨팅으로 옮겨 가고 있다. 인간이 컴퓨터를 만든 이후로 대규모의 처리 능력은 오직 더 거대한 중앙집권화를 통해서만 가능했다. 데이터를 빠르고 적절하게 압축하고 저장하기 위해 수 톤의 컴퓨터 프로세서를 방 전체나 심지어 건물 전체에 쌓아야 했다. 그러나 이제 더 이상 그럴 필요가 없다. 컴퓨터 프로세싱을 분산

---

5) Colin Clark, "Cardillo: 1 Million Times More GEOINT Data in 5 Years," *Breaking Defense*, June 5, 2017, https://breakingdefense.com/2017/06/cardillo−1−million −times−moregeoint−data−in−5−years/.

6) [역주] 2019년 입찰에서 마이크로소프트사가 계약을 따냈지만 트럼프 대통령의 개입에 불만을 품은 아마존의 소송으로 인해 법정 소송을 발전했다. 사업 전개 방식을 두고 논란이 계속되었으며 결국 2021년 3월 미 국방부가 마이크로소프트와의 계약을 취소하면서 다시 원점으로 돌아갔다. 미 국방부는 100억 불에 달하는 대형 사업을 한 기업에 몰아주기보다는 여러 기업에게 분할하여 나누어 주기를 원하고 있는 것으로 보도되었다. "Pentagon Cancels $10 Billion 'JEDI' Cloud Deal Awarded to Microsoft." TIME, July 6, 2021. https://time.com/6078143/pentagon−microsoft−cloud−award/[검색일: 2021. 8. 23.]

시킴으로써 네트워크의 가장자리로 밀려났다. 이런 분산을 통해 차량, 가전제품, 심지어 집 전체가 연결되는 스마트 시스템의 네트워크가 끝없이 팽창하고 있다. 이러한 모든 것들은 소위 사물인터넷으로 연결됨으로써 정보를 수집, 처리, 소통할 수 있게 된다. 에지 컴퓨팅에서 나를 흥분시켰던 것은 슈퍼컴퓨터 수준의 처리 능력이 방대한 군사 시스템으로 확산될 수 있으며, 이를 통해 더욱 탄력적이고 안전하며, 운영상 효과적인 전투 네트워크를 구축할 수 있다는 점이다.

정보 혁명이 새로운 장을 열 수 있었던 것은 실리콘 밸리가 오래전부터 시작한 소프트웨어 개발에 있어 근본적으로 새로운 접근 방식 때문이다. 그것은 정보 기술을 작동하게 만드는 컴퓨터 코드를 개발하고 검사하고 배포하는 끝없는 과정이다. 이것이 모바일 장치에서 앱과 운영 체제가 24시간 내내 갱신되는 이유이다.

그런데 미군 시스템에서는 이런 일이 일어나지 않는다. 미국은 하드웨어에서는 늘 최고였고 소프트웨어에서도 뒤처지지 않았다. 대부분의 군사 시스템에서는 하드웨어 갱신 일정에 따라 소프트웨어 갱신 일정이 결정된다. 무엇보다 이러한 시스템을 구축하는 대부분의 회사들은 소프트웨어 회사가 아니라 하드웨어 회사다. 이로 인해 소프트웨어 개발 주기는 수년으로 늘어나고 이런 시스템은 실패하기 마련이다. 만약 모바일 기기의 소프트웨어와 앱이 몇 년에 한 번씩만 갱신된다고 생각해 보라. 이게 제대로 작동하겠는가. 이게 바로 군 시스템이 작동하는 방식이다. 상원에 근무하던 시절 미국 정부가 수년에 걸쳐 수십억 달러를 들여 도입했던 수많은 국방 프로그램은 셀 수조차 없다. 그러나 그것들은 대부분 실패했다. 그 이유는 그 개발자들이 상황에 부합하고 적응력이 뛰어난, 그리고 지속적으로 개선할 수 있는 소프트웨어를 개발하는 데 능숙하지 않았기 때문이다. 그 결과 미군은 일상생활에서 그들이 사용하는 것보다 기능이 훨씬 떨어지는 장비를 손에 쥐게 된 것이다.

정보 혁명은 인공지능과 기계학습이 폭발적으로 성장할 수 있는 여건도 만들었다. 기계학습은 기계가 인간의 명령과 상관없이 정보를 이해하고 학습할 수 있는 능력이다. 인공지능은 수십 년 동안 집중적인 연구 관심의 대상이었으며, 기계가 학습할 수 있도록 하는 많은 알고리즘이 바로 그 오랜 시간 동안 개발되어 왔다. 그러나 최근까지 핵심적인 두 가지 요소, 즉 엄청난 양의 자료와 컴퓨팅 성능은 실현되지 못했는데, 바로 정보 혁명이 이 두 가지 요소를 해결해 주었다. 이러한 시스템은 알고리즘과 학습 기계를 통해 방대한 양의 데이터를 퍼 올려, 그림에서 사람이나 특정 물체를 인식하는 것과 같이 이전에는 인간만이 할 수 있던 작업을 수행할 수 있게 됐다.

2012년 인공지능은 더욱 폭발적으로 확장했는데, 그 당시 제프리 힌튼Geoffrey Hinton이 이끄는 일단의 컴퓨터 과학자 팀이 '심층 학습deep learning'의 힘을 보여 주었다. 이 기술은 때때로 백 개가 넘는 여러 알고리즘을 계층적으로 결합하여 하나의 '신경 네트워크'를 구축한다. 여기서 네트워크의 한 계층은 보다 정교한 분석을 위해 다음 계층으로 자신들의 지식을 전달할 수 있다. 예를 들어 깊은 신경 네트워크의 첫 번째 층은 사진 속에 사람이 있는지 여부를 결정할 수 있고, 더 깊은 층은 개별적인 특징을 분석하여 그들이 어떤 개인인지 식별할 수 있다. 심층 학습의 성공은 엔비디아와 같은 기업들이 개발하고 있는 종류의 GPU을 사용할 수 있었기 때문에 가능했던 일이다. 프로세서는 학습 기계가 매우 짧은 시간 내에 방대한 양의 자료를 수집할 수 있게 해 주었고, 이는 그들의 정보 이해 능력을 획기적으로 향상시켰으며 다른 많은 발전을 가능하게 했다.

민간 영역에서는 소프트웨어 프로그램이 인간보다 더 빠르고 정확하게 정밀한 작업을 수행하기 위해 어떻게 경험으로부터 배울 수 있는지를 보여 주려는 노력을 통해 이러한 기술을 급속히 발전시켜 왔다. 이 실험 중 가장 유명한 것은 2016년 기계학습을 통해 바둑 세계 챔피언을 꺾은 심층 신경망deep neural network인 구글의 알파고AlphaGo일 것이다. 더 인상적이지만 덜 알려진 것은 2018년 실시간 전략 게임 스타크래프트Ⅱ에서 세계 최고의 선수들을 이긴 알파스타AlphaStar로, 이 또한 구글이 개발했다. 이 소프트웨어가 스타크래프트Ⅱ 경기를 하는 데 매우 성공적이었다는 사실은 이 게임이 전쟁을 모형화한 전략게임이라는 점을 고려할 때 특히 인상적이었다.

스타크래프트Ⅱ에서 경기자는 다양한 전력을 갖고 군대를 건설하는 방법을 선택해야 하고 같은 방식으로 군대를 건설한 상대방과 전투를 벌여야 한다. 두 경기자는 모두 상대방이 어떤 종류의 군대를 구축했는지 또는 어떻게 싸울지 알지 못하며, 체스나 바둑에서 가능한 것보다 훨씬 더 많은 움직임을 보일 수 있다. 경우의 수는 수학적으로 무한대에 가까우며 1에 붙는 0이 270개나 된다. 스타크래프트Ⅱ에서도 경기자는 높은 수준의 불확실성, 불완전한 정보, 행동과 결정과 사이의 긴 간격, 그리고 다른 곳에서 동시에 펼쳐지는 여러 싸움을 한꺼번에 다루어야 한다.

구글의 알파스타는 일주일 만에 200년 분량의 스타크래프트Ⅱ 게임을 하면서 경기방식을 배웠다. 그 후 프로 선수들과 경기를 펼쳤고 많은 실수를 했음에도 불구하고 5경기 연속으로 승리를 거두었다. 알파스타는 더 높은 등급의 프로 선수와의 경기에 들어가기 전에 또 다른 200년 이상의 경험을 쌓았다. 두 번째 도전에서 치룬 경기에서 알파스타는 거의 실수를 범하지 않았고 프로 선수들이 어떻게 하는지 보면서 결정을 내렸다는 점에서 놀라웠다. 알파스타는 매 경기마다 이겼다. 그것이 패배했을 때는 기계의 뚜렷한 장점 중 하나, 즉 전장 전체를 한 번에 볼 수 있는 능력을 상실했을 때였다.

이런 일이 국방부에서는 전혀 일어나지 않고 있다. 대부분의 미국인은 매일 기계학습의 혜택을 누린다. 그들은 책을 구입하고, 다음 노래를 고르고, 집으로 갈 가장 빠른 길을 선택하고, 온라인에서 소비하는 정보를 큐레이션하는 데 기계학습을 사용한다. 미국인들은 이미 당연하게 여기고 있는 기계학습 기술이 미군 장병들이 일상적인 업무를 수행하는 데 얼마나 적게 사용되고 있는지 알게 되면 놀랄 것이다. 이미 오래전에 자신들의 사생활을 기계와 알고리즘으로 넘긴 미군 장병들은 시간 소요가 많은 업무를 정기적으로 직접 수행해야 한다.

국방부의 대부분 기관은 자체 데이터 처리방식 때문에 기계학습을 활용할 만한 설비를 갖추지 못하고 있다. 오래전 상업계에서는 데이터가 디지털 세계에 연료를 공급하는 석유이며 정보 혁명의 전제조건임을 깨달았다. 기계학습 알고리즘은 대량의 데이터가 없으면 불가능하며, 10년 이상 기술 기업들은 이를 비축하기 위해 노력해 왔다. 반면에 국방부에서는 여전히 데이터를 엔진의 배기가스처럼 더 중요한 활동의 부산물로 취급하고 있으며, 정기적으로 대량 폐기하고 있다. 더 큰 문제는 국방부 지도자들이 데이터의 중요성을 인식하게 되면서, 데이터를 빠르고 적절하게 이해하기 위해 기계학습으로 눈을 돌리는 대신 수동으로 처리할 수 있도록 인력을 늘렸다는 점이다.

분명히 할 것은 기계지능의 능력을 과장해서는 안 된다는 점이다. 지금까지 인공지능의 성과는 인상적이며, 복잡성이 증가하기도 했지만, 여전히 제한된 반복적인 작업을 수행하는 수준에 머물러 있다. 인간이 할 수 있는 모든 것을 할 수 있는 기계처럼 매우 다양하고 상황 의존도가 높은 조건에서 독자적인 추리 작업을 수행할 수 있는 인공지능과는 거리가 멀다. 이런 기술이 실현 가능할지 모르지만, 그렇다 해도 아직 갈 길이 멀다. 인공지능과 기계학습이 급속도로 발전하면서 국방부의 더 큰 고민은 뒷전으로 밀리고 있다.

실리콘 밸리는 기계학습을 넘어 부분적으로는 정보 혁명의 경계를 우주 공간으로 확대하고 있다. 1950년대 이후, 우주에 대한 접근은 현실적 문제에 의해 제한되었다. 로켓은 편도 여행밖에 할 수 없었고, 로켓을 우주로 보내는 것은 한 번의 비행 후에 비행체를 버리는 것과 같았다. 이러한 현실은 우주 발사를 엄청나게 비효율적이고, 돈이 많이 드는 희귀한 일로 만들었다. 그 결과 인공위성은 흔히 수십 년 동안 사용할 수 있도록 설계되었다. 이는 인공위성이 매우 복잡하고, 아주 값비싼 물건이라는 것을 의미했다. 이 모든 비용과 복잡성으로 인해 부유한 일부 정부만 우주에 접근할 수 있었다.

10년 전 저비용 상업용 우주 발사가 등장하면서 상황이 변하기 시작했다. 일론 머스크Elon Musk, 제프 베조스Jeff Bezos, 폴 앨런Paul Allen, 리처드 브랜슨Richard Branson 등 주머니가 두둑한 선각자들은 재사용이 가능한 발사체를 포함하여 새로운 종류의 로켓을 개발하기 시작했다. 우주로 왕복할 수 있는 로켓은 인공위성을 훨씬 더 자주 그리고 훨씬 더 저렴한 비용으로 발사할 수 있게 해 주었고, 이는 인공위성 자체가 완전히 다르게 설계될 수 있다는 것을 의미했다.

저비용의 우주 발사는 초소형 위성 분야에서 완전히 새로운 산업을 탄생시켰다. 고가의 대형 위성을 만들어 수십 년간 사용할 수 있도록 하는 것이 아니라, 이제 위성은 휴대폰처럼 몇 년 사용하다 교체하는 대량 생산 기기처럼 풍부하고 저렴하게 설계될 수 있다. 새로운 기술이 수십 년에 한 번씩이 아니라, 몇 년에 한 번씩 보급되기 때문에 위성은 훨씬 더 빨리 훨씬 더 많은 것을 할 수 있도록 개선되고 있다. 그 결과 완전히 새로운 산업인 저비용 소형 로켓이 탄생했으며 동시에 몇 개의 초소형 위성을 한꺼번에 발사할 수 있게 되었다. 간단히 말해, 캘리포니아와 다른 지역의 상업 기술 회사들은 불과 10년 만에 우주로의 접근에 대한 많은 핵심 가정들을 뒤집었고, 이제 그들은 정보 혁명의 경계를 지구 대기권 너머로 확장하고 있는 것이다.

나는 몇 년 전 시애틀 외곽의 평범한 사무실 단지에서 이런 미래를 직접 목격했다. 건물은 외부에서 알아보기조차 어려웠다. 사실 처음에는 그 앞을 지나쳤을 정도였다. 그러나 내부는 열린 공간, 하얀 벽, 푸짐한 간식 그리고 깨끗한 방에서 공학자들이 식기세척기 크기의 인공위성을 만드는 완전히 실리콘 밸리의 스타트업이었다. 이곳은 스페이스X의 초소형 위성 사업부의 본거지이자 스타링크Starlink라고 부르는 프로그램의 산실이었다.

재사용 가능한 우주 발사체를 개척해 온 스페이스X의 입장에서 스타링크에 대해 야심 찬 전망을 갖는 것은 이상한 일이 아니다. 스타링크 사업은 지구 저궤도에 작은 위성 별자리를 만들어 지구 모든 지역에 고속 통신과 데이터 네트워크를 항시적으로 연결할 수 있게 한다는 것이다. 60년 전 우주 시대가 시작된 이래 인류는 총 800여 개의 위성을 지구 저궤도에 쏘아 올렸다. 스페이스X는 앞으로 최대 1만 2000개를 발사할 계획이며 3만 개를 더 발사하기 위해 정부 승인을 기다리고 있다. 내가 이곳을 방문했을 때 이 위성 중 몇 개만 궤도에 있었지만, 우리는 우주에 떠 있는 위성들을 이용하여 직접 초고속 인터넷을 통해 유튜브 동영상을 스트리밍했다. 스페이스X는 2019년 5월 스타링크 위성 60개를 추가로 배치했다. 그리고 그들만이 그런 미래를 좇는 것은 아니다. 원 웹One Web과 블루 오리진Blue Origin과 같은 회사들도 그들만의 거대한 위성군을 쏘아 보낼 계획이다. 만약 성공한다면, 이 회사들은 지구 상의 모든 사람들이 언제 어디서든 인터넷에 접속할 수 있게 해 줄 것이다. 연결하는 데 필요한 것은 고작 피자 박스 크기의 수신기뿐이다.

정보 혁명이 우주 공간으로 확대되면서 상업 기업들도 기술을 활용해 제조업의 변혁을 꾀하고 있다. 수십 년 동안 제조업은 수요처에서 멀리 떨어져 있는 경우가 대부분이었다. 일반적인 상품은 다양한 장소에서 만들어진 여러 부품들을 전 세계에 퍼져 있는 거대한 물류 네트워크를 통해 별도의 장소로 운반하고 그곳에서 완제품을 조립하여 소비자에게 보내게 된다.

이에 비해, 첨단 가공법은 복잡한 완제품이나 중요한 부품을 사용자가 필요로 하는 장소와 시기에 맞춰 생산하는 것을 가능하게 하고 있다. 비용과 시간, 노동력과 물류 비용에서도 상당한 감축이 가능하다. 이것이 가능한 이유는 복합 재료와 방법을 사용하기 때문인데, 기계가 숙련된 인력 없이도 최종 제품으로 조립할 수 있는 고품질 부품을 만들 수 있기 때문이다. 이렇게 해서 제조업은 이케아Ikea의 가구들을 조립하는 것과 비슷해지고 있다.

군사적 차원에서 놀라운 발전은 적층 가공법additive manufacturing이다. 이 방식으로 저가의 플라스틱, 탄소섬유, 용해 금속 등 다양한 재료를 사용하여 복잡한 부품과 완제품까지 3차원으로 프린팅할 수 있다. 이 기술은 이미 비행기, 로켓, 차량 및 기타 기계의 중요한 부품을 생산하는 데 사용되고 있다. 언젠가는 버튼 한 번만 누르면 필요한 바로 그 장소에서 여러 물건들을 생산할 수 있는 날이 올 것이다. 여기서는 물건을 제작, 조립, 배송 그리고 보관하는 데 필요한 비용, 시간 및 인력을 투입하지 않아도 된다. 정말로 적층 가공법을 통해 인공위성 전체를 우주 공간에서 인쇄할 수 있을 것이므로 인공위성을 궤도로 쏘아 올릴 필요가 없어질 것으로 생각하는 것은 더이상 억지스러운 일이 아니다.

최근 몇 년 동안 상업 기술 기업들은 정보 혁명을 생물의 세계로 확대하기 시작했다. 컴퓨터 처리와 기계학습이 성장하면서 과학자들은 생명의 구성요소인 게놈을 그 어느 때보다 쉽게 해독할 수 있게 되었다. 실제로 2003년 이후 인간의 유전체 염기서열 분석 비용은 20만 배, 유전체 염기서열 작성 비용은 1000배 이상 저렴해졌다.[7] 이는 기존의 유전자 편집기술[8]보다 저렴한 유전공학 기술의 개발로 가능해지고 있다. 이제 새로운 유전 물질과 심지어 새로운 형태의 생명체를 처음부터 창조할 수 있게 되었다. 군이 막대한 관심을 갖게 될 즉각적인 활용 분야는 인체의 능력을 향상시키는 것이다. 즉 어떤 사람들이 인지 및 신체 작업에 가장 적합한지를 더 정확하게 평가한 다음, 개별 맞춤형 의약품이나 생명공학을 통해 그들의 타고난 능력을 향상시키는 것이다.

생명공학 혁명의 또 다른 개척지는 '뇌-컴퓨터 인터페이스' 기술인데, 이것은 정확히 인간의 뇌를 기계에 연결하고 제어할 수 있는 능력이다. 뇌-컴퓨터 인터페이스를 개발하는 스타트업 뉴럴링크Neuralink를 설립한 일론 머스크는 '인공지능과 일종의 공생을 이룰 수 있는 완전한 뇌-기계 인터페이스'를 개발하는 것을 목표로 세웠다.[9] 머스크가 정의한 단기 목표 중 하나는 사람들이 전적으로 생각만으로 분당 40개의 단어를 입력할 수 있게 하는 것이다.

뇌-컴퓨터 인터페이스는 삽입 시술을 통해 몸에 이식함으로써 구현할 수 있지

---

7) Jason Metheny, "Four Emerging Technologies and National Security," in *Technology and National Security: Maintaining America's Edge*, ed. Leah Bitounis and Jonathon Price (Washington, DC: Aspen Institute, 2019), 33.

8) [역주] CRISPR(Clustered Regularly Interspaced Short Palindromic Repeats)는 다양한 동식물 세포의 유전자를 편집하기 위해 사용하는 첨단 생명공학 기술로 '3세대 유전자 가위 기술'로 불리고 있다.

9) Stephen Shankland, "Elon Musk Says Neuralink Plans 2020 Human Test of Brain-Computer Interface," CNET, July 17, 2019, https://www.cnet.com/news/elon-musk-neuralink-works-monkeyshuman-test-brain-computer-interface-in-2020/.

만, 점점 더 비삽입적 방식을 추구하고 있다. 예를 들어, 존스 홉킨스 대학 응용 물리학 연구소는 장애인들이 인체에 부착된 로봇 보철물들을 신경 신호를 통해 실제 손발처럼 제어할 수 있다는 것을 입증했다. 첨단 센서와 기계학습의 결합인 이 기술을 통해 인간은 드론 등 다른 종류의 기계들을 집단으로도 제어할 수 있다는 것을 보여주었다. 만약 기술이 완벽해질 수 있다면, 인간은 순수하게 생각만으로도 드론이나 다른 로봇 군사 시스템의 운영을 지휘하고 감독할 수 있을 것이다.

최근 몇 년 동안 실리콘 밸리를 비롯한 여러 지역의 기업들은 원자보다 작은 물질의 기이한 특성과 관련된 양자 과학을 사용하여 정보를 수집, 처리, 교신할 수 있는 기술을 구축하고 있다. 이를 통해 정보 혁명은 훨씬 더 급진적인 영역으로 발전할 것이다. 아원자subatomic 입자들은 더 큰 물질의 형태와는 다르게 그리고 훨씬 이상하게 행동한다. 예를 들어, 한 개의 아원자 입자가 두 개의 서로 다른 물리적 공간에 동시에 존재할 수 있다. 중첩superposition이라 불리는 현상이다. 이와 비슷하게, 한 쌍의 아원자 입자들은 얽힘entanglement이라고 불리는 특성을 갖고 있는데, 이것은 그들이 서로 거울에 비치는 것처럼 행동한다는 것을 의미한다. 한 가지에 영향을 미치는 작용은 물리적으로 떨어져 있어도 서로 즉각적으로 영향을 미치며, 어떤 입자든 그것을 조작하게 되면 얽힘 현상도 사라지게 된다.

양자 과학은 물리학의 기본 법칙에 반하여 실행되는데, 알버트 아인슈타인이 이것을 '무시무시한spooky' 것이라고 부른 이유이다. 그러나 현재 새로운 종류의 양자 기반 정보 기술을 개발하려는 상업적인 노력이 강력하게 추진되고 있다. 그중 하나가 양자 센서quantum sensor다. 양자의 중첩 특성을 이용하여 비행기와 같은 물체를 감지하는 데 이용된다. 이 센서는 비행기가 하늘을 통과할 때 발생하는 중력장과 자기장의 작은 균열을 감지한다. 또 다른 응용 분야는 양자 통신으로, 정보 보안을 위해 얽힘의 속성을 이용하려고 한다. 두 개의 얽힌 입자가 서로의 행동을 반영하고, 외부의 간섭이 얽힘을 파괴하기 때문에 입자는 '깰 수 없는' 암호를 구축하는 데 사용될 수 있다.

양자 컴퓨터의 또 다른 활용은 양자 입자를 이용하여 정보를 인코딩해서 처리하는 것이다. 기존 컴퓨터에서 정보는 이진법의 형식을 취해 1 또는 0으로 인코딩된다. 양자 컴퓨터에서는 중첩으로 인해 양자 입자를 1과 0으로 동시에 인코딩할 수 있다. 말도 안 되는 소리 같지만 그렇게 작동한다. 두 개가 아닌 세 개의 단위로 정보를 인코딩할 수 있는 것이다. 이러한 성능으로 인해 양자 컴퓨터는 기존 컴퓨터보다 기하급수적으로 빠르고 강력한 처리 능력을 보유하고 있으며, 심지어 최고의 슈퍼 컴퓨터가 감당할 수 없는 문제들을 해결할 수 있게 해 준다. 예를 들어, 전통적인 암호화는 복잡한 수학 방정식을 기반으로 하는데, 기존 컴퓨터로는 이를 푸는 데 수백만 년이 걸릴 수 있다. 하지만 양자 컴퓨터라면 몇 분 안에 그 방정식을 풀 수 있다.

양자 정보 기술이 도래하려면 수년이나, 심지어 수십 년이 걸릴 수도 있다. 그러나 상업 기술 회사들은 이 무시무시한 시스템을 개발하기 위해 막대한 돈을 쓰고 있으며, 그들이 성공한다면 정보 혁명은 질적으로 새롭고 완전히 다른 단계로 접어들 것이다. 군사적 의미는 그것이 충격적인 만큼 엄청날 것이다.

～◆◈◆～

실리콘 밸리는 정보 혁명을 모든 사람에게 확대시키고 있는 것처럼 보인다. 그것은 전 세계 수십억 명의 사람들이 살아가는 방법과 일하는 방식 그리고 기계와 관계 맺는 방식을 변화시키고 있다. 그리고 모든 사람이 가능한 한 최대한의 혜택을 받고 있는 것처럼 보인다. 그러나 미군 부대에 근무하는 이들은 여기서 제외되어 있다. 이는 많은 실리콘 밸리 기업들이 처음에는 경제적인 이유 때문에 국방부에 자신들의 기술을 제공하는 것에 관심이 없었기 때문이다. 국방부와 일하는 것이 너무 오래 걸리고, 너무 불만스러우며, 수익도 너무 적었다. 시간이 지나면서 경제적 불만은 이념적인 것으로 굳어졌다. 냉전 이후 성년이 된 젊은 창업자와 공학자들은 미군과 함께 일한 기억이 없다. 그들은 실리콘 밸리의 전임자들과 같은 세상을 바꾸고자 하는 열망을 가지고 있었다. 그리고 그들은 '단극의 순간unipolar moment'에 들뜨면서 미국을 휩쓸었던, 그들 자신만의 무한한 낙관론에 사로잡혔다.

기술은 벽을 허물고 사람들을 하나로 모으는 것처럼 보였다. 실리콘 밸리의 많은 사람들은 사람들이 자연적으로 선하고 평화롭게 살기를 갈망하며 기술이 모든 것을 가능하게 할 수 있다는 믿음을 가진 세계시민으로 자신들을 보기 시작했다. 이러한 세계관은 악의, 광기, 침략과 같은 인간의 변하지 않는 본성에 대한 마지막 보루로 자신을 규정하고 있는 미군의 세계관과 양립할 수 없어 보였다. 마치 국방부는 화성에, 실리콘 밸리는 금성에 사는 것과 같았다.

워싱턴의 국방계는 문제 해결에 거의 도움이 되지 않는다. 실리콘 밸리와 다른 상업 세계에서 흘러나오는 많은 기술 혁신은 국방 기관들을 놀라게 만들었다. 미국의 국방계는 상업적인 우주 혁명을 따라가지 못했다. 클라우드 컴퓨팅으로의 전환도 붙잡지 못했다. 최신 소프트웨어가 어떻게 개발되고 있는지도 몰랐다. 데이터가 얼마나 중요한지 깨닫지 못했다. 그리고 인공지능과 기계학습의 성장을 따라가지 못했다. 물론, 워싱턴의 많은 이해 관계자들은 국방부가 이러한 놀랄 만한 기술들을 이용하지 못하도록 하면서 자신들의 기득권을 누리고 있었다. 미 국방부가 이러한 중요한 개발들을 얼마나 놓쳤는지에 대해 과장할 필요는 없지만, 그 이유는 그 기술을 단순히 이해하지 못했거나, 심지어 그것이 가능하다고 생각하지 않았기 때문이었다.

하지만 그것보다 더 심각한 일은 워싱턴의 국방계가 이런 상업 기술의 혁명을 의식하게 되었음에도 기업들은 국방 기관과 함께 일하려 하지 않았다는 점이다. 많은 기업들은 국방계와 연루되는 것을 싫어했다. 캘리포니아에 본사를 둔 스타트업인 스페이스X와 팔란티어Palantir의 사례는 시사적인데, 그들은 거의 같은 일을 경험했기 때문이다.

실리콘 밸리가 대부분 국방 분야에서 눈을 돌렸지만 이들 두 회사는 예외였다. 스페이스X가 개발한 재사용 가능 로켓은 미국 정부를 포함한 모든 사람의 우주 발사 비용을 절감시켜 주는 것이었다. 미국 정부는 오랫동안 국가 안보를 위해 값비싼 인공위성을 발사해 왔다. 이 회사는 완벽하게 성공적인 발사 기록을 보여 주었지만, 다소 비싼 게 흠이었다. 팔란티어 역시 방대한 양의 데이터를 분석하고 중요한 패턴과 특성을 읽어낼 수 있는 소프트웨어를 개발했다. 이는 미국 정부가 테러리스트들의 네트워크를 읽어 냄으로써 테러 공격을 저지하는 데 도움을 줄 수 있었다. 국방부는 특히 미 육군을 중심으로 수년 동안 비슷한 능력을 개발하기 위해 수십억 달러를 투자해 왔다.

스페이스X와 팔란티어 모두 미군이 갖지 못한 최첨단 기술을 보유하고 있었고, 실리콘 밸리의 많은 경쟁사들과 달리 이를 국방부에 매각하고 싶어 했다. 둘 다 오만하고 때때로 건방지게 행동하곤 했지만, (팔란티어의 경우) 육군이나 (스페이스X의 경우) 공군 모두 기존의 방식이 (공군의 경우처럼) 비용도 많이 들고 (육군의 경우처럼) 아무 효과가 없었음에도 불구하고 전혀 바꾸려 들지 않았다. 이들 회사들은 포기하지 않고 정부의 고객들에게 자사의 기술을 판매하기 위해 다년간의 설득 작업을 시작했다. 그래도 이들 회사가 그렇게까지 할 수 있었던 것은 억만장자 창업자를 가지고 있었기 때문이다. 그러나 이마저도 소용이 없었다. 결국 팔란티어와 스페이스X는 공정한 검토 기회를 얻기 위해 소송을 벌여야 했고, 마침내 계약을 따서 수십억 달러 규모의 회사가 되었다.

⊱ ❧ ⊰

　냉전이 끝난 이후 수십 개의 스타트업이 가전, 금융 기술, 소셜 미디어, 생명공학 등 분야에서 수십억대 기업으로 성장했다. 30년이라는 기간에 국방 분야에서 소위 유니콘의 지위를 달성한 기업은 팔란티어와 스페이스X 단지 두 개뿐이다. 많은 사람들은 왜 더 많은 공학적 재능과 민간 자본이 국방 기술에 유입되지 않는지 궁금해하고 있다. 그 이유는 그리 복잡하지 않다. 30년 동안의 자료들은 국방 분야가 수익성 있는 새로운 사업을 시작할 수 있는 곳이 아니라는 것을 보여 주었다. 규모 있게 성공한 두 스타트업의 경험은 실리콘 밸리나 다른 곳의 기업들이 따라하기 어려운 사례다.

　상업 기술계가 방위산업에서 등을 돌리고 있는 것은 국방부의 주된 계약자들이 통합을 통해 줄어들고 있다는 사실로 인해 더욱 악화되어 왔다. 지난 15년 동안 국방 관련 주요 기술 기업들은 수십 개의 기술 스타트업을 사들였다. 예를 들어 페이스북은 인스타그램, 왓츠앱, 오큘러스VR 등을 인수했고 구글은 안드로이드, 유튜브, 웨이즈, 네스트, 딥마인드 등 훨씬 더 많은 기업을 흡수했다. 이들을 비롯한 '빅테크' 기업들이 더욱 커지면서, 그들은 점점 더 미국 정부를 자산이 아닌 부담으로 여기는 더 큰 글로벌 기업이 되었다. 방위산업의 통합으로 인해 인공지능과 같은 최첨단 기술을 개발하기 어려운 소수의 대기업으로 줄어들었고, 기술의 통합은 더 적은 수의 더 거대한 기업으로 귀결되었다. 이러한 현상은 이들 대기업들이 첨단 기술을 더 잘 개발할 수 있게 만들었지만, 문제는 미군에게 그러한 첨단 기술을 제공하는 것을 꺼린다는 데 있다.

　비슷한 시기에 또 다른 사건이 워싱턴과 실리콘 밸리 사이를 더 멀어지게 했다. 2013년 에드워드 스노든의 기밀 정보 공개는 미국 정부를 신뢰하기 어려운 곳으로 인식시켰다. 점점 더 세계화되는 기업 브랜드에도 좋지 않으며, 심지어 자신들의 가치와 반대된다는 실리콘 밸리의 믿음을 굳혀 주었다. 그리고 상황을 악화시키는 일들이 벌어졌다. 애플이 2015년 샌버너디노San Bernardino 저격수의 아이폰을 해독해 달라는 FBI의 요구를 거부한 일, 페이스북이 2016년 선거에 개입하려는 러시아의 플랫폼 해킹을 통제하지 않은 일, 2018년 구글이 정보를 처리하는 데 기계학습을 사용하려는 프로젝트 메이븐Maven에서 탈퇴한 일, 그리고 클라우드 컴퓨팅 계약 건까지 일어났다. 워싱턴의 많은 사람들은 저런 행동들을 보면서 실리콘 밸리가 도덕적으로 진지하지 않으며 국방의 가치보다 기업의 이익을 더 중시한다고 생각했다. 특히 많은 기업들이 자신의 정부보다 중국 정부와 함께 일하려고 하는 것처럼 보였다. 두 도시의 관계는 최악으로 치달았다.

안타깝게도 이러한 일들은 국방부가 첨단 기술에 대해 나름대로 큰 각성을 보여준 바로 그 순간에 벌어졌다. 2014년 말 척 헤이글Chuck Hagel 국방부 장관에서부터 후임인 애쉬 카터Ash Carter 장관으로 이어지면서 미 국방부 수뇌부는 미군의 기술력이 약화되고 있다는 진단을 내놓았다. 그리고 기술력의 우위를 유지하기 위해서는 인공지능, 자율 시스템, 첨단 가공법 등 신기술을 개발해야 한다고 주장하기 시작했다.

이 순간의 비극적인 아이러니를 과장하기 어렵다. 때때로 의도적으로 때로는 의도치 않게, 워싱턴은 20년에 걸쳐 자신과 실리콘 밸리 사이에 넘을 수 없는 벽을 세웠다. 그 벽은 현상을 유지하는 데 꽤 효과적이었다. 그리고 그 결과는 때늦은 후회였다. 미래 미군의 효과성은, 실리콘 밸리에서 개발될 파괴적 기술에 의존하고 있는데, 문제는 이들 기업들이 이러한 기술을 미 정부에 제공하는 데는 거의 열의를 보이지 않는다는 데 있다.

이 격차의 규모는 놀라울 정도로 커졌다. 아마존, 알파벳, 페이스북, 마이크로소프트, 애플 등 미국 5대 인공지능 기업이 2018년 연구 개발에 총 705억 달러를 썼다. 그것은 그들이 미래에 투자하고 있는 돈이다. 반면 록히드 마틴, 보잉, 레이시온 테크놀로지스, 제너럴 다이내믹스, 노스럽 그루먼 등 상위 5개 방위산업체는 총 62억 달러를 지출했다. 실제로 애플은 정기적으로 약 2,450억 달러의 '현금'을 보유하고 있으며, 이는 미국의 상위 5개 방위산업체 모두를 사들이기에 충분한 돈이다. 따라서 국방부는 현재 국방부의 미래 효과성에 가장 중요하다고 인정하는 핵심 기술에 관한 한 심각한 딜레마에 빠져있다. 가장 큰 도움을 줄 수 있는 기업은 항상 그렇게 하려고 하지 않지만, 도움을 주려고 하는 기업은 항상 그렇게 할 수 있는 것이 아니기 때문이다.

그리고 이것은 아마도 가장 큰 아이러니다. 아이젠하워에게 미안한 말이지만, 군산복합체와 관련된 가장 큰 문제는 그가 유명한 고별 연설에서 경고했듯이 국내에서의 미국의 자유와 자치를 위협한 것이 아니다. 더 큰 문제는, 군산복합체가 오랫동안 해 온 한 가지 일에 실패했다는 점이다. 그것은 미국이 전략적 경쟁국들보다 앞서갈 수 있도록 미국이 제공해야 할 절대적인 최고의 기술을 미군 손에 쥐여 주는 일이다. 이렇게 된 것은 국방부나 의회, 혹은 방위산업의 개별적인 잘못이 아니다. 이 세 가지 요인들이 정당과 무관하게 결합한 체계적인 실패였다. 이는 워싱턴의 방위 복합체가 더 넓은 세계를 보려고 하지 않았기 때문에 발생한 일이며, 역사상 가장 중요한 기술 혁명을 활용하지 않고 심지어 적극적으로 저항했기 때문에 일어난 일이다.

아이젠하워가 궁극적으로 뭘 하려고 했든지 간에 그는 믿을 수 없이 효과적으로 군산복합체를 이끌었다. 그러나 그 길 어딘가에서부터 미국은 슈리버와 같은 혁신가들이 불가능한 일을 할 수 있도록 해 왔던 아이젠하워의 접근법, 즉 위험을 감수하는 태도에 등을 돌렸다. 대신 그걸 수십 년 동안 답답하고 비효율적인 중앙 계획 프로세스로 대체하면서 훌륭한 기술을 신속하게 제공하는 데 실패했다. 미국은 비용 절감과 효율성을 위해 군산복합체의 속도와 효과성을 희생시켰지만 결국 둘 다 달성하지 못했다. 마치 미국이 소련을 물리치고 난 뒤, 소련의 관료주의적 군수품 조달 시스템을 채택한 것 같다.

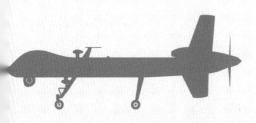

제5장

변화하지 않으면
안 되는 상황

제5장

변화하지 않으면 안 되는 상황

미국 국방의 미래에 관한한, 미국의 지도자들은 '강대국 경쟁의 재등장'에 초점을 맞추고 군사 혁신의 필요성과 첨단 기술의 중요성에 대해 지적해왔다. 아이러니한 것은 오늘날 하는 많은 이야기가 지난 30년 동안 말해 왔던 것과 놀라울 정도로 비슷하다는 것이다. 옛것이 다시 새것이 되었다.

차이점은 냉전과 사막의 폭풍 작전(1991년)에서 승리한 이후 패기만만했던 시기보다 미국의 상황이 확실히 더 나빠졌다는데 있다. 우리 군은 대규모 기지와 값비싼 플랫폼에 과도하게 투자해 왔는데, 우리 경쟁자들은 지난 수십 년 동안 이를 공격할 첨단 무기를 개발해 왔다. 1990년대와 2000년대의 많은 '변혁적' 조달 계획들이 너무 늦게 실행되었기 때문에 대체하기로 되어 있던 낡은 시스템은 그 자리를 대신할 수 있는 것이 채워지지 않는 상태에서 사라지고 있다. 남아 있는 전력은 수년간의 해외 작전으로 인해 너무 소진했기 때문에 완전히 회복하려면 아직 몇 년이 걸릴 정도다. 게다가 규모도 작고 오래된 전력이다. 다른 한편, 가장 중요한 기술 혁명 가운데 하나인 정보화 시대가 도래했지만, 군에 도움이 될 만한 것을 거의 만들어 내지 못했다.

미국이 한때 누렸던 압도적 우위는 사라졌다. 워싱턴의 정치 상황은 조심스럽게 말하자면 혼란스럽고 정체되어 있으며 제 기능을 다하지 못하고 있다. 이 중 일부는 피할 수 없는 일이었지만, 대부분은 그렇지 않았다. 그럼 왜 그런 일이 일어났을까?

국방부와 의회, 그리고 민간 기업에 있는 사람들이 악의적이며 비애국적으로,

그리고 어리석게 행동했기 때문에 그런 일이 일어난 것은 아니다. 사실 이 사람들 대다수는 매우 어려운 상황에서도 옳은 일을 하기 위해 열심히 일하고 있다.

정보의 실패 때문에 일어난 것도 아니다. 앤드루 마셜뿐만 아니라 다른 많은 사람도 당시 이러한 문제가 발생하고 있다는 것을 알았고, 그렇지 않은 사람들을 설득할 수 있는 많은 정보를 갖고 있었다.

돈이 없어서 일어난 일도 아니다. 미국은 1991년 이후 수조 달러를 국방비로 지출해 왔다. 그러나 너무 흔히 잘못된 군사 프로그램과 대외 정책에 투입하였다. 이러한 문제는 국방 지도자들이 구매를 중단해야 할 군사 시스템과 중단해야 할 군사 임무에 대해 어려운 선택을 하지 않았기 때문에 악화되었다.

기술력 부족으로 일어난 것도 아니다. 새롭고 더 나은 미군을 건설할 수 있는 수단은 일관되게 이용 가능했으며 지금처럼 풍부했던 적도 없다. 문제는 군사력에 대한 구시대적이거나 잘못된 개념을 좇으면서 오래되거나 입증되지 않은 기술에 너무 많은 돈을 퍼부은데 있다.

그 일이 전적으로 주의력 부족 때문에 일어난 것도 아니다. 9·11 테러가 워싱턴의 지도자들에게 대테러 작전을 우선시하도록 강요한 것은 분명하며, 그들이 이를 우선시 한 것이 잘못된 일도 아니다. 그러나 20년 동안의 분쟁으로 인한 부담이 커지면서 국방비 지출의 대부분이 우리가 정작 대비해야 할 전쟁 이외의 다른 곳에 쓰였다. 궁극적으로 미국은 '강대국 경쟁의 재등장'에 의해 허를 찔렸고, 새롭게 부상하는 기술 혁명을 충분히 활용할 준비가 되어있지 않았다. 그런 이유가 현재의 대테러 작전이 위급했기 때문만은 아니다. 무엇보다도 경쟁의 우선순위를 관리하고 적절한 순서를 결정하는 것이 전략의 본질임에도 불구하고 제대로 하지 못했다.

크게 보면 미국이 미래에 의해 그렇게 심하게 허를 찔린 이유는 우리가 해결하기 위해 애쓰고 있는 주요 문제가 무척 어렵기 때문이다. 전쟁이 없는 상황에서 군대를 혁신하고 변화시킬 수 있을까? 미국이 전쟁의 미래를 걱정하고 있는 만큼 이것이 핵심적인 질문이다.

─────── ❧ ───────

미군이 최근 몇 년 동안 혁신해 온 많은 방법들은 매우 특별한 종류의 전쟁 때문에 생겨난 것이다. 미 특수작전부대가 테러 세력들과 싸우는 새로운 방법과 수단을 고안한 이유이며, 미 육군과 해병대가 대반란전에 더욱 능숙해진 이유이기도 하다. 변화가 가능했던 것은 전시 수요가 있었기 때문인데, 그와 마찬가지로 혁신과 변화에 실패했을 때도 분명한 결과가 있기 마련이다. 문제는 미군이 테러 집단과 싸우기 위해 개발한 많은 혁신들이 현재 미국이 직면한 도전에 대해서는 제한적 효용만 가진다는 점이다. 지금 미국이 직면한 도전은 첨단 기술로 무장한 강대국들과의 대규모 재래적 분쟁과 전략적 경쟁이다.

군대는 여러 면에서 민간 기관과 다르다. 근원적인 차이는 그들의 성과에 대한 실제 피드백이 일상적으로 이루어지지 않고 있다는 점이다. 스포츠 팀들은 경기 결과를 통해 늘 평가를 받고 있다. 기업은 시장을 통해 일상적인 피드백이 이루어진다. 만약 고객들이 그들이 팔고 있는 물건을 사지 않는다면, 다른 물건을 개발해야 하는 중요한 이유가 된다. 이러한 것 가운데 어떤 것도 군대에는 적용되지 않는다. 군대에서도 성과 분석, 훈련 워게임 그리고 다른 형태의 자기 평가를 통해 이를 보완하려고 노력한다. 새로운 기술이 나오면 이를 사용하는 새로운 방법을 실험한다. 이것은 절대적으로 필수적인 일이다. 그럼에도 불구하고 군대는 늘 자신들이 실제 전쟁 상황을 경험하지 못하고 있다는 것을 확인하게 된다. 실제로, 군대가 해야 할 가장 중요한 일, 즉 전쟁을 치르는 일은 거의 일어나지 않는다. 전쟁을 억제하는 능력이 뛰어날수록 전쟁을 치러야 할 가능성은 줄어든다. 물론 그것은 좋은 일이지만, 군이 진정으로 미래에 대한 준비가 되어 있는지 알기는 더 어려워진다.

군사 혁신과 적응이 더욱 어려운 이유 가운데 하나는 관료 조직의 본성상 변화를 촉진하는 것이 아니라 그것에 저항하기 때문이다. 군 관료주의와 문화는 특히 보수적이지만, 이유가 없는 것은 아니다. 잘못된 종류의 변화는 생명을 앗아 갈 수 있다. 그러나 보수성이 극단적으로 심화되면, 이러한 경직성은 노먼 딕슨이 '군사적 무능의 심리학'이라고 지칭했던 것에 이르게 된다. 여기에는 "낡은 전통에 집착하는 것", "사용 가능한 기술을 사용하지 않거나 오용하는 경향", "자신들의 선입견에 맞지 않거나 충돌하는 정보를 거부 또는 무시하는 경향" 그리고 급기야는 "적을 과소평가하고 자신의 능력을 과대평가하는 것"이 포함된다.[1)]

전쟁이 없는 상황에서 군을 혁신하고 변화시킨다는 것은 극히 어려운 일이지만

---

1) Norman Dixon, *The Psychology of Military Incompetence* (New York: Basic Books, 1976), 159.

그렇다고 불가능한 일은 아니다. 한 예가 1920년대와 1930년대에 미 해군이 항공모함의 잠재력을 십분 활용하기 위해 노력한 일이다. 제1차 세계대전이 끝났을 때 해군력의 중심은 전투함이었다. 미국은 전쟁 기간 항공모함을 운용했지만, 주로 다른 해군 전력의 보조로 사용했다. 전함은 해상 통제권을 장악하기 위해 다른 나라 전함에 대항하고 자신들의 거대한 함포로 상대를 밀어내려고 했을 때, 항공모함은 전함의 정찰병 역할에서 벗어나지 못했다.

세계대전 사이 기간 동안 해군 내 비행사들은 항공모함에게 보다 광범위한 역할을 맡길 것을 추진했는데, 거의 반란 수준의 혁신적 움직임이었다. 이러한 움직임을 주도한 이는 윌리엄 모펫William Moffett 제독이었는데, 그는 아이러니하게도 비행사가 아니라 전함 함장 출신이었다. 모펫과 그의 동료 혁신가들은 다가오는 제국주의 일본의 위협에 초점을 맞추었다. 이들은 만약 일본과의 전쟁을 치러야 한다면, 미 해군은 지상 항공 지원을 넘어 태평양 전역에 걸쳐 전력을 투사해서 해상에서 일본 함대를 파괴해야 한다고 믿었다. 이를 위해서는 항공모함이 필수적인 전력이었다. 모펫은 1921년 새로 창설된 해군 항공국장으로 임명되었고, 그를 본 이들에 따르면 그는 "거의 환상적인 열정으로 이 문제를 추진했다"고 한다.[2]

모펫은 항공모함의 혁명적 잠재력을 입증하기 위해 실전 분석과 워게임을 십분 활용했고, 그 이상의 것을 했다. 그는 해군이 항공모함과의 전투에 대한 새로운 작전 개념과 전술을 개발할 수 있도록 업무 상당 부분을 바다에서의 실험에 할애했다. 모펫은 더 많은 전투 역할을 수행하기 위해 다른 종류의 항공기로 실험을 했고, 새로운 기술에도 많은 투자를 했다. 아마도 가장 중요한 것은, 자신의 상관과 동료들의 반대를 이겨내고 비행사들에게 한 번도 개방되지 않은 직책에 그들을 승진시켰다는 점이다. 이는 그가 구상한 그런 종류의 전쟁에 부합하도록 내부 변화를 이끌어낼 수 있는 혁신 세력을 군 관료제 내에 심어 넣은 것이다. 이것이 곧 해군이 항공에서의 승리를 이끌어 내는 데 중심 요소가 되었다.

모펫은 12년 동안 일관되고 지속적인 리더십으로 해당 부서를 운영하며 우리를

---

2) Geoffrey Till, "Adopting the Aircraft Carrier: The British, American, and Japanese Cases," in *Military Innovation in the Interwar Period*, ed. Williamson Murray and Allan R. Millet (New York: Cambridge University Press, 1996), 210. See also Stephen Peter Rosen, *Winning the Next War: Innovation and the Modern Military* (Ithaca, NY: Cornell University Press, 1991).

들뜨게 할 변화를 이끌어 냈다. 하지만 혼자서는 성공할 수 없었을 것이다. 그는 허버트 후버Herbert Hoover 대통령과 칼 빈슨Carl Vinson 하원 해군위원장과 같은 강력한 민간 지도자들부터 자신의 대의명분에 대한 강력한 옹호를 이끌어냈다. 실제로 해군 작전사령관이 모펫의 3선 연임을 막으려 하자 후버 대통령이 직접 나서서 지켜 냈다. 모펫은 일본이 진주만을 공격하기 8년 전에 사망했지만, 전쟁이 시작되었을 때 해군은 이미 혁명적인 신기술 채택으로 많은 성과를 거둔 상태였다. 제2차 세계대전은 더욱 혁신적인 변화를 촉구했고, 궁극적으로 항공모함이 전함을 대체하며 함대의 중심축으로 자리 잡게 되었다.

전쟁이 없는 상황에서 군사혁신을 일으킨 또 다른 예는 '공격 차단 계획Assault Breaker initiative'의 개발이었다. 냉전 초기 워싱턴은 나토NATO 국가들에 대한 소련의 침공을 저지하는 데 필요한 재래식 병력을 동원할 수 없다는 것을 알고 전술핵을 이용해 적군의 공격을 물리칠 계획을 세웠다. 1970년대에 이르면, 많은 나토 국가들은 소련 지배로부터 유럽을 구하기 위해 미국이 주도하는 핵전쟁의 구상에 대해 탐탁지 않게 생각했다. 미군은 새로운 해결책이 필요했다. 문제는 붉은 군대의 침략을 어떻게 약화시킬 것인가가 아니라, 러시아가 유럽에 쏟아부을 거대한 증원의 물결을 차단할 킬 체인을 어떻게 완료할 수 있을까 하는 것이었다.[3] '증원 부대'가 전선에 이르기 전에 이들을 막아야 했다. 그렇지 못한다면, 너무 늦을 것이라는 판단이었다.

유럽에서 재래식 전쟁을 억제할 수 있는 능력을 상실할 것이라는 우려가 해롤드 브라운 국방부 장관이 주도한 신속한 기술개발 노력의 원동력이었다. 그는 15세에 고등학교를 졸업하고, 17세에 대학을 그리고 21세에 물리학 박사학위를 마친 신동으로 이름나 있었다. 그는 공군과 육군 그리고 국방고등연구사업청DARPA 내의 혁신가들로부터 크게 도움을 받아 완전히 새로운 킬 체인을 개발했다. 그것은 침공시 소련 증원군의 움직임을 깊숙이 들여다보고 바로 공격하는 것이었다. 여기에는 지상에서 움직이는 소련군을 식별하기 위한 새로운 정보 수집기, 정보를 발사장치로 전달하기 위한 새로운 통신 중계기, 소련 후방지역 깊숙이 침투하여 그들의 후속부대를 공격하기 위한 스텔스기와 장거리 정밀 유도 무기 등이 포함됐다. 이것들이 하나로

---

3) [역주] 유럽 동부 전선에서 소련 군대의 공격을 차단, 약화시키는 것보다 후방에서의 증원을 더 심각한 전략적 위험으로 간주했다는 것을 의미한다. 나토 국가들은 동부 전선에서 일차적인 공세를 막는다 해도 소련군의 증원이 계속적으로 이루어질 경우 이를 막아내기 어렵다고 봤기 때문이다.

합쳐져서 공격 차단기Assault Breaker가 완성되는 것이다.

냉전 시대에는 한 번도 적용되지 않았기 때문에 공격 차단 계획이 예상대로 작동했을지는 알 수 없다. 그러나 알려진 바에 의하면, 소련의 군사 기획자들이 이 계획 때문에 크게 우려했으며 유럽 내 나토와의 전쟁에서 승리할 수 있을지에 대한 확신을 갖지 못했다. 이에 따라 억제력을 회복하고 분쟁을 예방하는 데 도움을 줌으로써 가장 중요한 목적을 달성했다고 볼 수 있다. 공격 차단기의 일부로서 처음 개발된 핵심 무기들은 1991년 걸프전에서 첫 선을 보였는데, 소련과 앤드루 마셜 모두, 우리가 군사분야의 새로운 혁명의 전환점에 서 있다고 생각하게 만들었다.

평화 시기에 몇몇 혁신 사례들이 성공할 수 있었던 이유는 무엇일까? 몇 가지 주요 이유가 눈에 띈다. 우선 실질적인 변화를 위해서는 명확한 위협이 정의되어야 한다는 것이다. 군은 새로운 전투 능력과 새로운 전투 방식의 개발을 통해 어떤 작전적 문제를 해결해야 하는지 최대한 구체적으로 알아야 한다. 군이 킬 체인을 완료해야 한다는 것을 아는 것만으로는 충분하지 않다. 그들은 또한 어떤 특정 위협에 대응하여, 어떤 지리적 위치에서 어떤 특정 규모와 속도에서 행동해야 하는지를 알아야 한다. 이러한 질문들은 흔히 군 지휘부에 의해 나오지만, 가장 좋은 대답은 종종 아래로부터 올라온다. 이러한 일은 하위 계급 장병에게 새로운 생각을 고안하고 새로운 것을 시도할 수 있는 권한이 부여되고 분명한 지침이 주어질 때 가능하다.

마찬가지로, 작전상의 특정 문제도 잘 정의되어야 하는데, 문제 해결에 필요한 새로운 기술개발을 인도하고 집중하는 데 필요하다. 슈리버 장군이 성공한 것은 그가 해결해야 할 문제를 분명히 알고 있었기 때문이다. 그의 목표는 몇 분 만에 지구 반대편으로 핵무기를 날려 보내는 것이었다. 공격 차단 계획은 성공했지만 육군의 미래 전투 시스템Army's Future Combat System과 같은 프로그램이 성공하지 못한 이유도 여기에 있다. 이 프로그램은 모든 장병을 위한 모든 것을 담으려 했다. 결국 그것이 충족하도록 요구된 너무 많은 조건의 무게를 견디지 못하고 무너지고 말았다.

평화 시의 진정한 변화는 민간과 군 양쪽 모두에서 비상한 리더십을 필요로 한다. 군사 관료들이 꺼려 하거나 저항한다면 민간 지도부만으로는 변화를 이루어 낼 수 없다. 도널드 럼즈펠드 국방부 장관은 이를 어렵게 알게 되었는데, 주로 고위 장교들을 얕잡아 보는 버릇으로 인해 군부에서 그를 경멸했기 때문이다. 민간 지도자들도 배리 포젠Barry Posen이 '군부의 독불장군'이라고 불리는 이들과 협력 관계를 갖는 것이 필요하다. 이들은 자신들의 특출난 전문 지식과 정당성을 갖고 군을 변화시키기로 마음먹은 예지력 있는 지도자들이다. 그러나 이 독불장군들은 혼자서는 좀처럼 멀리 가지 못한다. 그래서 그들을 도와줄 헌신적인 민간 지도자들이 필요하다. 특히 의회에서 그들에게 예산과 도덕적 지원을 제공하고, 그들의 길을 가로막는 장애물을 제거해 주어야 한다. 그리고 모펫의 경우처럼, 그들의 소속 기관이 그들을 해고하는 것을 막는 것을 포함해서, 관료제 내에서의 반대자들로부터 그들을 보호해 주어야 한다.

전쟁 없는 상황에서도 진정한 혁신이 가능해지는 것은 민간 지도자들과 군부의 독불장군들이 연합할 때이다. 이러한 연합이야말로 모펫, 빈슨, 후버의 연합이 성공했던 이유이며, 아이젠하워와 슈리버도 마찬가지다. 그러나 유감스럽게도 최근 몇십 년 동안 미국에서는 이런 일이 거의 일어나지 않고 있다.

또 다른 중요한 점은 군사 혁신이 결코 기술에만 국한되지 않고, 그것이 근본적인 것도 아니라는 점이다. 항상 더 중요한 것은 군대가 기술을 사용하여 무엇을 하려고 하느냐 하는 점이다. 즉 새로운 종류의 능력을 구축하고, 새로운 방식으로 운영하며, 새로운 전투 방식을 최대한 활용하기 위한 조직을 재구축하는 데 있어 기술을 어떻게 사용할 것인가에 대한 판단이다. 1990~2000년대 군사분야의 혁명에 연관된 문제는, 그것이 기술에 대한 물신숭배로 발전했다는 데 있다. 마치 새로운 역량을 습득하는 것 자체가 미군을 변화시킬 것으로 간주하는 듯했다. 이것은 오늘날 점점 더 큰 위험 요소가 되고 있다. 인공지능과 같은 신기술이 기존의 군사 시스템 위에 뿌려져야 할 마법의 조미료로 간주되고 있는 게 현실이다. 사실 진정한 군사 혁신은 기술보다는 작전적, 조직적 혁신에 관한 것이라는 점에 주목해야 한다.

실제 역사는 비슷한 기술을 가진 군사적 경쟁자들의 사례로 가득 차 있으며, 이들을 구별하는 것은 그들이 어떻게 그들을 사용하고 자신을 다르게 조직했는가 하는 것이다. 전형적인 사례는 1930년대 프랑스와 독일의 사례이다. 두 군대 모두 전차, 무전기, 비행기를 가지고 있었다. 그러나 프랑스는 제1차 세계대전에서 의존했던 방어 요새를 더 고도화하는 데 그러한 기술을 이용한 반면, 독일은 그러한 능력을 전격전이라 불리는 새로운 개념으로 발전시켰다. 그 결과 독일군은 프랑스의 방어 진지를 빠르게 돌파하면서 1940년 약 한 달 만에 파리를 점령할 수 있었다.

이처럼 전쟁이 없는 상황에서 실질적인 군사적 변화를 이끌었던, 이런 종류의 작전적·조직적 혁신은 추상적으로 이루어질 수 있는 것이 아니다. 지속적이고 실제적인 실험을 필요로 한다. 이는 새로운 기술과 역량을 작전을 수행하는 군인들에게 넘겨주어 그들이 새로운 것을 시도하고, 실패와 실수로부터 배우게 하는 것이다. 이는 새로운 개념을 가지고 처음부터 다시 실험을 할 수 있는 공간을 열어 주는 것을 의미한다. 이러한 방식이야말로 군이 다르게 작전하는 방법을 배울 수 있는 가장 좋은 길일 뿐만 아니라, 혁신가들이 변화를 위해 그들의 아이디어를 납득시킬 수 있는 가장 설득력 있는 방법이기도 하다. 새로운 능력과 개념의 채택은 필연적으로 낡은 것들을 버리는 일을 의미한다. 그 때문에 대부분의 사람들은 새로운 아이디어가 실제로 더 잘 작동한다는 것을 자신의 눈으로 직접 보기 전에는 그들이 가진 것을 포기하지 않으려 한다. 실제로 더 잘 작동할 때조차 기존 방식에 집착하며 변화에 저항하는 경우도 많다.

이는 지난 수십 년간 미 국방 기관이 범한 가장 큰 잘못 가운데 하나이다. 우리는 모펫이나 슈리버가 인정할 만한 그런 종류의 의미 있는 실험들을 추진하지 못했다. 군사 운용자들로 하여금 새로운 기술을 갖고 실험함으로써 새로운 군사적 역량에 필요한 요구사항을 새롭게 산출하도록 하는 것이 아니라, 거대한 관료적 위원회에게 그러한 요구사항을 추상적으로 정의하도록 허용하는 것이었다. 놀랄 것도 없이, 이러한 방식은 오늘날까지 우리 군을 괴롭히는 많은 조달상의 실패가 야기된 이유이다.

실전적인 합동전력을 실험할 수 있는 미군의 능력이야말로 늘어나는 군사 작전과 군사 예산 절감에 따른 압박으로 인해 가장 먼저 개선해야 할 일 중 하나였다. 예전에는 군사적 실험에 전념하도록 되어 있는, 4성 장군이 지휘하는 온전한 사령부, 즉 합동전력사령부Joint Forces Command가 있었다.[4] 그것이 실제로 한 일에 대해 너무 과장해서는 안 되겠지만 그래도 없는 것보다 나았다. 그러나 2011년 미군은 비용 절감 차원에서 이 부대를 해체했다.

그러나 이 모든 것을 뛰어넘는 한 가지 이유가 있다. 그것이 가장 중요한데, 그것이 없다면 평화 시기에 군사 혁신이 성공할 수 없는, 그 어떤 논박도 불필요한 요

---

4) [역주] 1999년 미국 대서양사령부에 교리의 연구개발과 평가를 담당하는 새로운 임무가 부여되면서 미국 합동전력사령부로 개편되었다. 2002년 북아메리카와 북대서양 전구에 대한 전투 임무를 북부사령부에 인계함으로써 순수하게 통합군 차원에서의 교리를 연구 개발하고 평가하는 실험적인 조직이 되었다. 테러와의 전쟁으로 국방예산 부족이 심각해지고 내부에서도 필요성에 대한 문제 제기가 있자, 2011년 예산 절감을 위해 폐지가 결정되었다. https://en.wikipedia.org/wiki/United_States_Joint_Forces_Command

소가 있다. 간단히 말하면 군대와 민간 지도자들이 변화하지 않으며 더 나쁜 일이 일어날 거라고 믿어야 한다는 점이다. 즉 그들은 변화보다 더 나쁜 일이 있으며, 변화에 실패할 경우 국가 간의 전쟁major war에서의 패배와 같은 재앙적인 결과가 당장 발생할 수 있다는 것을 현실적으로 믿어야 한다.

궁극적으로, 이것이 미국이 미래에 의해 이렇게 심각하게 매복공격을 당하게 된 더 심각한 이유다. 지금까지 너무 오랫동안, 우리는 변화하지 않으면 더 나쁜 일이 일어날 것이라고 진정으로 믿지 않았다. 우리는 도저히 상상할 수 없었다. 우리 자신의 우위에 대해 점점 더 오만해졌고, 현실로부터 더 멀어져 버렸다. 이는 워싱턴과 실리콘 밸리 모두를 괴롭힌 병폐였다. 미국인들은 냉전 이후 우리가 살았던 세계, 즉 초강대국이자 단극의 세계가 사실 역사상 가장 변칙적인 시기 중 하나이며 머지않아 끝날 것이라는 사실을 현실적으로나 본능적으로 인식하는 데 실패했다. 우리는 어떤 의미 있는 위협도 없다고 생각했기 때문에 혁신을 시도하거나 기존의 경로에서 벗어나야 할 필요를 느끼지 못했고, 그렇게 하지 않은 데 대한 불이익도 거의 없었다.

이러한 긴박함의 부족은 우리의 경쟁력을 약화시켰다. 미국의 국제적 지위에 흡족해하면서 그 어떤 위협에 대해서도 심각하게 생각하지 않는 안일함에 젖어 들게 되었다. 우리들이 누리고 있는 평화와 번영의 시기는 우리의 덕목, 가치관, 권력의 결과이며, 이 모든 것이 영원할 것이라고 스스로 확신했다. 우리는 이와 반대되는 증거들을 걸러냈고, 심지어 그것이 우리의 얼굴을 응시하고 귀청을 울리고 있을 때에도 우리의 선입견을 움켜쥐고 놓지 않았다. 심지어 9·11 테러와 그로 인한 모든 실수와 가슴앓이조차도 우리를 근본적으로 망상에서 벗어나게 하지 못했다. 시간이 지나면서 우리의 오만함은 무지를 잉태했고, 점차 전략적 상상력의 위축과 인간사에 있어서 비극의 지속성에 대한 깊은 망각으로 이어졌다. 결국 이러한 점들이 우리가 필요하다고 말한 많은 것들을 하지 못한 이유를 설명해 준다.

"군사적 실패에는 공통된 원인이 있다." 미군에서 두 번째로 계급이 높은 윌리엄 오웬스William Owens 제독이 2000년 퇴역 직후에 이렇게 썼다. "그 중심에는 위험한 우쭐거림, 혁신에 대한 제도적 제약, 그리고 기존의 통념에 의문을 제기하지 않는 경향이 있다." 그리고 그는 "가장 많이 우쭐거리는 쪽이, 그리고 과거에 대한 해석이 미래에 대한 가장 좋은 지침이라고 확신하는 쪽이 다음 전쟁에서 패자가 되기 십상이다."라고 말했다.5) 이러한 경고의 말이 20년 전보다 오늘날 훨씬 뚜렷하게 들린다. 그 이유는 미국의 국방 기관과 정치 지도자들 그리고 미국인들이 대면한 가장 중요한 문제는, 상황에 대한 인식이 달라졌는지 여부, 즉 우리가 실제 변화하지 않으면 안 되는 더 나쁜 어떤 것이 존재하는지를 정말로 믿고 있는가에 달려 있기 때문이다.

✥

　나 자신은, 변화하지 않으면 안 되는 더 나쁜 것이 있다고 믿는다. 그리고 이 모든 것은 중국 공산당과 관련된 것이다. 이는 블라디미르 푸틴 집권하의 러시아가 위협이 되지 않는다는 것을 의미하지 않는다. 반대로 푸틴은 필요한 모든 수단을 통해 러시아의 이웃에 대한 지배력을 행사하고, 나토 동맹을 약화·분열시키기 위해 노력하고 있다. 더 나아가 미국과 유럽 국가들의 국내 정치에 개입하여 민주주의 체제의 정당성에 대한 시민들의 신뢰를 떨어뜨리기 위해 노력하겠다는 것을 자신의 언행을 통해 여러 차례 분명히 했다.

　그러나 러시아가 제기하는 도전은 중국에 비해 그리 강력하지 않다. 러시아는 시간이 지나도 강해지지 않을 것이다. 그것은 점점 약해질 것이고, 실제로 푸틴의 위협도 단기적인 것에 그치게 될 것이다. 그러나 푸틴은 의도를 분명히 밝히고 있지만, 권력을 창출할 능력은 제한되어 있다. 이에 반해 중국 공산당은 미국이 지금까지 직면한 그 어떤 경쟁국에 비해 훨씬 광범위한 국력을 창출할 능력을 보유하고 있다.

　냉전은 종종 강대국 간의 경쟁이라 불린다. 충분히 타당한 이야기지만 소련은 결코 미국의 상대가 아니었다. 국력이 정점에 달했을 때 소련의 GDP는 미국의 약 40%에 불과했다.[6] 드넓은 세계 경제로부터 크게 고립되어 있었고, 국내 기술 혁신 기반도 취약했다. 소련은 강대했지만 결코 미국의 동급 수준의 상대peer는 아니었다.

　중국은 미국의 동급 상대로 부상하고 있으며, 그 이상이 될 수 있다. 중국은 세계 경제로 통합되어 있고, 복제 산업뿐만 아니라 점점 더 혁신적이고 세계 주도적

5) William Owens, with Ed Offley, *Lifting the Fog of War* (Baltimore: Johns Hopkins University Press, 2001), 20.
6) Robert O. Work and Greg Grant, *Beating the Americans at Their Own Game: An Offset Strategy with Chinese Characteristics* (Washington, DC: Center for a New American Security, 2019), 1.

기업들을 통해 기술개발의 국내적 기반을 발전시키고 있다. 이미 구매력 평가에서는 미국을 앞질렀고, 이르면 2030년까지 세계 최대 규모의 국내총생산을 기록할 것으로 예상된다. 미국이 자국보다 더 큰 경제력을 가진 경쟁국이나 경쟁국 집단과 마지막으로 맞닥뜨린 것이 19세기였다. 당시는 미국이 세계적 우위를 차지하기 전이었다. 그리고 더 거대한 국력을 창출할 수 있는 중국의 잠재력을 감안할 때, 미국 역사상 이런 규모의 도전을 결코 직면해 본 적이 없다.

중국이 제기하는 도전은 중국이 평범한 민족국가가 아니라는 점에 의해 증폭된다. 중국은 수천 년의 시간 동안 중화中華의 나라로 군림해 왔다. 중국은 스스로를 세계의 우월한 중심으로 내세웠으며, 중국을 둘러싼 주변 국가들은 위계적인 조공체계에 의해 관리되는 열등한 국가로 간주되었다. 사실 거의 5천 년의 역사적 경험에 대한 유일한 예외는 1839년부터 1949년까지다. 이 시기는 내전에 시달리며 외국의 제국주의 열강에 농락당했던 기간으로 중국인들이 '치욕의 세기'라 부른다. (당시 미국은 제국주의 열강에 포함되지 않는다.) 수천 년의 지배에 대한 단 1세기의 예외가 있었던 세계 역사의 한 순간에 우연히도 미국은 유력한 강대국으로 부상했다.

특히 미국인은 중국의 부상, 아니 중국의 복귀와 함께 일어나는 세계적 수준의 세력 균형의 전이에 따른 엄청난 변화를 이해하기가 어려울 수 있다. 미국인들이 알고 있는 유일한 세계, 즉 우리가 지배하는 세계는 대부분의 중국인 입장에서는 사물의 자연 질서로 인정하거나 받아들일 수 없는 세계이다. 이러한 인식의 차이만 갖고 양국이 '전쟁의 운명'에 빠져 있다고 말할 수 있는 것은 아니지만, 그레이엄 앨리슨이 쓴 것처럼 긴장감이 조성될 수밖에 없다.[7]

또한 미국인들은 중국 공산당의 지도자들이 얼마나 이념적으로 동기부여된 공산주의자들인지를 충분히 이해하기 어려울 것이다. 과거에도 논란이 됐겠지만 2012년 시진핑이 국가주석이 된 이후에는 더욱 그렇다. 스스로를 마오쩌둥의 이념적 계승자로 부각시켜 온 시 주석은 정부와 문화에서 전통적 공산주의의 부흥을 이끌고 있다. 기업과 군에 대한 당 통제력을 강화했으며, 많은 정치적 경쟁자들을 배척하거나 숙청했다. 마오쩌둥 이후 그 어떤 중국 지도자보다도 강력한 권력을 장악했다.[8]

---

7) Graham Allison, *Destined for War: Can America and China Escape Thucydides's Trap?* (New York: Houghton Mifflin Harcourt, 2017).

8) Jude Blanchette, *China's New Red Guards: The Return of Radicalism and the Rebirth of Mao Zedong* (New York: Oxford University Press, 2019).

실제로 시 주석은 2018년 중국 헌법에서 대통령 임기 제한을 철폐한 뒤 중국을 무기한 통치할 것처럼 보인다.

시 주석을 비롯한 중국 공산당 내 지배계급인 소위 태자당(太子黨)[9]에게 공산주의 이념은 지나간 시대의 유물이 아니라 그들의 행동과 공식적인 국가 정책의 토대를 제공하는 의미 있는 지침으로 보인다. 유출된 공산당 문서에 따르면 시 주석 자신부터 시작해서 중국을 통치하는 이들이 모든 형태의 자유주의적 영향력에 대해 심각한 피해망상적 태도를 보이며 이념적으로 적대적이라는 것을 잘 알 수 있다. 그들은 입헌 민주주의, 인권, 자유 언론, 시민 사회, 그리고 정부에 대한 공개적 반대를 서구 열강들, 무엇보다 미국이 중국 공산당을 약화시키기 위해 사용하는 무기로 간주한다.[10] 호주의 언론인 출신 정치인 존 가닛John Garnaut은 "서구 자유주의에 대한 음모론이 없다면 중국 공산당은 존립 근거를 상실하게 된다. 전위 전당도 유지할 필요가 없을 것이다. 시 주석이 당에 대해 관여하기도 어려울 것이다."고 말할 정도다.[11]

이런 식으로 첨단 기술에 대한 중국의 타고난 욕망을 그토록 골치 아프게 만드는 것이 중국 공산당의 이념이다. 시 주석은 국가주석 취임 이후 중국의 자원을 동원하여 5G 통신망, 생명공학, 인공지능 등 첨단 역량을 전례 없이 포괄적으로 추구했다. 시 주석을 비롯한 중국 지도자들은 이러한 신기술이 중국이 미국을 '뛰어넘어' 세계 최고의 강국이 될 수 있도록 해 줄 것이라고 확신하고 있는 것 같다. 시 주석의 통치하에서, 중국은 첨단 기술을 중국의 국가 정체성과 함께 중국을 세계 질서의 중심으로 복귀시키겠다는 공산당의 운명적 인식과 불가분의 관계에 있는 것으로 보고 있다.[12]

---

9) [역주] 태자당은 혁명 원로의 자제들로 현재 중국의 권력층을 형성하고 있다. 시 주석의 아버지 시중쉰(習仲勳)도 8대 혁명 원로의 한 명이다.

10) "Document 9: A ChinaFile Translation," *ChinaFile*, November 8, 2013, http://www.chinafile.com/document−9−chinafile−translation.

11) Bill Bishop, "Engineers of the Soul: Ideology in Xi Jinping's China by John Garnaut," Sinocism, January 16, 2019, https://sinocism.com/p/engineers−of−the−soul−ideology−in.

12) 기술과 안보에 관련된 중국 정부의 입장에 대한 더 상세한 논의를 위해서는 Elsa Kania 의 다음 저서를 참조. *Battlefield Singularity: Artificial Intelligence, Military Revolution, and China's Future Military Power* (Washington, DC: Center for a New American Security, November 28, 2017).

세계 기술 초강대국이 되려는 중국의 야망은 최근 일련의 전면적인 국가 전략과 산업 정책에 명시되어 있다. 2015년 발행된 《중국제조中國制造 2025》[13])에는 2025년까지 로봇, 항공우주, 생명공학, 5G 네트워크 등 첨단 정보통신 기술 등 10개 첨단 산업에서 중국을 세계 선두국으로 자리매김하려는 의지가 표현되어 있다. 《국가 혁신주도 발전전략》[14])은 2030년까지 중국을 마이크로 전자와 원자력에서부터 양자 기술과 우주 탐사에 이르기까지 과학 기술의 '혁신 리더'로 만들겠다는 전략을 담고 있다. 중국은 2017년 7월 《신세대 인공지능 개발 계획》을 발표했는데, 전 구글 최고 경영자이자 알파벳Alphabet 회장인 에릭 슈미트Eric Schmidt는 중국의 목표를 다음과 같이 설명했다. "중국은 2020년까지 우리를 따라 잡게 될 것이다. 2025년이 되면 우리보다 앞설 것이다. 그리고 2030년에는 중국이 인공지능 산업을 지배할 것이다."[15])

이러한 국가 계획과 산업 정책을 의미심장하게 만드는 것은 놀랄 만한 규모와 절박함이다. 예를 들어 미국 정부도 독자적인 인공지능 계획을 발표했다. 오바마 행정부는 중국보다 먼저 발표했고 트럼프 행정부는 그 이후에 발표했다. 하지만 이 문서들은 구체적인 실행 계획을 담고 있다기보다는 열망을 표현한 것이었다. 그것들은 주로 중급 관리들에 의해 작성되었는데, 재정투자에 있어 의미 있는 결과를 거의 이끌어 내지 못했다. 이와는 대조적으로, 중국의 계획은 중국 공산당과 인민해방군의 최고위직에게 최우선 과업으로 부여되었고 특히 시 주석 자신에게도 마찬가지였다.[16]) 그리고 이러한 계획은 수천억 달러의 국가 주도 투자를 통해 지원을 받고 있다.

중국 공산당의 기술적 야망이 미국에 더욱 위협이 되게 만드는 것은 중국 정부가 그것을 실현하기 위해 감행하고 있는 방법들이다. 중국 정부는 세계 최고 수준의 기술을 획득하기 위해 체계적인 활동을 전개하고 있는데, 무역 기밀과 지적 재산권

---

13) [역주] 2015년 중국의 제조업을 발전시키기 위해 중국 정부가 제시한 국가전략계획과 산업정책 중장기 계획서다. 주요 내용으로 핵심 물질의 중국 생산 비율을 2020년까지 40%, 2025년까지 70%까지 올리겠다는 목표를 천명하고 있다.
14) [역주] 2016년 중국 국무원은 2050년 세계 과학기술 혁신 강국으로 부상하기 위해 제시한 발전전략으로 혁신형 국가 건설의 단계별 발전 목표를 설정하고 있다.
15) Patrick Tucker, "China Will Surpass US in AI Around 2025, Says Google's Eric Schmidt," *DefenseOne*, https://www.defenseone.com/technology/2017/11/google-chief-china-will-surpass-us-ai-around-2025/142214/.
16) Kania, *Battlefield Singularity*, 15.

을 훔쳐 오기 위해서라면 필요한 수단과 방법을 가리지 않고 있다. 여기에는 사이버 정탐과 인간 첩보 활동을 통한 대규모 해외 정보 공작이 포함된다. 중국에서 영업활동을 하는 외국 기업에 대해서는 제조업체든 판매업체든 중국에서 사업하는 대가로 그들의 지적 재산을 중국에 넘기도록 압력을 가한다. 미국 대학 등 외국 연구기관에 유학 중인 중국인들은 동료를 염탐하고 그들의 연구 결과를 빼돌려 중국 정부에 넘기도록 강요받고 있다. 실리콘 밸리 등지에 있는 첨단 기술 스타트업에 상당한 자본을 투자하기도 한다. 이를 통해 소유권 장악함으로써 그들의 지적 재산을 중국으로 보내는 일도 여기에 포함된다.

더욱 걱정스러운 것은 중국 공산당이 첨단 기술을 통해 가져올 불안한 결과이다. 외부로부터 중국으로의 자유로운 정보 유입을 막기 위해 만들어진 정교한 프로젝트가 '거대한 방화벽Great Firewall'이었다. 여기서 시작된 것이 중국 정부에 의해 전면적이고 디스토피아적인 형태의 기술 권위주의로 발전했다. 얼굴 인식 기능이 강화된 전국적인 온라인 모니터링과 감시 카메라 시스템은 온-오프라인에서 중국 시민들이 말하고, 활동하고, 글을 쓰고, 물건을 사는 모든 것을 감독한다. 이 모든 개인 정보는 포괄적인 '사회 신용' 체계를 구축하는 데 사용된다. 여기서 중국 정부는 모든 시민에게 애국심, 충성심 그리고 정부 정책에 대한 순응도에 따라 점수를 매긴다. 국가가 규정한 덕성에 따라 우버식 등급 매기기를 하고 있는 것이다. 여기서 점수를 잘 받은 사람들은 은행 대출이나 정부 지원, 장학금, 좋은 학교 그리고 다른 특전을 통해 보상을 받게 된다. 점수가 나쁜 사람은 이러한 혜택을 받지 못할 수 있다. 이는 기술을 이용해 독재 체제를 완벽하게 만든 인류 역사상 가장 단호하고 포괄적인 노력이라 할 수 있다.

군사적 의미 또한 심각하다. 중국 공산당이 해외에서 취득하거나 훔치는 모든 지적 재산, 국내 기술 기업들이 이룩하는 모든 기술 혁신, 미국 기업과 연구 기관들이 중국에서 수행하는 모든 합작 사업들에서 이루어지는 모든 것들이 '민군 융합'의 중국 교리에 따라 인민해방군에게 직접적인 혜택을 줄 수 있다. 이게 중국의 법이다. 그리고 시 주석이 말했듯이, 목표는 "2035년까지 국방과 군사 현대화를 완료하고, 21세기 중반까지 인민군을 세계적인 군대로 완전히 탈바꿈시키는 것"이다. 시 주석이 2018년 얼룩 전투복과 전투화를 신고 고위 장성들에게 말한 것처럼, 군은 첨단기술을 활용하여 '전쟁과 전투 준비'에 집중할 수 있는 것이다.[17] 그래서 미국 기술 기업들이 국방부와 협력하기를 거부하고 중국에서 사업을 하게 되면, 그 실질적인 효과는 미국의 군대에는 기술을 제공하지 않으면서, 알든 모르든 중국 군대에 그것을 제공하는 것이 된다.

중국 공산당의 목표는 시 주석의 발언과 민간 부문을 관장하는 법 규정에서뿐 아니라 놀랄만한 군사력 확장에서도 명백하다. 중국의 군사 예산은 2006년 이후[18] 400퍼센트 증가했으며, 정확한 연간 군사 지출 규모를 밝히지 않았지만, 이 수치는 중국의 GDP와 함께 계속 증가할 것이 분명하다. 이러한 돈으로 중국 기획자들이 말하는 '개입 차단 전력'[19]이라 부르는 것보다 훨씬 많은 것을 보유하고 있다. 여기 에는 아시아 태평양 지역의 공해와 영공에서 미군이 작전할 수 있는 능력을 거부하 기 위한 보다 정교한 방공망과 모든 사거리의 첨단 미사일이 포함된다. 중국 공산당 은 또한 도서 점령을 용이하게 할 수 있는 수륙양용 함정을 갖춘 해병대 전력의 확 대를 비롯하여, 대함 순항미사일과 다른 첨단 무기로 무장한 현대화된 전투기와 폭 격기 등 군사력을 투사하는 데 필요한 선진화된 역량을 갖추는 일에 더 많은 투자를 하고 있다.

중국 공산당의 군사력 증강의 중심축은 해군이다. 400여 척의 함정과 잠수함을 보유한 중국 해군은 288척의 미 해군을 이미 앞질렀다. 2015년에서 2017년 사이에 중국 조선소는 미국 조선소보다 2배 많은 톤수의 해군 함정을 진수했다.[20] 중국은 10년 안에 총 550척의 함선과 잠수함을 해상에 투입한다는 목표를 향해 매년 거의 12척의 새로운 함선을 건조하고 있다.[21] 루양급 유도미사일 구축함 및 장카이급 유

17) David Lague and Benjamin Kang Lim, "How China Is Replacing America as Asia's Military Titan," *Reuters*, April 23, 2019, https://www.reuters.com/ investigates/special−report/china−army−xi/.

18) Joe McDonald, "Military Parade Will Be Rare Look at China's Arms, Ambitions," *Associated Press*, September 29, 2019, https://www.apnews.com/ca6f789c8b954 93ba0a3327a042da596.

19) [역주] 중국이 아시아 태평양 지역에서 미국의 개입을 차단하기 위해 구축한 전력을 말한다.

20) David Lague and Benjamin Kang Lim, "China's Vast Fleet Is Tipping the Balance in the Pacific," *Reuters*, April 30, 2019, https://www.reuters.com/ investigates/special−report/china−army−navy.

21) Captain James Fanell (USN, Ret.), *China's Global Naval Strategy and Expanding Force Structure: Pathway to Hegemony* (testimony before the House Permanent Select Committee on Intelligence, hearing on China's Worldwide Military Expansion, May 17, 2018), https://docs.house.gov/meetings/IG/IG00/20180517/108298/ HHRG−115−IG00−Wstate−FanellJ−20180517.pdf.

도미사일 프리깃함과 같은 대부분의 신형 함정들은 동급 미군 전함과 유사한 수준이다. 그리고 이들 새로운 해군 전력의 상당수는 초음속 수면기동sea-skimming 순항 미사일과 같은 무기를 탑재하고 있는데, 미국 동급 무기와 비슷하거나 더 나은 성능을 자랑한다.

군사력 투사 능력을 향상시키고 있다는 점을 고려할 때, 중국 공산당의 야심이 중국 국경에만 국한되어 있다고 상상하기는 어렵고 실제로도 그렇게 보이지 않는다. 중국 정부는 야심 찬 경찰국가 지도자들에게 하이테크 권위주의의 첨단 무기와 도구를 수출하고 있는데, 이러한 도구들은 자국민들을 감시하고, 그들의 생각을 규제하고, 반대자들을 진압하는데 사용된다. 중국은 뇌물, 부패 그리고 다른 형태의 강요를 이용하여 미국과 가까운 동맹국을 포함한 다른 나라의 국내 문제에 간섭하고 있다. 그들은 아시아의 핵심 지역에서 미군을 몰아내기 위해 고안된 첨단 무기 개발에 박차를 가하고 있다. 이 지역은 수많은 미국의 일자리와 우리 번영의 상당 부분이 의존하고 있는 곳이다. 그리고 지난 20년 동안 중국은 다른 그 어느 누구도 동의하지 않는 아시아의 일부 지역을 자신들의 영토라고 주장하면서 세력을 확대해 왔다. 중국 공산당의 식욕은 먹을수록 더 커지고 있는 것으로 보이며, 그 식욕이 어디서 끝날지, 혹은 끝나지 않을지 여부는 알 수 없다.

대부분의 미국인은 평생 동안 미국의 군사력이 지배력을 행사하는 세계에서 살아왔다. 미국은 세계 어느 곳에서나 군사력을 투사할 수 있었고, 어떤 적대적 국가의 영토라 해도 침투할 수 있으며, 군사력이나 이를 이용한 위협을 통해 우리의 의지를 강요할 수 있었다. 미국이 이런 식으로 상대를 제압할 수 없는 시대가 올지도 모른다는 생각은 우리에겐 상상조차 할 수 없는 일이었기 때문에 우리는 문자 그대로 그것에 대해 생각하지 않았다.

하지만 이런 시간이 오고 있는지 모른다. 중국의 부상은 평범한 외교정책의 도전이 아니다. 전례가 없는 세계사적 사건으로 중국 권력이 붕괴되지 않는다면 중국은 우리와 기술적으로나 군사적으로 동등한 수준의 동급 국가로 부상할 것이다. 이러한 전략적 현실은 근본적으로 미국의 군사적 지배력의 침식과 미국 군사력의 상대적 하락으로 이어질 것이다. 전면전의 극단적인 경우가 아니라면, 한 강대국이 동급 경쟁 국가의 바로 옆 공간에 군사력을 투사하거나 군사적으로 자신의 의지를 강요하는 것은 역사적으로 매우 드문 일이다. 만약 미국과 중국 사이에 비슷한 일이 전개된다면, 그렇게 될 가능성이 높은데, 미국은 중국에 대한 군사적 우위를 더 이상 행사할 수 없는 새로운 세계에 적응해야 할 것이다.

　이러한 도전을 더욱 복잡하게 만드는 것은 미국인들이 최근 수십 년간 전쟁의 성격이 어떻게 변해 가는지를 제대로 인식하지 못했다는 점이다. 전쟁은 공격과 방어의 영원한 싸움이다. 공격 차단 계획으로 시작된 정밀 유도 무기의 개발은 냉전 이후 미국에게 결정적인 공격 우위를 제공했는데, 이는 미군만이 이러한 능력을 보유하고 있었기 때문이다. 그러나 정밀 타격 무기가 확산되면서, 1992년 초에 앤드루 마셜과 다른 사람들이 예견했듯이 공격보다 방어가 유리해졌다. 특히 이러한 상황은 중국과의 관계에서 분명하다. 항공모함과 같은 소수의 대형 플랫폼이 지구 반 바퀴를 돌아 다른 강대국의 뒷마당에서 우위를 차지하는 것은 극도로 어려운 일이다. 미국이 안고 있는 문제는, 수십 년 동안 우리가 전력을 투사하고 공격적으로 싸우기 위해 군대를 구축해 온 반면, 중국은 미국의 군사력 투사 능력에 대항할 수 있는 정밀한 킬 체인에 상당한 투자를 해 왔다는 점이다.

　지금 더 큰 위험은 상황이 진행되고 있는 방향인데, 미국의 군사적 지배력뿐만 아니라 중국과의 재래식 전쟁을 억제할 수 있는 미국의 능력 또한 지속적으로 침식하고 있다는 점이다. 만약 그러한 억제력이 사라진다면, 아시아 태평양지역의 대부분에서 중국이 그 공백을 메우게 될 것이다. 이 지역은 미국의 가장 가까운 동맹국들의 고향이자 세계 경제의 중심으로 수백만 미국인들의 직장과 안전 그리고 복지가 달려 있는 곳이다. 만약 그런 일이 일어나게 된다면, 미국인들은 중국의 군사력이나 다른 야망을 견제할 수 있는 것이 중국 공산당의 신중함이나 관대함뿐인 그런 세계에 살아가게 될지 모른다. 그렇지 않으면 중국과의 위기가 크든 작든 핵전쟁 직전까지 몰고 갈 정도로 미국 대통령이 강력한 의지를 발휘해야 할 터인데, 그런 일은 가능하지도 바람직하지도 않다.

　중국 공산당과의 전략적 경쟁이 부각되는 상황에서 중요한 것은 다름 아닌 우리가 미래에 어떤 세계에 살고 싶은지에 달려있다. 이번 경쟁은 우리 사회, 우리 경제, 우리 외교, 우리 가치관, 그리고 이를 공유하는 동맹국들을 총동원하는 일이 될 것이다. 그러나 이 모든 것의 토대는 미국의 하드 파워다. 왜냐하면 이 경쟁을 평화롭게 유지하는 유일한 방법은 중국 공산당이나 그 밖의 누군가가 공격이나 폭력을 통해 우리와 맞서기로 선택할지라도, 우리에게 가장 소중한 것을 확실히 지켜 낼 수 있는 확실한 군사력이 있어야 하기 때문이다. 그리고 그것이 내가 가장 우려하는 점이다. 미군이 상황을 이해하고, 결정을 내리고, 행동을 취하는 것, 즉 미군이 어떻게 킬 체인을 완료할 것인지를 결정할 총체적 기반이 전쟁의 미래를 감당하지 못할 것 같다. 지금의 킬 체인은 지나치게 단선적이며 경직되어 있으며, 너무 수동적이고 느리다. 역동적인 위협에 상당히 취약하고 반응도 늦다. 게다가 여러 개의 딜레마를 동시에 해결하기에는 계산 능력이 너무 떨어진다. 그래서 우리 국방 기관 내부에서는 미국이 중국과 같은 강대국과의 미래 전쟁에서 패할 수 있다는 우려가 커지고 있는 것이다.

나에게 이것은 우리가 변화하지 않으면 안 되는 이유이다. 대부분의 미국인들은 궁핍과 부당함, 공격과 약탈에서 벗어나 행복하게 살아왔다. 그러나 역사에서 알 수 있듯이, 많은 나라들은 힘으로 밀어붙이기만 하면 전쟁에서 승리할 수 있다는 것을 알고 있는 더 강력한 경쟁자들에 의해 고통을 받아 왔다. 우리가 중국 공산당이나 다른 경쟁자들에 대한 재래식 전쟁을 억제할 능력을 잃게 된다면 미국인들의 미래가 얼마나 위험해질지 예상할 수 있다. 이러한 상황이 의미하는 것은, 군사적 우위가 없는 상황에서도 미국인과 우리의 핵심 이익을 방어할 수 있는 다른 종류의 군사력을 건설하는 것이 필요하다는 점이다. 이러한 일이 언젠가는 가능하겠지만, 지금 우리에게 요구되는 일은 현재 진행 중인 신기술을 둘러싼 새로운 전략 경쟁에서 킬 체인을 새롭게 상상하기 위해 더 절박한 마음으로 경쟁에 뛰어드는 것이다.

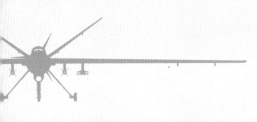

제6장

다른 종류의 군비 경쟁

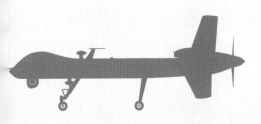

제6장

다른 종류의 군비 경쟁

2014년부터 80개 이상의 정부 대표들이 모여 살상용 자율 무기의 개발과 사용에 대한 국제적 금지를 검토해 왔다. 미 국방부는 살상용 자율 무기를 "일단 가동되면 인간 운영자의 추가적인 개입 없이 대상을 선택하고 교전을 할 수 있는" 기계로 정의하고 있다.[1] 이런 종류의 시스템이 군사 임무에 투입되면 자신의 특화된 인공지능을 이용해 목표물을 식별하고 목표물을 타격할 수 있다. 이 모든 것이 인간의 직접적인 통제 없이 이루어진다. 다른 말로 하면 의사결정 과정에 인간의 개입 없이 킬 체인을 완료할 수 있는 무기다. 이 무기들을 금지시키려는 반대론자들은 '살인 로봇'이라는 다른 이름을 사용한다.

중국 정부는 2018년 4월 "완전히 자율적인 살상무기체계의 사용을 금지하는" 국제 협정에 대한 지지를 표명했다. 하지만 악마는 디테일에 있었다. 중국은 이러한 첨단 무기의 개발을 금지할 것을 명시적으로 요구하지 않았으며, 자신들의 공식적인 정책 성명에서도 살상용 자율 무기를 믿을 수 없을 정도로 좁게 정의했다. 이렇게

---

1) Department of Defense, *Directive 3000.09: Autonomy in Weapon Systems* (Washington, DC: Department of Defense, November 21, 2012, updated May 8, 2017), https://www.esd.whs.mil/portals/54/documents/dd/issuances/dodd/3000 09p.pdf.

함으로써 그들이 사용하지 않을 거라고 말하는 바로 그러한 종류의 시스템을 인민 해방국이 우선적으로 개발하려는 노력들이 포착되지 않도록 한 것이다. 중국이 자율 무기 사용 금지를 촉구한 바로 같은 날, 중국 공군은 완전히 자율화된 지능형 전투 드론 군집 개발 사업을 발표했다.[2]

이는 중국이 수년간 해 온 군사 개발 노력과 최근 발간된 《2019 국방백서》에서 '지능화된' 전쟁의 미래를 구상한 글들과 맥을 같이 한다. 중국의 군사 기획자들은 "다차원, 다영역 무인 전투 무기 시스템의 시스템system of systems을 전장에" 구축하 려는 자신들의 욕망을 숨기지 않는다.[3] 이는 어디서나 작동하는 로봇 전투 시스템 으로 해석되는데, 자율적 잠수함으로 구성될 '수중 만리장성'을 포함하여 공중과 우 주, 지상과 해상 어디서나 운용될 것이다. 100대 이상의 자율적인 고정익 비행기의 군집 기동 실험과 같이 첨단 기술의 군사적 활용에 대해 일부 세부사항은 알려져 있 지만, 중국군이 지능화된 전쟁 방식을 추구하는 데 있어 어느 정도 진전을 이룩했는 지에 대해서는 분명하지 않다. 그러나 중국 공산당의 야망에 대해 조금이라도 의구 심을 갖고 있다면, 중국 군사박물관에 전시된 모형을 보면 될 것이다. 여기에는 항 공모함 한 대가 무인 전투기의 '군집 공격'을 받아 압도당하는 모습을 묘사하고 있 다.[4]

이러한 시스템 중 일부는 중국 공산당이 집권 70주년을 맞아 2019년 10월 베이 징에서 개최한 대규모 열병식에서 모습을 드러냈다.[5] 먼저 DR-8이 등장했는데, 이 는 중국의 '항공모함 킬러' 대함 탄도미사일에 표적 데이터를 제공하는 데 결정적인 역할을 수행할 것으로 추정되는 극초음속 드론이다. 이어 '공지攻擊-11' 혹은 '리젠利 劍'이 나왔는데, 이들은 2015년 조기 퇴역한 미 해군 X-47B와 꼭 닮은 것으로 무기 탑재를 위한 내부 저장공간을 갖고 있는 스텔스 무인 전투기다. 그 뒤를 DF-17 극

2) Elsa Kania, "China's Strategic Ambiguity and Shifting Approach to Lethal Autonomous Weapons Systems," Lawfare, April 17, 2018, https://www.lawfare blog.com/chinas−strategic−ambiguity−and−shiftingapproach−lethal−autono mous−weapons−systems.

3) Kania, *Battlefield Singularity*, 22.

4) Kania, *Battlefield Singularity*, 23.

5) Kyle Mizokami, "Here's What We Saw at China's Gigantic Military Parade," Foxtrot Alpha, October 3, 2019, https://foxtrotalpha.jalopnik.com/heres− what−we−saw−at−china−sgigantic−military−parade−1838676610.

초음속 미사일과 수중 만리장성의 일부가 될 수 있는 무인 잠수함 한 쌍이 따랐다. 이들 가운데 어느 것은 살상용 자율 무기로 보기에는 의심스럽기는 하지만, 그것을 본다고 해서 알 수 있는 것도 아니다. 그것들을 살상 무기로 만드는 것은 단지 컴퓨터와 연결된 보이지 않는 몇 개의 선이기 때문이다.

점점 더 많은 자율 무기를 개발하려는 여러 나라의 세찬 움직임은 '살인 로봇에 대한 세계적 군비 경쟁'에 대한 우려를 불러일으켰다.6) 그러나 그것은 빙하의 일각에 불과하다. 지난 수년 동안 '사이버 군비 경쟁'이 확대되고 있다는 우려가 제기되었다.7) 최근에는 '인공지능 군비 경쟁'8), '극초음속 군비 경쟁'9), '5G 군비 경쟁'10), '양자 군비 경쟁'11), '유전자 조작 군비 경쟁'12), 그리고 '새로운 우주 경쟁'에13) 대한 우려가 고조되고 있다. 러시아는 이러한 군비 경쟁에 대해 다소 우려를 표하는 반면, 중국은 관심의 주 대상이 되고 있다. 중국의 경제력과 재래식 군사력은 훨씬 더 두드러지지만 그 의도는 명확하지 않기 때문이다.

---

6) Billy Perrigo, "A Global Arms Race for Killer Robots Is Transforming the Battlefield," *Time*, April 9, 2018, https://time.com/5230567/killerrobots/.

7) Mark Clayton, "The New Cyber Arms Race," *Christian Science Monitor*, March 7, 2011, https://www.csmonitor.com/USA/Military/2011/0307/The-new－cyberarms －race.

8) Peter Apps, "Are China, Russia Winning the AI Arms Race?" Reuters, January 15, 2019, https://www.reuters.com/article/us－apps－aicommentary/commentary －are－china－russia－winning－the－ai－arms－raceidUSKCN1P91NM.

9) Richard M. Harrison, "Welcome to the Hypersonic Arms Race," TheBuzz (blog), National Interest, January 19, 2019, https://nationalinterest.org/blog/buzz/ welcome－hypersonic－arms－race42002.

10) Andrew Ross Sorkin, Stephen Grocer, Tiffany Hsu, and Gregory Schmidt, "5G Is the New Arms Race with China," *New York Times*, January 28, 2019, https://www.nytimes.com/2019/01/28/business/dealbook/us－china－5ghuawei －internet.html.

11) Martin Giles, "The US and China Are in a Quantum Arms Race That Will Transform Warfare," *MIT Technology Review*, January 3, 2019, https://www.tech nologyreview.com/s/612421/us－china－quantum－armsrace/.

12) Sy Mukherjee, "Goldman Sachs: China Is Beating the U.S. in the Gene Editing Arms Race," *Fortune*, April 23, 2018, https://fortune.com/2018/04/13/ goldman－sachs－china－gene－editingrace/.

13) Lara Seligman, "The New Space Race," *Foreign Policy*, May 14, 2019, https://foreign policy.com/2019/05/14/the－new－space－race－china－russianasa/.

중국의 많은 행동들이 자신의 영향력을 극대화하려는 신흥 강대국의 모습과 유사한 것은 사실이다. 문제는 이러한 행동이 피해망상적인 공산주의 정부의 모습과 거의 일치해 보인다는 점이다. 이러한 공산주의 정부는 국내에서 독재의 전제적 형태를 완성하고, 그 모델을 해외로 수출하면서 권위주의나 정실 자본주의 그리고 경찰국가의 같은 비자유주의적 가치를 전 세계로 확산시키기를 원한다. 그리고 중국 공산당은 인공지능과 같은 첨단 기술을 자신들의 야망을 실현시켜 줄 큰 기회로 보고 있다. 그리고 미국을 자신들의 야망에 걸림돌이 될 단 하나의 장애로 생각하고 있다. 그 이유는 단지 미국이 무엇을 해서가 아니라, 미국이 서구 자유주의의 가장 강력한 구현체로서 존재하고 있기 때문이다.

그래서 중국 공산당이 원하는 게 뭘까? '세계 수준의 군대'를 만들어서 무엇을 하자는 것일까? 우리는 중국이 가능한 가장 뛰어난 무기를 만들기 위해 첨단 기술이 제공하는 모든 기회를 잡지 못할 것이라고 생각하는가? 미국인들은 중국 공산당이 미국과 우리의 동맹국들보다 더 뛰어난 무기를 보유하는 세상에서 함께 살아갈 만큼 중국 공산당을 신뢰하는가?

많은 미국인들은 그렇지 않다. 이것이 바로 미국이 첨단 기술을 놓고 새로운 안보 경쟁에 휘말린 이유이며, 그 결과 중국 공산당과 경쟁하게 된 이유이다. 많은 미국인들은 곧 미국만큼 경제적으로나 군사적으로 강력해질 비자유주의적인 경쟁자의 의도와 야망에 대해 점점 더 깊은 불안감과 불신을 느낄 것이다. 이러한 느낌은 중국발 안보 우려를 누그러뜨리려는 미국의 오랜 초당적 노력에도 불구하고, 중국 정부에 의해 심화되고 있다는 점에 주목해야 한다.

많은 국방 및 기술 전문가들은 이러한 경쟁을 군비 경쟁으로 부르는 것에 반대한다.[14] 그들은 신흥 기술이 심지어 강대국 경쟁자들 사이에서도 승자독식 경쟁을 초월하고 상호 유익한 결과를 낳을 수 있다고 지적한다. 그들은 또한 인공지능과 같

14) See, for example: Justin Sherman, "Reframing the U.S. – China AI Arms Race," *New America*, March 6, 2019, https://www.newamerica.org/cybersecurity – initiative/reports/essayreframing – the – us – china – ai – arms – race; Michael Horowitz, "The Algorithms of August," *Foreign Policy*, September 12, 2018, https://foreignpolicy.com/2018/09/12/will – the – united – states – lose – theartificial – intelligence – arms – race; Paul Scharre, "The Real Dangers of an AI Arms Race," *Foreign Affairs*, May/June 2019, https://www.foreignaffairs.com/articles/ 2019 – 04 – 16/killer – apps.

은 기술과 관련된 대부분의 응용이 무기를 훨씬 넘어서게 될 것이라는 점을 정확하게 언급하고 있다. 이러한 능력은 국방 및 기술 전문가인 마이클 호로위츠Michael Horowitz가 '활성화 기술enabling technologies'이라고[15] 부르는 것으로, 광범위한 사회적, 경제적 변화를 가져올 것이다. 이를 통해 많은 사람들이 생활하고 일하는 방식과 장소 그리고 수단에 있어 혁신이 일어날 것이다. 이러한 기술을 국방 차원에서 활용할 때도 단순히 무기를 만드는 일에 국한되지 않을 것이다. 그것들은 또한 군수와 보건, 그리고 인적 자원 같은 다른 많은 비전투 기능에 대한 새로운 접근을 가능하게 할 것이다.

물론 이 모든 것이 사실이다. 그러나 실질적으로 말해서, 사람들이 새로운 첨단 무기 경쟁에 대해 경각심을 갖는 데는 이유가 있는데, 핵심 요소는 바로 **경쟁**이기 때문이다. 신흥 기술은 확실히 비군사적 분야에 광범위한 영향을 미치겠지만, 군사력의 특성도 변화시킬 것이다. 그리고 이러한 기술을 군사적으로 응용하여 먼저 개발하고 활용할 수 있는 행위자가 누구든지 간에 다른 행위자에 비해 결정적인 전략적 이점을 얻을 수 있을 것이다. 미국인들은 이러한 도전을 분명히 인식해야 한다. 중국 공산당 지도자들이나 블라디미르 푸틴과 같이 **이들**이 **우리**와 새로운 군비 경쟁을 벌이고 있다는 것이 우리에게 어떤 의미가 있는지 자문해야 한다.

이것은 기술의 결과가 아니다. 안보 경쟁의 기원은 항상 지정학의 산물이다. 이러한 경쟁은 첨단 기술을 개발하고 있는 강대국들 사이에 존재하는 불신과 군사적 우위 상실에 대한 우려에서 비롯된다. 이 때문에 미국과 중국이 신흥 기술을 놓고 전략적 경쟁에 빠져 있는데, 일부 핵심적 측면에서는 과거의 경쟁과는 다른 모습을 보일 것이다.

과거의 군비 경쟁은 전함, 미사일, 핵무기 등 군사 행동 수단에 국한되어 있었다. 물론 이러한 점도 확실히 현재의 군비 경쟁의 특징이 될 것이다. 일부 새로운 기술들은 첨단 미사일과 같은 더 나은 재래식 무기를 더 많이 확보하는 데 분명히 사용될 것이고, 미국과 중국은 이를 더 많이 획득하기 위해 경쟁할 것이다.

하지만 현재의 군비 경쟁에서는 이전과 다른 유례없는 무언가가 있다. 인공지능, 양자 정보 시스템, 생명공학, 새로운 우주 기술 등 새로운 활성화 기술을 확보하

---

15) Michael Horowitz, "Artificial Intelligence, International Competition, and the Balance of Power," *Texas National Security Review* 1, no. 3 (May 2018): 41.

기 위한 경쟁도 치열해질 것이다. 그리고 이러한 기술이 비록 군사적이든 비군사적이든 간에 많은 인간 활동을 가능케 하겠지만, 이는 또한 킬 체인의 모든 단계, 즉 군대가 어떻게 행동할지뿐만 아니라 어떻게 상황을 이해하고 어떤 결정을 내릴지와 관련된 능력을 강화시킬 것이다. 주된 목표는 자신의 킬 체인을 완료할 수 있는 능력을 가속화하되, 경쟁자가 그렇게 할 수 있는 능력을 파괴하는 것이다. 주요 공격 목표는 군대에서 지휘·통제라고 부르는 것인데, 이를 통해 지휘관의 의도가 전장에서 군사적 효과로 바뀌게 된다. 다시 말해, 이러한 경쟁은 무기보다는 인지 능력에 더 많이 관련되어 있다. 그것은 정보를 둘러싼 경쟁이 될 것이다. 그것은 다른 종류의 경쟁이 되겠지만, 여전히 군사적 이점을 차지하기 위한 경쟁이 될 것이다.

༄྅ৡ৹

이러한 경쟁에서 이기기 위해서는 주요 특성을 잘 이해하는 것이 필요하다. 이미 명백해진 하나의 영역은 극초음속 무기이다. 이는 전통적 무기와는 완전히 다른 비행 특성을 가진 비행체다. 지금까지 무기는 두 가지 방식 가운데 하나로 비행할 수 있었다. 빠르지만 상대적으로 예측 가능하게 비행하거나, 상대적으로 느리지만 예측하기 어렵게 비행하는 것이다. 탄도미사일은 빠르지만 예측 가능하다. 그들은 주로 중력에 의해 결정되는 포물선 궤도를 따라 이동한다. 그것이 아무리 빠르게 비행해도 일단 발사되면 비행 경로와 충격 지점을 예측할 수 있다. 그렇기 때문에 그들을 요격할 수 있다. 반대로, 순항미사일은 통상적으로 느리지만 예측하기 어렵게 비행한다. 그들은 비행기와 같이 조종할 수 있기 때문에 어디를 향하고 있는지 알기 어렵다. 그러나 느리게 비행하기 때문에 요격할 수 있는 것이다.

극초음속 무기는 **빠르면서도 예측하기 어렵게** 비행한다는 점에서 과거 무기와 다르다. 발사 후에도 어디로 향할지 알기 어렵고, 매우 빠르게 비행할 수 있기 때문에 반응할 시간이 거의 없다. 얼마나 빠르냐 하면 음속의 5배 이상(시속 3,800마일 이상 또는 1초 이내에 약 1마일) 날아갈 수 있다. 이 속도의 무기라면 중국에서 태평양에서 가장 큰 미군 기지가 위치한 괌까지 날아가는데 약 30분 밖에 걸리지 않는다. 미국 관리들이 실토하고 있듯이, 현재 미국은 이 무기들을 방어하거나 추적하는 능력이 없다.

상업용 기술 기업들은 미군에게 극초음속 기술의 원천을 제공하지 못할 것으로 보인다. 이러한 능력은 주로 전통적인 방위산업체들에 의해 구축될 것으로 보이는데, 이들이 이러한 시스템을 개발할 수 있는 전문성을 갖추고 있기 때문이다. 그러나 미국이 극초음속 무기의 우선순위를 충분히 높게 정하지 않았기 때문에 개발이 늦어지고 있으며, 미국 관리들도 이제 중국이 앞서고 있다는 것을 공공연하게 인정하고 있는 실정이다. 중국은 극초음속 무기 개발에 필요한 전문화된 풍동을 비롯하여 고가의 인프라에 수십억 달러를 쏟아부었고, 여러 차례 시험 비행에서 성공한 것으로 알려졌다.

미국은 이를 따라잡기 위해 안간힘을 쓰고 있지만, 극초음속 무기를 개발하고 배치하는 데 많은 시간과 비용이 들 것이다. 미사일 한 발을 시험 발사하는 것만으로도 1억 달러 이상의 비용이 든다. 이 때문에 미국이나 중국, 그리고 다른 나라들이 획득할 극초음속 무기의 수는 제한될 것이다. 사실 이 무기의 엄청난 효과에도 불구하고 워낙 고가이기 때문에 가장 중요한 전략적 목표가 아니라면 사용을 꺼릴 가능성이 높다. 그럼에도 불구하고 미국과 중국은 이 무기들이 재래식 억제력을 유지하는 데 필수적일 것이며, 두 나라 모두 이 중요한 군사적 이점을 상대방에게 양보하고 싶어 하지 않을 것이기 때문에 개발과 비축에 나설 것이다.

극초음속 무기뿐만 아니라 초음속 순항미사일, 전자기파 레일건, 초고속 발사체와 이를 발사할 수 있는 새로운 장거리 대포와 같이 새로운 고속 무기를 개발하려는 노력은 이러한 무기에 대항하기 위한 경쟁을 이끌고 있다. 이러한 경쟁은 전통적인 군비 경쟁의 특징을 갖고 있지만, 레이저나 고출력 극초단파와 같은 최첨단 지향성 에너지 무기16)에 초점을 맞추고 있다. 오랫동안 이 기술을 개발하기 위해 노력해왔고 미국 정부는 지난 수십 년 동안 수십억 달러를 들여 개발해 왔지만, 보여 줄 게 거의 없는 실정이다. 사실 지향성 에너지 무기에 관한 우스갯소리가 있는데, 5년만 있으면 개발될 거라는 얘기를 지난 25년 동안 해왔다는 것이다.

그러나 이제 달라지고 있는 것 같다. 새로운 섬유 레이저는 과거의 화학 레이저보다 훨씬 더 개선되었다. 그들의 빔은 집중력이 높고 더 강력하다. 저출력 레이저는 이제 드론이나 차량 엔진에 구멍을 낼 수 있는 정도이다. 그리고 고출력 레이저는 항공기와 미사일에 대한 방어를 위해 개발되고 있다. 이 무기의 장점은 탄약 재

---

16) [역주] 지향성 에너지 무기(directed-energy weapon, DEW)는 흔히 레이저 빔이라 말하는 것으로 전자기파나 입자 빔을 고출력으로 생성하여 이를 발사함으로써 표적을 파괴 혹은 무력화시킬 수 있는 새로운 형태의 무기체계이다.

공급의 부담 없이 더 자주, 더 빠르게, 더 저렴한 비용으로 발사할 수 있다는 것이다. 예를 들어 전통적인 미사일은 무기당 1백만 달러 이상의 비용이 들고, 아무리 좋은 플랫폼이 있어도 발사할 미사일이 소진되면 아무 소용이 없게 된다. 반면, 지향성 에너지 무기는 한 발 쏘는 데 몇 달러 들지 않으며, 충분한 전력 공급만 이루어지면 무제한으로 발사할 수 있다.

남아 있는 큰 장애는 전력 용량이다. 어떤 위력으로든 지향성 에너지 무기를 발사하려면 많은 전력이 필요하다. 이는 육상 기지나 대형 차량 그리고 항공모함과 같은 원자력 선박 등 전력이 풍부한 곳에 먼저 배치되리라는 것을 의미한다. 드론 공격으로부터 중요한 군사시설을 보호하는 등 초기에는 공격적 역할보다는 방어에 지향성 에너지 무기가 더 많이 사용될 것이다. 현재 이 무기들은 초기 화기와 마찬가지로 다소 서툴고 제한적으로 사용되고 있지만, 거울이나 방열판과 같이 이 시스템에 대한 효과적인 대응책을 마련하기 위한 경쟁은 이미 시작되었다. 하지만 사상 처음으로 지향성 에너지 무기는 개발되고 있으며, 결국 모든 종류의 군사 플랫폼에 배치될 것이다.

군대가 데이터, 소프트웨어, 컴퓨터, 알고리즘, 정보 네트워크와 같은 디지털 특성에 의해 더 자주 정의될수록, 디지털 공격을 개시할 수 있는 무기에 더 큰 가치를 부여하기 마련이다. 특히 미국과 강대국들 사이에는 보이지 않는 사이버 전쟁이 지난 수년간 점차 격렬해지고 있다. 이 역시 전통적인 군비 경쟁의 특징을 많이 지니고 있다. 사이버 감시와 절도와 같이 이 분야의 경쟁은 새로운 것은 아니다. 현재 중국은 필자에 관한 상당한 정보를 갖고 있는데, 보안 허가를 받기 위해 작성된 조사가 중국에 넘어갔기 때문이다. 중국의 해커들은 2015년 미국 정부의 인사국에서 다른 미국인 1천9백70만 명에 대한 정보와 함께 그것을 빼돌렸다. 더 큰 의미는 사이버 영역과 전자기파 스펙트럼[17]이 미래 전쟁의 중심 전장이 될 것이라는 점이다.

F-35 합동 타격 전투기를 예로 들어 보자. 이른바 하늘을 나는 슈퍼컴퓨터다. 이 전투기는 첨단 디지털 시스템을 구동하는 800만 회 이상의 컴퓨터 코드를 포함하고 있다. 그럼, F-35는 많은 소프트웨어를 포함하고 있는 하드웨어인가? 아니면 항공기에 포장된 디지털 전쟁 시스템인가? 이것이 심지어 논쟁의 여지가 있다는 것

---

17) [역주] 전자기파 스펙트럼(electromagnetic spectrum)은 전자기파의 파장에 따라 구간이 나누어져 있는 것을 말하며, 무선 통신이 이루어지는 영역이기 때문에 이를 누가, 어떻게 장악하느냐가 지휘·통제의 관건이 될 것으로 보인다.

은 정보 혁명이 그만큼 널리 퍼져 있다는 것을 말해 준다. 이는 또한 현대 군사 시스템에 내장된 사이버상의 취약점과 이를 악용하는 사이버 공격이 얼마나 매력적인지를 잘 보여 준다. F-35의 가장 큰 위협은 단지 적의 미사일뿐만이 아니다. 심지어 F-35가 이륙하기 전에 사이버 공격을 받을 가능성도 있다.

인공지능의 적용은 자료의 훼손이나 오염에 초점을 맞춘 사이버 군비 경쟁에서 완전히 새로운 전선을 열게 될 것이다. 인공지능의 수준은 알고리즘을 길들이는 자료에 의존한다. 기계가 잘못된 작업을 하도록 조종받지 않는다면 인공지능은 그런 자료의 충실성을 보장한다. 그러나 군대가 적의 전차를 식별하기 위한 알고리즘을 돌리고 있는데 적군이 자료를 훼손하고 전차와 버스를 혼동하도록 지시한다면 그 결과는 엄청난 재앙이 될 수 있다. 즉, 인간이 의도하는 것과 정반대로 기능할 수 있는 것이 자율 기계다. 인공지능이 더욱 걱정스러운 이유는 그냥 놓아두어도 잘못된 자료가 입력될 경우 더욱 나빠질 수 있기 때문이다. 인공지능은 기술이 발전한 만큼 빠르게 발전하고 있지만 사이버 공격에 여전히 취약하다.

※※※

문제는 디지털이든, 극초음속이든 또는 지향성 에너지이든 간에 그것은 군사적 행동 수단인 무기로 사용될 것이며, 미국과 중국은 한때 강대국들이 전함과 탄도미사일을 놓고 경쟁했던 것과 같은 방식으로 이들 무기를 축적하기 위해 경쟁할 것이다. 특히 중국이 군사 현대화 과정에서 얼마나 많이 핵전력을 강조해 왔는지를 고려할 때, 그러한 경쟁에는 핵무기도 포함될 것이다. 여기서 더욱 도전적인 일은 새로운 기술보다는 강대국 간의 전략적 경쟁을 관리하는 일에 더 많이 연관되어 있다.

그러나 이것을 다른 종류의 경쟁으로 만드는 것은 킬 체인 전체에 혁명을 일으킬 새로운 활성화 기술이다. 이들 대부분은 상업적 기술 기업들에 의해 미국에서 개발되고 있다. 이러한 기술의 공통점은 군 지휘관이 감당해야 할 중요한 인지적 부담을 줄여 주는 능력이다. 군 지휘관은 고도의 위험부담이 있는 작전을 수행하는 동안 상황을 이해하고 결정을 내리며 행동을 취해야 한다. 이런 작전 상황에서는 엄청난 양의 정보와 고도의 복잡성으로 인해 이러한 자료를 처리할 수 있는 인간의 능력을 넘어서기 마련이다. 그러므로 이러한 활성화 기술에서 기대되는 가장 큰 효과는 군대가 전장에서 병력을 지휘하고 통제할 수 있는 군대의 능력을 강화시키는 것이다.

그것은 물리적 혹은 디지털 공간의 광범위한 영역에 영향을 미치는 현명한 결정을 더욱 신속하게 내릴 수 있는 인간의 능력을 향상시킬 것이다.

이처럼 광범위한 영향을 미칠 수 있는 기술 중 하나가 양자 정보 시스템이다. 예를 들어, 양자 센서는 전장을 더 잘 살펴볼 수 있기 때문에 이를 보유한 군대에 전례 없는 수준의 이해 능력을 부여하게 될 것이다. 양자 컴퓨터는 고전적 컴퓨터의 물리적 한계를 넘어서 지능화된 군대가 생산하고 수집하는 모든 자료를 처리하는 데 필수적인 도구가 될 것이다. 양자 컴퓨팅에 의해 전통적 형태의 암호가 쉽게 풀리면서, 이에 저항하기 위한 양자 저항 암호화 기술이 필요불가결해질 것이다.

2019년 9월 구글 연구진이 양자 컴퓨터가 기존 컴퓨터의 실제 한계를 뛰어넘는 연산을 수행할 수 있는 순간인 '양자 우위'를 처음 보여 줬다는 뉴스가 흘러 나왔다.[18]그 연구진은 고전적인 슈퍼컴퓨터로는 만 년이 걸릴 특정 연산을 자신들의 양자 컴퓨터가 단 200초 만에 해결했다고 주장했다. 실제로 어느 정도의 돌파구가 달성되었는지는 불분명하며, IBM의 양자 연구자들은 구글의 연구 결과에 대해 문제를 제기하기도 했다.[19] 이러한 논쟁은 중요하기는 하지만 더 중요한 점은 양자 우위의 순간이 다가오고 있다는 점이다. 사실 더 큰 문제는 구글이 양자 컴퓨터 기술을 미군들이 사용할 수 있도록 허용할 것인가 하는 점이다.

이 모든 혁명적 잠재력에도 불구하고 현실 세계의 문제를 해결하는 데 사용될 수 있는 양자 정보 기술은 아직 갈 길이 멀다. 이는 전통적인 암호를 해독할 수 있는 양자 컴퓨터를 만들고자 하는 사람들과 이를 막기 위해 새로운 형태의 양자 저항 암호화 기술을 만들고자 하는 사람들 사이에 경쟁이 벌어지고 있다는 것을 의미한다. 양자 시스템이 도입되더라도 그렇게 많지 않을 것이다. 양자 컴퓨터는 매우 복잡하고 정교하지만 매우 비싸기 때문에 미국과 중국이 각기 몇 대만 가지게 될지 모른다. 이러한 시스템은 대량의 역사적 자료를 분석하고 고급 알고리즘을 교육하는 데 유용할 수 있지만, 작전적으로나 전술적으로 활용하는 데는 제한적일 수 있다.

---

18) Sophia Chen, "Why Google's Quantum Victory Is a Huge Deal—and aLetdown," *Wired*, September 26, 2019, https://www.wired.com/story/why−googles−quantum−computingvictory−is−a−huge−deal−and−a−letdown/.

19) Edwin Pedault, John Gunnels, Dmitri Maslov, and Jay Gambetta, "On 'Quantum Supremacy,'" IBM Research Blog (blog), IBM, October 21, 2019, https://www.ibm.com/blogs/research/2019/10/on−quantumsupremacy.

보다 즉각적인 군사적 영향을 미칠 수 있는 활성화 능력은 생명공학이다. 생명공학은 이미 인간 유전학에 대한 이해를 높이고 있으며, 맞춤형 치료법과 기술을 통해 인간의 역량을 강화하고 있다. 이상하게 들릴 수 있지만, 생명공학에 기반한 인간의 수행 평가와 강화 노력은 이미 미군에서 흔한 일이다. 예를 들어, 엘리트 전사로 구성되는 특수작전부대는 후보자를 평가하고 근접 전투의 인지 및 생리적인 부하를 견디기 쉬운 사람을 식별하기 위해 정기적으로 이러한 종류의 기술을 사용한다. 근접 전투 상황에서 병사들은 매우 짧은 시간 내에 상황 이해와 의사결정 그리고 행동을 정확하고 반복적으로 실행해야 하기 때문이다. 이와 비슷하게, 인간의 수행 능력을 향상하는 것도 미군에서는 드문 일이 아니다. 예를 들어 조종사들은 중추신경계 자극제인 모다피닐과 덱스트로암페타민[20]을 정기적으로 복용하여 장시간 비행에서도 더 잘 이해하고 결정하고 행동할 수 있도록 하고 있다.

생명공학의 발전은 비록 중요한 확장이긴 하지만 대부분 지금까지 해왔던 일이 확대되는 것이다. 생명공학을 통해 누가 유전적으로 군대에 더 적합한지를 훨씬 더 정확하게 결정할 수 있다. 고도의 역동적인 조건에서 많은 수의 병력을 지휘·통제하면서 특정 군사적 과제를 성공적으로 수행해야 한다는 점을 감안할 때, 지휘관에게 더욱 중요한 일이다. 구체적인 관심사는 전투의 양과 속도가 증가하는 상황 속에서도 효과적으로 상황을 이해하고 올바른 의사결정과 행동을 단행할 수 있는, 인지적으로나 생리적으로 보다 뛰어난 사람이 누구인지를 찾아내는 일이다. 생명공학의 발전으로 개인의 역량을 향상시킬 수 있는 맞춤형 의약품 제공도 가능할 것이다. 군 지휘관의 수행능력 강화를 위해서는 기계 속도로 작전을 수행하는 군사력을 적절히 지휘·통제할 수 있도록 하는 맞춤형 생물학적 증강제가 포함될지 모른다.

인간의 수행능력을 향상시키는 일은 지능적인 기계를 인간에게 연결시킴으로써 인간 능력을 증강시키는 것까지 확장될 수 있다. 예를 들어, 뇌−컴퓨터 인터페이스 기술은 인간에게 컴퓨터를 연결함으로써 그들 자신의 인지능력을 보완할 수 있다. 인간에게 연결된 컴퓨터는 과도한 양의 감각 정보를 처리하거나 빠르게 전개되는 사건에 대한 정보를 제공하는 것과 같은 사소한 작업을 수행하게 된다. 이와 유사한 기술이 매우 유능한 디지털 보조자 역할을 담당할 수 있다. 인간 지휘관은 필요한

---

20) [역주] 모다피닐(Modafinil)과 덱스트로암페타민(Dextroamphetamine) 모두 집중력과 인지능력 강화를 위해 사용되는 것으로 의사처방에 의해 복용된다.

정보를 빠르고 정확하게 호출하고, 현재 다루지 않는 중요한 사건에 대한 정보를 갱신할 수 있다. 특히 자신보다 더 완벽하고 정확하게 상황을 이해하고 있는 지능형 기계의 권고에 따라 더 나은 결정을 내릴 수 있다. 이런 생명공학 기술을 통해 기계가 인간보다 더 잘하는 일을 할 수 있게 해줌으로써 인간이 해야 할 일, 즉 전쟁 수행에 있어 지휘와 통제 그리고 킬 체인의 완료에 집중할 수 있을 것이다.

생명공학을 둘러싼 경쟁에서 미국이 특정 윤리적 기준을 위반하리라 생각하기 어렵다. 하지만 중국 공산당에 대해서도 같은 말을 할 수 있을지는 의문이다. 중국은 이미 신장 위구르 자치구를 유엔이 말하듯이 소수 민족을 억류하기 위한 '대규모 수용소와 비슷한 곳'으로 바꾸어 놓았다.[21] 이 수용소에서는 세계 최초로 유전적으로 조작된 인간 아기를 생산할 수 있도록 허용했다.[22] 또 여기서는 비인간 영장류를 포함한 동물에 대한 유전자 실험을 용인하고 있는데, 이러한 실험은 미국에서 훨씬 엄격히 제한되어 있다. 중국이 특정 군사 임무에 최적화돼 있는 초인간superhumans을 유전적으로 만들어 내거나 합성 마약을 거꾸로 사용하는 것처럼 특정 집단이나 경쟁국 군대의 장병들을 감염시키는 정교한 생물전 전달체를 개발한다고 상상하는 것은 그리 큰 도덕적 비약이 아니다. 실제로 생명공학 분야야말로 미국과 중국 사이의 가치 차이로 인해 어떤 다른 분야에 비해 가장 큰 군사적 파급력을 가져올 수 있다.

킬 체인의 모든 측면을 변화시킬 또 다른 활성화 기술은 새로운 우주 능력이다. 미국과 중국 사이에 새로운 우주 경쟁이 진행되고 있는데, 고속 통신에서부터 고해상도 정보까지 모든 것을 제공하는 수천 개의 작은 위성들로 지구를 둘러싸려는 도도한 움직임에서 분명해 보인다. 새로운 우주 기반 능력은 군대를 지휘·통제하는 데 있어 핵심이 될 것이다. 오늘날보다 미래의 킬 체인은 훨씬 더 많이 우주를 통해

21) Stephanie Nebehay, "U.N. Says It Has Credible Reports That China Holds Millions of Uighurs in Secret Camps," *Reuters*, August 10, 2018, https://www.reuters.com/article/us−china−rights−un/u−n−says−it−hascredible−reports−that−china−holds−million−uighurs−in−secret−campsidUSKBN1KV1SU.
22) Josh Gabbatiss, "World's First Genetically Altered Babies Born in China, Scientist Claims," *Independent*, November 26, 2018, https://www.independent.co.uk/news/world/asia/china−babiesgenetically−edited−altered−twins−scientist−dna−crispr−a8651536.html.

이루어질 것이며, 군인들은 킬 체인을 완료하기 위해 단일의 플랫폼에 의존하는 것이 아니라 대규모 시스템 네트워크를 통해 이해, 결정, 행동의 과정을 분산시킬 수 있다. 그 결과 움직이는 대상을 찾아 추적하고 타격할 수 있는 '분초를 다투는 시간 민감형 표적처리targeting'가 획기적으로 빨라질 것이다. 이런 방식의 표적처리는 오늘날 드문데, 그 이유는 아직 위성이 부족하기 때문이다.

그러나 인공위성의 확산은 새로운 우주 경쟁의 시작일 뿐이다. 지금까지 우주선은 항상 연료를 재급유하는 것이 현실적으로 어렵기 때문에 한계가 있었다. 우주선은 우주로 날아갈 만큼의 연료만 가지고 있고, 연료를 소진하게 되면 더이상 운행할 수 없다. 이 때문에 우주선의 비행은 지구 궤도를 도는 것에서 벗어나지 못했다. 그러나 새로운 우주 기술의 등장으로 변화가 시작되고 있다. 실제로, 새로운 우주 경쟁은 우주를 향한 미래를 가능케 하고 보장할 수 있는 인프라를 지구 밖에서 구축하기 위한 경쟁이 될 것이다.

이 기술들은 현재 개발 중에 있다. 몇 년 후에는 지구에서 발사할 수 없는 복잡한 궤도 상의 인프라를 우주에서 점검하고, 조립하고 제조까지 할 수 있을 것이다. 우주에서는 태양 에너지를 흡수하거나 굴절시키는 대기를 통하지 않기 때문에 지구에서 가능한 것보다 훨씬 더 많은 태양 에너지를 포착할 수 있는 광대한 우주 기반 태양 에너지 단지가 포함된다. 전력 전송 기술은 그 에너지를 우주 곳곳으로 전달할 것이다. 우주 기반 채굴 기술은 달과 소행성에서 얼음을 추출할 수 있으며, 거기에 담겨 있는 산소를 이용하여 로켓에 연료를 공급하고 우주에서 인간 생명을 유지할 수 있을 것이다. 우주에서의 활동을 지원하기 위한 생산 수단은 점차 지구에서 벗어나 궤도 상의 기지 혹은 아마도 달로 옮겨갈 수 있다. 달에서는 우주선과 다른 중요한 우주 인프라가 3차원 프린팅과 첨단 가공법을 이용하여 생산될 수 있다. 이러한 얘기가 환상처럼 들리겠지만, 그렇지 않다.

시간이 지나면, 우주는 인간 활동의 독특한 영역으로 변모하게 될 것이고, 이것은 불가피하게 군사적 함의를 지닐 수밖에 없다. 향후 수십 년 동안의 우주 작전은 19세기의 해양 작전과 유사해질 것이다. 당시 산업화 시대의 강대국들은 자신들의 상업적 이익을 확장하고 방어할 목적으로 전 세계로 해군력을 투사하면서 이를 위한 지구적 차원의 석탄 공급소와 기타 인프라 네트워크를 구축했다. 우주 공간에서도 이와 비슷한 일이 일어날 것이며, 인류의 우주를 향한 미래를 형성하는 데 가장 큰 역할을 담당할 두 나라는 중국과 미국이 될 것이다. 따라서 그들의 전략적, 군사적 경쟁이 지구에만 국한될 것이라고는 상상하기 어렵다.

　모든 새로운 활성화 기술 중 아마도 군사적 관점에서 가장 중대한 것은 인공지능과 기계학습일 것이다. 이 기술의 가장 즉각적인 영향은 전쟁에 대한 인간의 이해를 향상시키는 능력이다. 이러한 기술들은 인간 지휘관들이 이용 가능한 정보를 바탕으로 더 나은 결정을 할 수 있도록 도와준다. 미군은 엄청난 자료에 파묻혀 있다. 그들은 강력하고도 정교한 감지장치 그리고 모든 기계를 사용하여 세상에 대한 엄청난 정보를 빨아들이고 있지만, 문제는 이를 이해하는 일을 사람에게 맡기고 있는 점이다. 간단히 말해 미군에는 이 모든 자료를 해석할 수 있는 인원이 충분하지 않으며, 앞으로도 그럴 것이다. 그 결과 미군이 수집하는 정보의 대부분은 사용되지 않거나 버려진다. 이는 완전한 낭비로 사람들의 생사가 걸린 문제를 결정하는 데 있어 충분한 정보를 제공하지 못하는 결과를 초래할 수 있다.

　인공지능은 아직 많은 것을 할 수 없지만, 감지장치에서 획득한 자료를 해석하는 것은 가능하다. 기계학습 알고리즘은 대량의 자료를 흡수한 다음 해당 정보 내에서 패턴과 물체 그리고 추세를 식별하는 데는 매우 효과적이다. 예를 들어, 이미지에서 사람을 식별하도록 훈련된 컴퓨터의 시각 알고리즘은 수백만 장의 사진을 빠르게 살펴보고 사람이 있는 사진을 찾을 수 있다. 기계는 이런 특정한 일을 인간보다 더 잘하며, 기하급수적으로 빠른 속도로 수행할 수 있다. 그들은 육안으로 볼 수 없는 인간의 모습도 골라낼 수 있다. 그리고 그들의 능력은 사람을 식별하는 데만 국한되지 않는다. 잘 훈련된 기계는 다양한 종류의 감지장치가 수집한 방대한 양의 정보 안에서 모든 종류의 물체, 소리 또는 신호를 찾아낼 수 있다.

　인간은 결국 잘 훈련된 지능적인 기계에게 킬 체인을 완료해야 하는 인지적 부담을 상당 부분 위임할 수 있게 될 것이고, 이로써 사람들은 전쟁에서 더 중요한 결정을 더 빨리 내리는 데 집중할 수 있게 될 것이다. 머지않아 인간의 의사결정은 기계에 의해 개선될 수 있을 것이다. 기계는 가장 효과적인 군사 행동 과정을 예측하고 권고할 수 있을 것이다. 이러한 일은 오늘날 미국의 전쟁 계획에는 포함되어 있지 않다. 미국의 전쟁 계획은 대체로 단선적이고 정적이며, 융통성이 없다. 이 계획들이 현실과 맞부딪히면서 살아남지 못하는 순간, 지휘관들은 다음 움직임을 즉흥적으로 만들어 내야 한다. 문제는 그들이 역동적인 환경을 파악하고 미리 계획했던 것과 다른 행동을 취하기 위해서는 새로운 방식으로 부대를 재구성해야 하는데 그런 능력이 결여되어 있다는 점이다.

알파스타가 스타크래프트Ⅱ를 익힌 것처럼 군대가 군사작전을 수행할 최적의 방법을 찾기 위해 수백 년의 시뮬레이션 경험을 활용해서 인공지능을 훈련시킬 것이라고 상상하기는 어렵지 않다. 실제 전쟁 중에 발생할 수 있는 모든 가능한 사건은 기계가 시뮬레이션에서 여러 번 직면했던 사건일 것이다. 기계는 인간 지휘관에게 주어진 상황에서 취해야 할 결정과 행동에 대해 정보에 기반한 권고를 할 수 있을 뿐만 아니라 성공할 확률을 계산할 수도 있다. 인간 지휘관들이 컴퓨터에서 만들어진 이러한 조언을 무시하는 것은 자유지만, 어쨌든 그렇게 하는 것은 그들이 지금 갖고 있는 것보다 더 나은 정보와 더 잘 고려된 선택지에 접근할 수 있게 해 줄 것이다.

더욱 중요한 발전은 지능형 기계의 출현이다. 지능형 기계는 인간이 직접 제어하지는 않지만, 여전히 인간이 정의하는 매개 변수 내에서 정보를 이해하고, 결정하고, 실행할 수 있는 시스템이다. 지능형 기계는 스스로 주변 환경을 이해하고, 환경을 탐색하며, 인간이 찾아내도록 알고리즘을 훈련시킨 정보를 식별하고, 그 정보에 기초하여 조치를 취할 수 있다. 이러한 동작이 복잡하기는 하지만, 인간이 로봇의 하드웨어와 그것의 지능형 소프트웨어 모두에 있어서 부과하는 제약과 기계 자체의 기술적 한계로 인해 통제된다. 살상용 자율 무기가 지능형 기계라는 것은 확실하지만, 군은 정보 수집부터 자동화된 물류에 이르기까지 폭력을 수반하지 않는 다양한 목적으로 지능형 비살상 기계를 사용할 수 있을 것이다.

이처럼 국가가 군사 시스템을 구축하고 이를 이용하여 어떻게 다르게 싸울 것인지를 고민한다면, 지능형 기계가 5G 통신보다 더 중요할 수 있다. 5G 네트워크는 보다 광범위한 경제적, 지정학적 목적을 위해 매우 중요하겠지만, 통신 네트워크는 사실 정보의 파이프에 불과하다. 파이프가 넓어지면 더 많은 정보가 더 빠르게 흐를 수 있고, 그런 점에서 5G 파이프가 가장 넓다. 그러나 정보의 흐름이 빨라진다고 해서 반드시 군대의 운영 방식이 바뀌는 것은 아니다. 그러나 지능형 기계는 변화를 가져올 것이다. 지능형 기계는 자신이 독자적으로 수집한 정보의 대부분을 해석하는데, 인공지능을 이용하여 자료의 바다에서 중요한 정보 조각을 식별해 내게 된다. 이러한 작은 정보 조각을 인간이나 다른 기계로 보내는 데는 5G 통신망을 필요로 하지 않을 것이다. 실제로 지능형 기계는 현재의 거대한 군사 시스템보다 일반적인 연결망을 통해 더 적은 정보를 전송할 가능성이 높다. 모든 정보가 아니라 중요한 것만 보내기 때문이다. 이를 통해 인간은 지능형 기계와 접촉을 유지하는 것이 훨씬 용이할 것이며, 군사작전 과정에서도 마찬가지다.

중국은 인공지능에 대한 군사적 경쟁에 관한 한 미국인들이 깎아내려서는 안 되는 큰 장점 하나를 갖고 있는데, 그것은 바로 엄청난 규모다. 인공지능의 가장 중요한 개발 과제 중 하나는 인공지능을 규모에 맞게 배치하는 데 있어 최근의 혁신, 특히 심층학습deep learning에 있어서의 혁신을 활용하는 것이다.[23] 이것은 엄청난 양의 자료와 이를 처리할 수 있는 컴퓨팅 능력을 필요로 한다. 이런 종류의 거대한 중앙집권적 운용은 중국의 권위주의 체제가 잘 해낼 수 있는 부분이다. 중국은 시민의 자유를 거의 고려하지 않고 13억 인구에 대한 자료를 축적하고 있으며, 중국 정부가 개발한 감시 기술을 채택하고 있는 나라도 증가하고 있다. 게다가 중국은 더 나은 컴퓨팅 기술을 개발하기 위해 질주하고 있다. 실제로 중국은 2014년부터 국내 반도체 공급망을 구축하기 위해 약 650억 달러를 투입했다.[24]

대부분의 미국인은 중국이 제기하는 첨단 기술 도전의 규모나 중국이 미국을 얼마나 빠르게 따라잡고 있는지, 그리고 일부 중요한 분야에서 이미 우리 자신의 역량을 능가했는지에 대해 제대로 알지 못하고 있다. 세계 20대 인터넷 기업 중 9곳이 중국 기업이다. 중국은 우리보다 5배 많은 공학자를 배출하고 있으며 연구자들의 숙련도에서도 미국과 대등해지기 시작했다. 2018년 세계에서 가장 많이 인용된 인공지능 관련 연구 논문의 절반 이상이 중국에서 작성된 것이다. 그리고 최근 몇 년 동안, 중국 연구진들은 얼굴과 목소리 인식 부문의 주요 국제 대회에서 우승을 차지했다.

중국의 기술 발전은 인공지능에서의 진전을 훨씬 뛰어넘는다. 중국의 회사들은 세계 상업용 드론 시장의 80%를 차지하고 있다. 중국 과학자들은 2017년 양자 통신 위성을 이용해서 베이징과 오스트레일리아 간에 처음부터 끝까지 양자 암호화 기술에 의해 보호되는 스카이프Skype 통화를 성공한 바 있다. 2년 뒤 중국은 달 건너편에 첫 우주선을 착륙시켰고, 달의 남극 부근에 기지를 건설하겠다는 계획을 발표했다. 이 기지 부근에는 우주의 기름인 얼음이 상당량 매장되어 있는 것으로 추정된

---

23) See Kai−Fu Lee, *AI Superpowers: China, Silicon Valley, and the New World Order* (New York: Houghton Mifflin Harcourt, 2018).

24) Gregory Allen, *Understanding China's AI Strategy: Clues to Chinese Strategic Thinking on Artificial Intelligence and National Security* (Washington, DC: Center for a New American Security, 2019), 19.

다. 미국에서 정부와 실리콘 밸리 간 이견이 지속되는 있는 반면, 중국 공산당은 인민해방군과 중국 기술 분야의 '군민 융합'을 지휘하고 있는 것이다.[25]

어떤 군비 경쟁에나 상당한 위험이 내포되어 있다. 우리가 대면해 있는 경쟁에서도 마찬가지다. 국가는 군사적 목적을 위해 기술을 개발하고 전력화해야 한다는 엄청난 압력을 느끼고 있는데, 이러한 기술의 사용을 통제할 명료한 정책이나 교리를 마련하지 못했거나, 해당 기술에 대한 전반적인 검증과 실험을 실시하지 않은 상태라 해도 마찬가지다. 이는 모든 신기술과 관련된 실질적인 우려인데, 특히 인공지능에 관련하여 심각하다. 인공지능의 경우 아직 가야 할 길이 먼 초보적 개발 단계에 있기 때문이다. 만약 이러한 과정이 신중하고 철저하게 그리고 정밀하게 진행되지 않는다면, 그 결과는 예측할 수 없고 무고한 시민들뿐만 아니라 사용자들에게조차 근본적으로 위험한 지능형 기계들을 배치하는 일이 될 수 있다.

더욱 불길한 것은 우리가 이렇게 새롭고도 다른 군비 경쟁을 회피할 수 없을 거란 점이다. 그 주요 이유는 '살인 로봇'의 개발과 사용의 금지를 위한 제네바 회의에 참석한 사람들과 같이 군비 통제의 옹호자들을 비롯하여 많은 사람들이 직면해야 하는 불편한 진실이다. 즉 역사상 가장 끔찍한 무기 사용을 제한하기로 한 합의의 대부분은 – 핵무기와 소이탄에서부터 독가스와 생물학 무기, 지뢰와 집속탄에 이르기까지 – 이러한 무기가 개발된 **후**이거나, 또는 전투에서 광범위하게 사용된 **후**, 혹은 그 무기들이 예상한 것만큼 효과적이거나 도움이 되지 않다고 판단한 **후**에야 그런 합의가 이루어졌다는 점이다. 예를 들어, 국가들이 겨자 가스를 금지하기로 합의한 주된 이유는 겨자 가스를 살포한 바로 그 병사들의 얼굴로 다시 불어오는 불운한 사례가 많았기 때문이다.

국가들은 여전히 특정 종류의 무기에 대한 국제 규범을 확립하기 위한 방법으로 군비 통제 협정을 추구할 수 있다. 그러나 인공지능, 로봇 자동차 그리고 다른 신흥

25) Kate O'Keeffe and Jeremy Page, "China Taps Its Private Sector to Boost Its Military, Raising Alarms," *Wall Street Journal*, September 25, 2019, https://www.wsj.com/articles/china‒taps‒its‒private‒sector‒toboost‒its‒military‒raising‒alarms‒11569403806.

기술들과 관련된 협정들은 군이 이를 무기화하지 않을 것이라는 어떤 실질적인 보장도 해주지 않는다. 예를 들어, 한 국가가 자율 주행 상용차를 생산할 수 있다면, 자율주행 전투차 생산에 어려움을 겪지 않을 것이다. 만약 한 국가가 비살상 군사 임무를 수행하기 위해 완전 자율 항공기를 생산할 수 있다면, 신속하고 손쉽게 그 항공기를 무장해서 전투 행위를 수행하도록 설정할 수 있다. 전장에서 이런 자율체제에 맞서기 위해서는 살상용 기술과 비살상용 기술을 구별하기 위해 고군분투할 것이다. 설령 어떤 국가가 경쟁국이 약속을 어기고 있지 않다는 것을 확인할 수 있다고 해도, 그것이 상대국의 실제 능력에 대해서는 거의 아무것도 말해 주지 않는다.

우리가 이런 이상한 종류의 경쟁에서 이기지 못할지 모른다는 불편한 현실을 직시해야 한다. 중국이 계속 더 부유해지고, 더 강력해지고, 더 기술적으로 발전한다면, 비록 전부는 아니더라도 미국과 같은 수준의 군사적 역량을 보유하게 되는 날이 올 것이다. 일부 영역에서는 중국이 미국을 능가할지도 모른다. 현실적으로 가장 좋은 시나리오는 이 경주에서의 승리하는 것이 아니라 동등한 균형parity을 유지하는 것이다. 그것은 우리의 군사적 경쟁자들을 지배하는 데 익숙한 많은 미국인에게 잘 어울리지 않을 수도 있지만, 비웃어 넘겨 버릴 생각은 아니다. 그것은 전쟁을 예방하는 방법이기도 하다. 고도의 능력을 갖춘 군대를 건설하고 그들의 능력을 우리의 경쟁자들에게 보여 주는 주된 목적은, '군대를 이용해 우리에게 대항한다면 당신들이 얻을 것은 아무것도 없고 모든 것을 잃게 될 것'이라는 사실을 상대에게 납득시키는 일이다.

미국에게 더 큰 위험이 되는 것은, 우리가 직면해 있는 중국 공산당과의 군사기술 경쟁의 진정한 중대성을 인식하지 못하고 있으며, 경쟁에 임하는 절박함이 부족하기 때문에 기술 경쟁에서 뒤처지고 있다는 점이다. 중국의 경우 시진핑 국가주석부터 중국 고위 지도자들이 총동원되어 신흥 기술에 있어 세계적 지도자가 되기 위해 놀랄 만큼 빠른 속도로 움직이고 있다. 그들은 이러한 기술이 뭔가 변화를 가져올 잠재력을 갖고 있다는 것을 알고 있다. 중국 지도자들에게 이러한 기술을 통해 구현해야 할 가장 중요한 것은 중국이 미국을 '뛰어넘어' 세계의 최강국으로 자리매김할 수 있는 능력이다.

미국이 이런 종류의 경쟁에서 이기지 못할지 모르며, 지금 당장 우리는 패배할 위험에 처해 있다. 우리는 이 경쟁에서 빠르고 과감하게 움직이기보다는 너무 느리고 조심스럽게 움직이고 있다. 그리고 그런 점에서 가장 중요한 새로운 군사 능력은, 현재 제네바에서 국제적인 논쟁의 초점이 되고 있는 무기들을 포함한 지능형 기계일 것이다. 문제는 미국이 사람이 없이도 킬 체인을 완료할 수 있는 지능형 기계를 만들 수 있느냐가 아니다. 더 심각한 문제는 우리가 그렇게 **해야 할지** 여부를 결정하는 것이다.

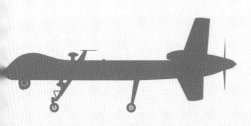

인간 지휘, 기계 통제

제7장

인간 지휘, 기계 통제

배럴 폭탄barrel bomb은 휘발유, 폭발물, 못, 유리, 볼 베어링, 너트, 볼트 그리고 다른 금속 파편으로 채워진 55갤런의 기름통으로 만들어진다. 어떤 사용설명서도 없다. 그것은 보통 헬리콥터에서 떨어뜨리거나 대충 굴리기만 하면 되는데, 헬리콥터에서 중력의 힘으로 수백 피트 떨어진 곳으로 낙하한다. 이 배럴 폭탄은 오직 한 가지 이유 때문에 존재하는데, 가능한 한 많은 사람을 죽이고 무차별적인 고통을 가능한 적은 비용으로 가하기 위해서이다.

2013년 1월 존 매케인과 함께 요르단 북부 모래투성이의 황량한 지역에 펼쳐진 거대한 천막 도시인 자타리Zaatari 난민촌을 방문했을 때 배럴 폭탄에 대해 처음 알게 되었다. 그곳에는 내전을 피해 도망온 수만 명의 시리아 난민들이 살고 있었다. 최근 바샤르 알 아사드 대통령Bashar al-Assad에 충성하는 세력의 총탄 공격으로 5명의 자녀를 모두 잃은 시리아 어머니를 만난 곳이 바로 그곳이었다. 그녀는 자기 목숨만 겨우 건져서 해외로 도망쳤다. 이제 막 둘째를 낳은 부모로서, 나는 그녀의 눈에 비친 공허함을 잊을 수 없다. 매케인 역시 내가 아는 그 누구보다도 전쟁에서의 죽음과 고통을 많이 겪었던 사람이다. 그와 함께 한 거의 100번에 달하는 해외여행에서, 나는 매케인에게 더 깊은 연민을 일으켰던 만남을 떠올리지 않을 수 없다.

"아버지나 형제자매들은 모두 아이가 죽으면 떠난다. 하지만 엄마는 아니다. 엄마들은 결코 떠나지 않는다." 매케인이 암만으로 돌아가는 길에 나에게 말했다.

나는 전쟁에서 지능형 기계의 사용을 둘러싼 심각한 윤리적 문제를 고려하면서 종종 그 시리아 어머니를 생각한다. 미래의 분쟁에서 피해를 입게 될 무고한 시민으로서 나 스스로를 상상하곤 한다. 군용기가 우리 주위에 무기를 떨어뜨릴 때 내 아이들과 함께 내 집에서 탈출하는 장면을 상상한 적도 있다. 나는 가능한 한 나와 내 아이들의 목숨을 걱정해야 하는 상황을 상상하려고 노력했다. 나는 인간 조종사나 지능형 기계가 그러한 항공기를 운용하고 있는지 그리고 파괴 수단이 조잡하고 멍청한 것인지(예컨대 배럴 폭탄) 혹은 스마트하고 정확한 것인지(예컨대 정밀 무기) 알 수 없는 것이 어떤 느낌인지 떠올려 보았다.

내가 스스로에게 묻고 싶은 더 큰 질문은, 바로 그 순간에 내가 이런 점에 대해 신경 쓸 수 있을까 하는 것이다. 내가 군대에서 왜, 어떻게 폭력을 사용하기로 결정하는지 신경 써야 할까? 인간이 모든 결정을 내리고 폭탄을 투하하는 건지, 아니면 지능형 기계가 인간의 직접적인 통제 없이 그렇게 하는 건지 신경 써야 할까? 행위자의 성격에 신경을 써야 할까, 아니면 행동의 실행에 더 신경을 써야 할까? 간단히 말해서, 내가 아이들과 내 목숨을 구하기 위해 수단과 방법을 가리지 않는 것 이상의 일에 대해 어떤 관심을 갖겠는가 하는 점이다.

또한 나는 군용기 조종사들이 인간이든 기계든, 어떤 이유로든 그날 전투에 참가했을 수 있는 다른 조종사들보다 내 아이들과 나를 죽일 가능성이 더 높다는 것을 안다면 내가 어떻게 느낄지 상상해 보려고 노력했다. 삶과 죽음의 결정을 할 이들 조종사들이 민간인을 죽일 가능성이 높다는 것을 알고도 그렇게 배치되었다면 내 기분이 어땠을까? 나와 아이들의 목숨을 포함하여 무고한 생명을 앗아갈 가능성이 가장 낮은 결정 이외 어떤 다른 결정이 더 윤리적인 결정이라고 간주할 수 있을 것인가?

여기서 중요한 것은 사람이 킬 체인을 장악하고 있어야 하는지, 아니면 부분적으로든 전체적이든 기계에 넘겨주어야 하는지에 대한 논쟁이 아니다. 오히려, 요점은 현재 첨단 기술들에 의해 야기되는 가장 심각한 윤리적 문제 중 하나인 '전쟁에서 지능형 기계의 역할'에 대한 논쟁이 너무 자주 잘못된 방향으로 흘러가고 있다는 것이다. 우리는 목적보다는 수단, 행동보다는 행위자, 효과적인 킬 체인보다는 '살인 로봇'에 지나치게 신경을 쓰는 것 같다. 아이러니하게도, 군사기술에 대한 우리의 윤리적인 논쟁조차도 플랫폼에 지나치게 집중된 것처럼 보인다.

폴 쉐르, 헤더 로프, 조 차파와 같은 많은 국방 및 기술 전문가들은 지능형 기계의 군사적 사용과 관련된 심각한 윤리적, 기술적 도전에 대해 폭넓게 논의하고 있다.[1] 이러한 문제는 미국과 중국 간의 전략적 경쟁이 심화되면서 더욱 뚜렷해지고 있다. 현재 인공지능은 안정적이지도 명료하지도 않다. 신뢰도도 낮고 예측한 대로 작동하지 않는다. 오류가 발생하기도 쉽다. 정보를 맥락에 따라 분석하는 데도 어려움을 겪는다. 그러나 기술이 더욱 고도화되고 빠르게 발전함에 따라, 군사 임무를 수행하는 데 있어 지능형 기계에 의존할 가능성은 점차 커질 것이다. 보다 빠르고 효과적인 킬 체인을 개발하기 위한 경쟁이 치열해지는 가운데 그렇게 하려는 압력 또한 커지고 있다.

나는 지능형 기계의 군사적 함의에 대한 우리의 토론에 점점 큰 좌절감을 느끼고 있다. 많은 사람이 중요한 질문을 던지고 있지만, 어디에 투자해야 할지, 군사 시스템을 어떻게 발전시켜야 하는지, 그리고 실제 미군들이 이 기술을 어떻게 사용하고 어떤 관계를 맺어야 할지에 대해 어려운 결정을 내려야 하는 고위층 인사들을 안내하기엔 아직 충분한 답변이 부족하다고 느껴진다. 필자는 미국이 살상용 자율 무기를 포함해서 군사적 목적을 위한 고도의 지능형 기계를 개발할 것이며, 개발해야 한다고 개인적 의견을 말하는 많은 정책 입안자, 군 장교, 그리고 전문가들을 만나고 있다. 하지만 이들이 공식적으로 그렇게 명확한 입장을 취하는 경우는 드물다. 나는 이러한 보신주의가 지능형 기계에 관련된 윤리적 질문에 대해 미국인들이 지지할 수 있는 훌륭하고 실질적인 해결책을 발전시키는 데 도움이 되지 않으리라 생각한다.

앞으로 수년 또는 다가올 수십 년 동안, 지능형 기계는 전쟁의 미래에 상당한

1) Paul Scharre, *Army of None: Autonomous Weapons and the Future of War* (New York: W. W. Norton, 2018); Heather Roff with David Danks, "The Necessity and Limits of Trust in Autonomous Weapons System," *Journal of Military Ethics*, 2018; Joe Chapa, "Drone Ethics and the Civil—Military Gap," *War on the Rocks*, June 28, 2017, https://warontherocks.com/2017/06/drone−ethics−and −the−civil−militarygap; Julia MacDonald and Jacquelyn Schneider, "Trust, Confidence, and the Future of War," *War on the Rocks*, February 5, 2018; Ronald Arkin, "Lethal Autonomous Systems and the Plight of the Noncombatant," in *The Political Economy of Robots*, ed. Ryan Kiggins (London: Palgrave Macmillan, 2017); and Department of Defense, Defense Innovation Board, *AI Principles: Recommendations of the Ethical Use of Artificial Intelligence by the Department of Defense* (Washington, DC: Department of Defense, 2019), https://media.defense.gov/2019/Oct/31/2002204458 /−1/−1/0/DIB_AI_PRINCIPLES_PRIMARY_DOCUMENT.PDF.

영향을 미칠 것이다. 그러나 그것이 비록 큰 변화이긴 하지만, 최근의 기술과 그렇게 큰 질적인 단절을 드러내지는 않을 것이다. 오히려 지난 시간 동안 우리가 걸어온 연속성 속에서의 어떤 전환을-비록 큰 전환이긴 하지만-상징할 것이다. 우리가 진실로 말하고자 하는 것은 지금까지 인간만이 할 수 있었던 특정한 작업을 기계가 수행할 수 있게 되었다는 것이다. 핵심 질문은 누가, 혹은 무엇이 그러한 행동을 수행하고 있는지가 아니라 그러한 행동, 특히 전쟁에서의 폭력 사용을 꼭 인간 행위자가 개시해야 하는지, 그리고 그러한 행동의 결과에 대해 인간이 분명히 책임을 질 수 있는지 여부이다. 이런 방식에서 나는 우리의 윤리적 원칙, 법률, 정책 및 관행이 대부분의 군사용 지능형 기계에 적용될 수 있다고 생각한다. 물론 우리가 이 문제에 대해 올바르게 생각한다면 말이다.

미군에서는 흔히 인간과 지능형 기계의 관계를 '인간-기계 팀구성'이라고 부른다. **팀구성**teaming이 대등한 관계를 함축하기 때문에 나는 이 용어를 싫어한다. 이 관계를 생각할 수 있는 더 좋은 방법은 군 조직 내의 사람들 간의 계급적 관계를 지칭하는 지휘와 통제command and control 개념이다. 상급 장교들은 부하들에게 군사 임무의 실행을 통제하고 지휘한다. 현재 사람들이 수행하는 작업을 수행할 수 있는 기계의 능력이 증가함에 따라, 지휘와 통제에 대한 우리의 개념은 진화할 수 있고 그렇게 해야 한다. 인간이 책임을 지고 명령을 내려야 하지만, 지능형 기계가 이러한 명령을 받아 점점 더 많은 일을 수행할 수 있을 것이다. 이를 통해 인간은 더 중요한 상황에 있어서 이해와 의사결정 그리고 행동을 감행할 수 있는 시간을 가질 수 있다. 그렇다면 우리의 과제는 인간이 지휘하고 기계가 통제하는 시대를 만들어가는 것이 될 것이다.[2]

매케인과 함께 일했을 때, 우리의 가장 중요한 동맹 가운데 하나는 시리아를 비롯한 전 세계 분쟁에서 일어나고 있는 잔학 행위를 알려 주는 인권 단체들이었다. 그들은 희생자들의 이야기를 들려주고, 인간이 전쟁에서 저지르는 수많은 악폐들을 기록하는 데 도움을 주었다. 그때 나를 항상 당혹스럽게 만들었던 일은 이 같은 단체들

---

2) Bryan Clark, Daniel Patt, and Harrison Schramm, "Decision Maneuver: The Next Revolution in Military Affairs," *Over the Horizon*, April 29, 2019, https://othjournal. com/2019/04/29/decision−maneuver−the−nextrevolution−in−military−affairs/.

이 '살인 로봇 금지'를 그렇게 강력하게 옹호하는 것이었다. 그들은 기계가 너무 냉정하고, 무감각하며, 공감, 자비 그리고 인간이 가지고 있는 다른 윤리적 자질이 부족하기 때문에 폭력을 사용하도록 허용해서는 안 된다고 주장했다. 그러면서 동시에 인간의 야만성을 드러낸 비극적 사건을 공개하면서 인간 스스로가 자신의 윤리적 자질을 버리고 복수, 두려움, 탐욕 그리고 기계에는 없는 다른 열정 때문에 이루 말할 수 없는 만행을 저질렀다고 폭로한다. 두 가지 다 인정하고 싶지만 그럴 수 없다.

전쟁에 관련된 지능형 기계에 대한 두려움의 상당 부분은 이 시스템이 터미네이터나 스카이넷의 디스토피아적 이미지를 연상시키기 때문에 발생한다. 충분히 이해할 수 있는 일이지만 그러한 종류의 자각self-aware 기계는 현재 쟁점이 되고 있는 것이 아니다. 우리는 **초지능**이나 보편적 인공지능을 가진 기계에 대해 말하는 것이 아니다. 인간의 규제나 통제 없이 그들 자신에게 프로그래밍 된 것을 무시하고 스스로 결정을 내릴 수 있는 기계에 대해 이야기하는 것이 아니다. 연구자들은 그런 수준의 기계 지능이라면 그게 가능하다 할지라도 수십 년 이후의 일일 거로 생각한다.3)

현재와 가까운 미래의 진짜 문제는 **간단한**narrow 수준에서4) 이루어지는 인공지능의 군사적 사용에 대한 것이다. 이러한 제한적인 인공지능을 가진 기계는 이미지에서 물체를 식별하고 주변을 탐색하는 등 구체적이고 제한된 작업을 수행할 수 있다. 이러한 능력도 놀라운 성과이며, 지능형 기계가 수행할 수 있는 작업은 규모와 복잡성에서 증가할 것이다. 그렇다고 해도 이 정도의 기계 지능은 인간이 설정한 규칙을 자유롭게 위반할 수 있는 자각 기계와는 거리가 멀다.

여기서 또 다른 핵심적 차이를 분별하는 것이 중요하다. 기계가 스스로 작동하는 것(자동조작)과 인간이 기계가 할 수 있도록 허용하는 것(자율성)은 매우 다르다. 엄밀히 말하면 '자율적' 기계와 같은 것은 없다. **자율성**은 어떤 것이 아니라 관계를 의미하기 때문이다. 상급자가 일정한 한도 내에서 하급자에게 업무를 위임하는 관계에서 자율성이 나온다. 이런 관계는 군대 어디서나 발견할 수 있다. 실제로 이러한

---

3) James Vincent, "This Is When AI's Top Researchers Think Artificial General Intelligence Will Be Achieved," *The Verge*, November 27, 2018, https://www.theverge.com/2018/11/27/18114362/ai−artificialgeneral−intelligence−when−achieved−martin−ford−book.

4) [역주] 여기서 간단한 작업은 이미지에서 특정 인물을 분별하는 것이나, 잡음 속에서 특정 목소리를 읽어내는 것과 같이 과업의 내용이 매우 구체적으로 좁게 정의된 일을 말한다.

관계는 전시든 평시든 군사적 행위의 가장 효과적이고 윤리적인 토대이다.

인간 지휘관은 일상적으로 인간 부하에게 폭력의 사용을 포함하여 군사적 임무를 수행할 수 있는 자율권을 부여하지만, 주어진 명령의 제약 내에서 부하가 스스로 좋은 결정을 내릴 수 있다고 믿을 때만 일정한 한도 내에서 자율권을 부여한다. 이는 훈련, 검증, 신뢰의 세 가지 요소로 귀결된다. 인간 지휘관들은 부하들이 그들에게 위임될 임무를 수행할 수 있도록 엄격하게 훈련시킨다. 그들은 부하들을 반복적으로 검증하여, 부하들이 자신에게 주어진 업무를 신뢰할 수 있고 예측 가능하며 효과적으로 수행할 수 있는지를 판단한다. 그리고 지휘관이 명령에 따라 행동할 수 있는 자율성을 부하에게 부여할 것인지를 결정하는 것은 반복된 훈련과 검증 경험을 통해서이다. 사실 지휘관들은 부하들을 제대로 훈련시키고 검증하지 못했을 때 그에 대한 책임을 져야 한다.

책임감은 신뢰의 핵심 요소다. 전시에 장교들이 자신이 지휘할 새 병력을 받을 때, 그들이 부하들이 과업을 효과적이며 윤리적으로 수행할 수 있다고 믿어야 하는 이유는 어떤 다른 사람들이 그들을 훈련시켰으며 전투에 투입해도 될 만큼 확실히 준비되어 있다는 것을 책임지기 때문이다. 동일한 신뢰와 책임 프로세스가 기계에도 적용된다. 병사들이 무기를 지급받았을 때, 그들은 그 무기의 안전성과 효과를 믿을 수 있다. 왜냐하면 다른 사람들이 무기가 사용될 수 있는 많은 조건에서 제대로 작동할지를 판단하기 위해 많은 검증 과정을 거쳤기 때문이다. 전투 중에 기계(또는 인간)가 안전하지 않거나 비효율적인 방식으로 작동한다면, 그 고장에 대한 책임은 사용자가 아니라 훈련과 검증을 책임진 사람에게 있다.

실제로, 이러한 훈련, 검증 및 신뢰 구축 과정은 미군이 오랫동안 유능한 기계들을 그들의 대열로 점차적으로 통합해 온 방식이다. 예를 들어, 대전차 유도미사일, 순항미사일 그리고 다른 '발사 후 망각' 방식의 무기는 전장에서 사람이 식별했지만 실제로 볼 수 없는 목표물들을 스스로 찾을 수 있다. 이와 같은 첨단 무기는 한때 사람이 직접 수행해야 했던 이해, 결정, 행동과 관련된 많은 과업을 떠맡았다. 그리고 미군은 이 기계들의 능력과 한계를 판단하고 검증하기 위해 오랜 기간 훈련, 검증, 신뢰의 과정을 거친 후에야 이 기계들을 현장에 배치했다.

기계가 더 똑똑해지고, 이전에 인간만이 할 수 있었던 일을 더 현명하고 유능하게 할 수 있게 됨에 따라 같은 절차가 기계에 적용될 수 있다. 사람이 기계에게 더 큰 자율권을 부여하기로 결정하기 전에, 심지어 기술적으로 그들이 할 수 있는 일을 하기 전에 그 기계에 대한 신뢰를 키워야 할 것이다. 지휘관들은 엄격한 훈련과 반복적인 검증을 통해 부하들을 신뢰하게 된 것과 같은 방식으로 기계에 대한 이러한 신뢰를 구축할 수 있을 것이다. 기계는 자신에게 할당될 작업을 안전하고, 안정적이며, 효과적으로 수행할 수 있다는 것을 인간에게 증명해야 한다. 그리고 지능형 기계가 그런 높은 기준을 충족하지 못한다면, 군인들은 그것을 사용하지 말아야 한다. 이 점에 대해서는 더이상 말할 게 없다.

이렇게 신뢰를 쌓고 책임을 확립하는 과정은 군사적인 맥락에서 특히 중요하다. 군사적인 맥락에서 훈련이 부족하고 검증을 거치지 않아 신뢰할 수 없는 부하들에게 과업을 맡기는 것은 사람의 목숨을 위태롭게 하는 결과를 초래할 수 있다. 지휘관들이 부하들을 신뢰하면서도 절대로 완전한 자율권을 주지 않는 이유도 여기에 있다. 대신 부하들의 행동의 자유를 제약하는 명확한 명령과 규칙을 내린다. 훈련과 검증을 통해 특정 작업을 수행할 수 있는 능력을 입증한 지능형 기계에도 동일한 패러다임이 적용될 것이다. 인간은 기계 프로그래밍의 명령과 규칙을 통해 기계들을 의도적으로 제약함으로써 기계에 부여된 자율성의 정도를 제한할 것이다. 지휘관들은 그들이 지능형 기계든 사람이든 상관없이 항상 부하들의 자율성을 제한하기를 원하고 또 제한할 필요가 있다.

미래에서도, 어떤 과업은 매우 중요하기 때문에 지휘관들은 의사결정 과정에 있어 더 강력하거나 심지어 완전한 통제력을 행사하려 할 것이다. 기계가 아무리 유능해지더라도 기계에게 그런 중요한 결정을 맡기지 않을 것이다. 가장 명확한 예는 핵 명령과 통제이다. 여기서 계산 착오나 예측 불가능의 위험은 아무리 강조해도 지나치지 않다. 이러한 결정에서는 특히 심사숙고가 필수적이며, 급히 서둘러야 할 상황이 아니라면 인간이 이해, 결정, 행동의 각 단계를 통제해야 한다. 핵무기는 인간 지휘관들이 킬 체인 전체에 대한 철저한 통제를 유지해야 하고, 지능형 기계에 과도하게 (혹은 전혀) 의존해서는 안 되는 군사적 과업의 가장 중요한 사례이다. 하지만 분명히 다른 것들도 있을 것이다.

그러나 이 범주에 속하지 않는 많은 군사적 과업에 있어서는 인간 지휘관이 지능형 기계에 더 많이 위임하리라 전망하는 것은 중대한 윤리적 기회를 열어 준다. 여기서 기회란 기계가 **할 수 있는** 일과 인간이 **해야 할** 일을 더 잘 구분할 수 있는 기회다. 인간의 의사결정에는 서로 다른 맥락에서 옳고 그름에 대해 매우 복잡한 결정을 내릴 수 있는 인간의 능력에서 비롯되는 고유의 윤리적 가치가 깔려 있다. 기계들은 지금 이런 결정을 내릴 수 없고 어쩌면 결코 잘할 수 없을지도 모른다. 사람들이 그들의 윤리적 능력을 거의 사용하지 않는 일을 한다면 인간의 윤리적 가치는 낭비되기 마련이다. 이러한 종류의 기술적인 과업을 많은 미군이 여전히 매일 수행하고 있다. 한 장소에서 다른 곳으로 기계를 운전하는 일이나 한 시스템에서 다른 시스템으로 정보를 전송하는 일, 사물을 보고 듣는 감지기구를 조종하는 것과 관련된 과업이 여기에 포함된다.

지능형 기계가 인간보다 더 효과적으로 이러한 종류의 기술적 업무를 수행할 수 있게 되고, 그렇게 하도록 허용하면 더 많은 장병들이 더 큰 윤리적 가치를 지닌 일을 할 수 있게 해방될 것이다. 이들은 하루 중 더 많은 시간을 다른 사람과 함께 복잡한 문제를 해결하고, 작전 및 전략적인 결정을 내리고, 중요한 정보를 상황별로 분류하고, 옳고 그름을 식별하며, 사람과 기계에게 중요한 임무를 수행하도록 명령을 내릴 수 있다. 이런 종류의 직업이야말로 미국인들이 실제로 군대에 입대하면 해야 할 일이다. 이런 식으로 지능형 기계는 인간이 그 어느 때보다 전쟁의 윤리에 집중할 수 있게 해 줄 것이다.

사람들이 지능형 기계에 대한 신뢰를 쌓고 현재 사람이 수행하고 있는 군사적 임무를 그들에게 위임하기 위해서 기계가 완벽해져야 할 필요가 없다. 단지 지금 그 일을 수행하고 있는 사람들보다 더 효과적이면 된다. 그리고 오늘날 미군에서 이 일을 하는 사람들은 아직 겁이 많고 감정적인 20대들이다. 그들은 전장이라는 믿을 수 없을 만큼 긴장감 넘치고, 불쾌한 환경에서 일해야 한다. 그들은 흔히 몹시 심란하고 지쳐 있으며, 혼란스러워한다. 그들이 이용할 수 있는 정보도 많지 않다. 왜냐하면 이 모든 것을 이해하고 도와줄 수 있는 사람은 많지 않기 때문이다. 그들은 실제로 일어나는 일에 대해 제한적이고 매우 불확실한 이해를 바탕으로 결정을 내리고 있다. 이들이 남자건 여자건 완벽과는 거리가 멀다. 그들은 실수하기 마련인데, 바로 인간이기 때문이다.

현재의 지능형 기계는 지금 이러한 작업을 수행하는 사람보다 더 효과적으로 그 일을 수행할 수 있다. 기계학습은 모든 것을 잘할 수는 없지만, 방대한 자료 더미에서 유용한 정보를 신속하게 확인하는 것과 같이 잘하도록 훈련되고 검증된 것들에 대해서는 인간보다 더 정확하고, 훨씬 더 빠르게 처리할 수 있다는 것을 보여 주고 있다. 기계들은 피곤해지지 않는다. 잠을 자거나 화장실에 가야 하기 때문에 일을 놓치는 일도 없다. 그들은 인간이 찾도록 지시한 정보를 식별할 수 있으며, 이를 통해 상황을 이해하고 결정하고 행동할 수 있는 인간의 능력을 향상시키게 된다. 사실 기계학습의 주요 기능은 인간 존재가 더 나은 정보와 교육을 받도록 도와주는 것이지, 인간을 대신하는 것이 아니다.

오늘날 이러한 지능형 기계를 더 많이 사용하게 되면 민간인 사상자가 줄거나 미군의 위험이 감소하는 것처럼 지금 당장 전쟁에서 더 많은 윤리적 성과를 가져올 것이라 상상할 수 있다. 실제로, 만약 다른 선택을 한다면 더 많은 민간인이 죽을 것이고 전투 중 사망하는 미군 수도 늘어날 것이다. 우리는 지능형 기계를 너무 많이 신뢰함으로써 일어날 수 있는 위험에 대해 염려하는 경향이 많다. 하지만 그것들을 충분히 믿지 않음으로써 더 심각한 비윤리적 결과가 나올 수 있다는 점 또한 인식해야 한다.

～✤～

전쟁수행방식warfare에 관한 한 이상적인 해결책은 없다. 폭력의 사용은 본질적으로 심각한 수준의 불확실성, 위험, 그리고 내키지 않는 상쇄를 수반한다. 지능형 기계의 군사적 사용에 대한 반대자와 지지자 모두 항상 기억해야 할 점들이다. 인간과 기계 모두 전쟁 수행에 있어 실수를 범할 것이 확실하다. 지능형 기계들은 또한 많은 실수를 저지를 것이다. 그러나 그들이 범하는 실수는 다른 종류일 것이다. 어떤 실수는 인간이 저지르는 것에 비해 피해가 적을 수 있지만, 어떤 실수는 더 큰 대가를 치를 수도 있다. 특히 자율 무기의 반대자들이 두려워하듯이, 인간이 보다 광범위하게 그리고 무차별적으로 이러한 무기를 사용한다면 특히 문제가 될 것이다. 이것은 우리가 우려해야 할 정당한 이유이며, 현재 인공지능과 전쟁수행방식에 대한 논쟁의 중심에 있는 중요한 질문이다. 즉, 의사결정과 실행 과정에 사람의 개입이나 통제 없이 기계 스스로 킬 체인을 완료할 수 있을 정도로 지능형 기계를 훈련하고 검증할 수 있을지 여부이다.

나는 이것이 가능하다고 믿는다. 사실 우리는 이미 그렇게 해 왔다. 그러나 의제를 이런 식으로 설정하는 것조차, 상당한 수준의 자율성을 가지고 행동할 수 있는 기계들에 대해 인간의 선택과 가치가 얼마나 깊숙이 개입할 수 있는지를 제대로 보여 주지 못한다.

살상용 자율 무기는 오래전부터 존재해 왔다. 이러한 시스템은 다양한 수준의 기능을 가지고 있으며 현재 최소 30개 국가에서 사용되고 있다. 예를 들어, 미 해군은 수십 년 동안 자신들의 함정을 방어하기 위해 팔랑스Phalanx 포와 이지스Aegis 미사일 방어 시스템을 사용해 왔다. 현재와 미래의 지능형 기계보다 훨씬 능력이 떨어지지만, 이 시스템은 완전 자동 모드로 전환될 수 있다. 즉, 사람이 개입하지 않고도 날아오는 미사일에 대한 킬 체인을 완료할 수 있다. 이 기계들이 그렇게 하도록 허용한 것은 그럴 필요가 있었기 때문이다. 인간은 날아오는 미사일에 충분히 빠르게 대응할 수 있을 것 같지 않았다. 초를 다투는 상황에서 인간보다 효과적으로 미사일을 격추시킬 수 있는 기계에게 킬 체인을 넘기는 것이 덜 위험한 일로 여겨졌다.

오늘날 개발되고 있는 지능형 기계들은 이지스 시스템보다 훨씬 더 정교하지만, 스스로 킬 체인을 완료하는 것이 허용된다 하더라도 그들이 원하는 대로 하는 것이 아니다. 기계가 자율적으로 작동하는 능력은 인간이 설정한 경계에 의해 제한된다. 목표물 식별 능력은 인간이 설정하고 훈련하고, 효과적인 것으로 검증된 알고리즘에 근거하여 이루어진다. 목표물에 대한 폭력을 행사할 수 있는 기계의 능력, 즉 언제 얼마나 어떻게 발사할지와 같은 것도 인간이 정의한 기준에 의해 규정된다. 그리고 애초에 기계가 전투에 투입되는 유일한 방법은 담당자가 기계에 대한 통제를 풀어주기로 결정해야 하는 것이다. 이들 담당자가 윤리적으로나 법적으로 책임을 지는 결정이다.

지능형 기계의 군사적 사용에 대한 책임을 확립하는 과정은 오늘날 인간 지휘관들이 폭력 사용에 대한 통제를 위임하는 방식과 근본적으로 다르지 않다. 임무를 위임받는 이가 사람이든 기계이든, 혹은 고성능 지능형 기계이든 기본적으로 상관없다. 지능형 기계를 훈련시키고 검증하는 사람들이 그 능력과 한계를 결정할 책임이 있다. 기계가 더 똑똑하고 작업이 더 복잡할수록, 인간은 기계가 의도한 대로 작동하는지 신뢰하기 전에 더 많은 훈련과 검증이 필요할 것이다. 마찬가지로, 그 기계를 사용해야 하는 인간 지휘관은 그 기계에 설정된 역량과 제한에 따라 기계를 사용할 책임이 있다.

살상용 자율 무기를 당장 금지해야 할 만큼 본질적으로 비윤리적이거나 불법적인 것은 아니다. 사실, 무기의 합법성은 군사 윤리를 연구하는 이들이 수십 년 동안 씨름해온 질문이다. 결론적으로 미국과 국제법에서는 불법적인 무기를 결정하는 비교적 명확한 근거를 갖게 되었다. 첫째, 무기는 본질적으로 무차별적이어서는 안 된다는 것이다.[5] 이것은 인간 전투원이 어떻게 무기를 사용·오용하는지에 대해 말하는 것이 아니다. 이것이 의미하는 바는 단지 무기는 무차별적인 피해를 야기하도록 설계해서는 안 된다는 것이다. 둘째, 합법적인 무기는 "불필요한 고통이나 과잉의 부상을 야기해서는 안 된다"는 것이다. 이 규칙은 예를 들어 X선 기계로도 감지하지 못하는 유리 파편이 가득 찬 폭탄을 사용하지 못하도록 하기 위한 것이다. 마지막으로, 합법적인 무기는 통제할 수 없는 해로운 효과를 일으켜서는 안 된다는 것이다. 여기서 자주 인용되는 예는 생물학 무기로, 한 번 살포되면 인간이 통제할 수 없을 정도로 확산된다.[6)]

이것들은 수십 년 동안 인간이 무기를 불법으로 판단해 온 규칙이다. 중요한 결정 요인은 무기를 배치하는 행위자의 지능 수준이 아니라 무기의 효과이다. 이러한 기준을 위반하지 않는 방식으로 지능형 기계를 만들 수 있다. 하지만 법률학자 케네스 앤더슨, 다니엘 리스너 그리고 매튜 왁스먼은 "이 규칙 중 어떤 것도 무기 시스템이 단지 자율적이라는 이유만 가지고 불법화되지 않는다"고 주장한다.[7)] 사실 자율 무기는 본질적으로 무차별적이거나, 불필요한 해를 입히거나, 통제할 수 없는 것이 아니다. 반대로, 비록 인간의 직접적 통제 밖에서 독립적으로 행동하더라도 자율 체제가 하는 일은 사람이 그렇게 하도록 프로그래밍한 것에 의해 제한되고 규정된다. 그런 의미에서 스스로 킬 체인을 완료할 수 있는 지능형 기계라 해서 근본적으로 새롭고 독특한 것은 없다. 그럼에도 불구하고 지능형 기계는 법적으로 금지되어야 한다는 압력에 시달리고 있는 것이다.

물론 더 중요한 고려사항은 인간 전투원들이 어떤 목적으로 무기를 사용하는가 하는 것이다. 그리고 이것은 거의 항상 상황에 따라 달라진다. 인간의 직접적인 통제 없이 대상을 찾아 공격할 수 있는 기계는 추상적으로 보면 매우 무섭게 보인다. 무고한 민간인을 사냥하고 죽이기 위해 그런 기계를 풀었다면 당연히 살인 로봇이라고 할 수 있을 것이다. 그러나 만약 그 기계가 본질적으로 불법적이 아니거나 당면한 군사적 과업을 수행하는 데 부합한다면, 그리고 그것이 인간의 생명을 보호하

---

5) [역주] 무기의 무차별성은 무기의 특성상 군인과 민간인을 구분하지 않고 피해를 주는 것으로, 대표적인 것이 대인지뢰나 생화학 무기다.

6) Kenneth Anderson, Daniel Reisner, and Matthew Waxman, "Adapting the Law of Armed Conflict to Autonomous Weapon Systems," *International Law Studies*, 90:386 (2014), 398-401 참조.

7) Anderson, Reisner, and Waxman, "Adapting the Law of Armed Conflict," 401-402.

기 위해 사용된다면, (만약 그것이 미군이 가지고 있는 그 어떤 무기보다 안전하게 운용된다면) 그 무기를 방어 목적으로 사용하는 것이 윤리적이지 않을까? 과연, 이런 정당한 방위 수단 **없이** 미군을 위험한 곳으로 내보내는 것이 윤리적인가?

　살상용 자율 무기 시스템이 본질적으로 불법이 아니라고 해서 인간 지휘관이 전투에 투입하기로 선택한 다른 무기나 병사들과 동일한 수준의 안전성과 효율성에 대한 신뢰를 확보해야 할 책임을 덜어 주지는 않는다. 특히 살상용 자율 무기 시스템은 이전에 여러 차례 실수를 범했다. 고도의 자동화로 운용되고 있는 미국의 패트리엇 미사일 시스템이 아군 항공기를 격추시킨 사례가 한두 번이 아니다. 아군 살상의 사례는 슬프게도 전쟁에서 드물지 않다. 기계 오류로 인해 이러한 비극이 발생했지만, 인간의 실수는 더 많은 비극을 초래했다는 점에 주목할 필요가 있다. 사소한 것이든 재앙적인 것이든 실수가 전쟁의 불행한 현실이라는 사실은 피할 수 없다.

　인간이든 기계든 결코 완벽하지 않을 것이다. 사람과 기계가 더 큰 자율권을 부여받았을 때 인간 지휘관의 의도대로 수행되지 못할 위험은 항상 존재한다. 지휘관은 이러한 위험을 최소화하고 부하에 대한 신뢰를 높여 안전하고 예측 가능하며, 가능한 실수를 최소화할 수 있는 방식으로 과업을 수행하는 방법을 결정해야 한다. 여기서도 신뢰는 늘 그래 왔던 것처럼 훈련과 검증 과정을 통해 쌓일 것이고, 이러한 과정은 인간과 지능형 기계에 똑같이 적용된다.

　복잡한 점은 현재의 지능형 기계의 의사결정 과정이 매우 불투명할 수 있다는 점이다. 고전적 사례로는 집안의 청결을 유지하는 가장 좋은 방법이 가족을 지하실에 가두는 것이라 결론짓는 집 청소 로봇이 있다. 잘못된 결정이지만 기계의 관점에서 보면 그리 비논리적이지 않다. 이와 비슷하게 체스나 바둑과 같은 게임에 숙달한 인공지능 프로그램들은 결국 그들의 움직임과 전략 뒤에 숨겨진 추리를 자신을 설계한 인간에게조차 설명할 수 없는 우월한 수준의 경기 내용을 달성한다. 이러한 이유 때문에, 연구자들은 그들의 결정과 행동의 이면을 드러낼 수 있는, 보다 설명 가능한 인공지능을 개발하기 위해 노력하고 있다. 지능형 기계의 추론 과정을 따라갈 수 있다면 기계에 대한 인간의 신뢰를 높이는 데 도움이 될 뿐만 아니라 기계를 더욱 효과적으로 만들 것이다.

　그러나 기계가 안전하고, 효과적이며, 윤리적으로 채용될 수 있는지 결정할 때, 이러한 이야기들이 실제 얼마나 중요한가? 군대는 인간의 의사결정 과정이 불투명하고, 전쟁의 안개 속에서 사건을 복기할 수 있는 능력이 의심스러우며, 자신이 취한 행동과 왜 그런 행동을 했는지에 대해 거짓말을 할 수 있다는 사실에도 불구하고 사람들을 전장으로 내보내고 있다. 지휘관들이 병사들이나 기계가 무엇을 생각하는지, 왜 그들이 그런 선택을 하는지를 알기 때문에 그들을 전장에 내보내기로 결정하는 것은 아니다. 지휘관들이 사람이나 기계를 전쟁에 투입하는 것은 그들이 자신에게 위임된 임무를 성공적으로 수행할 수 있다는 것을 훈련과 검증을 통해 일관되게 보여 주었기 때문이다. 그리고 그것이 전쟁에서의 판단 기준이다. 즉, 그들이 그 상황 아래서 효과적이며 윤리적으로 행동할지 여부이다. 사람이든 기계든 전투 중에 폭력을 사용하는 것에 관한 한, 전쟁의 윤리는 행위자들의 동기보다는 구체적인 행동에 더 깊게 연관되어 있다.

미국을 비롯한 여러 나라가 전쟁에서 인간 행동을 규제하는 법과 규칙을 만든 것은 민간인을 죽이는 것과 같은 구체적이고 잠재적인 비윤리적 행동을 막기 위해서다. 미국과 국제법은 세 가지 기준을 가진 표적처리targeting의 기준을 가지고 전쟁에서의 폭력 사용을 제한하고자 한다. 첫 번째는 구별discrimination인데, 이것은 전투원들이 민간인을 공격하지 않기 위해 모든 합당한 조치를 취해야 한다는 것을 의미한다. 두 번째는 비례성proportionality으로, 전투원은 그 결과로 발생할 수 있는 민간인 손실을 고려하여 작전의 군사적 이득을 평가해야 한다. 세 번째 기준은 지휘관들이 민간인들이 불필요한 고통을 받지 않도록 '공격 시 주의precautions in attack'할 것을 요구한다.8)

인간 지휘관이 표적처리의 기준을 어떻게 지킬지를 부하들의 재량에 전적으로 맡기는 일은 거의 없다. 대신 지휘관들은 부하들이 어떤 교전 상황에서, 어떻게 폭력을 행사할 수 있는지를 제한하는 명확한 교전 규칙을 세운다. 예를 들어 그들은 총격을 받지 않는 한 발포하는 것을 금지하거나, 예상되는 민간인 손실이 일정 수준일 경우에만 발포하도록 허용하고 있다. 실제로, 미군 사령관들은 주어진 공격으로 인한 민간인 인명 손실이, 기대되는 직접적인 군사적 이익에 상응하여 어떻게 정당화될 수 있는지를 열거하도록 요구받는다. 이러한 태도는 윤리적 질문에 대한 냉혹하고 섬뜩한 답변으로 보일 수 있지만, 미군 지휘관들이 그들의 의도를 명확히 하고 부하들의 폭력 사용을 제약하기 위해 어떻게 하고 있는지를 보여 준다. 그리고 그들

---

8) [역주] 교전이나 폭력이 일어날 지역의 민간인들에게 미리 경고하여 민간인 피해를 최소화하는 공격 시 주의의 대표적인 사례이다.

이 그렇게 하는 이유는 그들 휘하에 있는 사람들의 행동에 대해 궁극적으로 책임을 져야 할 뿐만 아니라 법적·윤리적으로 해명해야 할 의무가 있기 때문이다.

이와 같은 지휘와 통제의 틀은 문제의 부하가 사람이든 기계이든 동일하게 적용된다. 두 가지 상황에서 모두 인간 지휘관은 폭력의 사용에 대해 윤리적·법적 책임을 져야 하다. 부하에게 폭력을 행사할 자율권을 부여하기 전에 그들의 능력과 한계를 인식하고 그에 따른 행동을 제약할 의무가 있다. 만약 그 부하가 인간이 아닌 지능형 기계라 해도, 폭력 사용에 대한 법적·윤리적 책임에서 자유로운 것은 아니다. 반대로, 전쟁에서 누군가 또는 무언가가 특정한 임무를 수행할 수 있다고 판단하는 책임은 여전히 훈련과 검증을 담당하고 있는 사람에게 있으며, 폭력 행위를 개시하는 것에 대한 책임은 사람이나 기계가 그렇게 하도록 의도적으로 명령한 인간 지휘관에게 있다. 두 경우 모두 사람이 책임을 진다.

어떤 상황에서는 지휘관들이 부하들에게 더 많은 행동의 자유를 주고 싶어 할 것이다. 왜냐하면 임무를 완수하거나 그들의 부대를 보호하기 위해 그렇게 하는 것이 필요하다고 판단하기 때문이다. 미군이 이러한 문제에 대처하는 방법은 '교전 active hostilities 지역'을 선언하는 것이며, 이는 전쟁법과도 부합하는 일이다. 이곳은 지휘관들이 부하들에게 제한된 기간 동안 폭력의 사용에 있어 더 큰 자율권을 부여하는 다양한 교전 명령을 내릴 수 있는 제한된 지리적 영역이다. 예를 들어, 지휘관들은 이 제한된 지역에 있는 누구나, 어떤 것이든 상관없이 공격할 수 있는 전투원이라고 가정하도록 허용할 수 있다. 그렇게 하는 주된 이유는 특정 군사적 목표를 달성한다면 폭력을 더 적게 사용할 수 있다고 지휘관들이 판단하기 때문이다. 동시에 교전 지역을 선포하면 해당 지역에 있는 민간인들에게 안전을 위해 다른 곳으로 대피하라는 신호를 보냄으로써 우발적인 인명 손실을 줄일 수 있다.

교전 지역은 인간 지휘관이 미래 전쟁에서 더 큰 폭력 행사의 자율성을 갖고 지능형 기계를 운용하는데 적용할 수 있는, 이미 확립된 군사적 관행이다. 오늘날 교전 지역은 극단적 상황이다. 언제, 어디서나 존재하는 것이 아니라, 제한된 시간 동안, 제한된 곳에서만 존재한다. 그리고 지휘관들은 오늘날과 같은 이유로 이 조치를 취하게 될 것이다. 그들의 임무를 달성하거나, 그들의 부대원의 목숨을 보호하기 위해서 말이다.

폭력의 사용을 통제하기 위한 모든 법과 규칙이 마련되어 있음에도 불구하고, 전쟁 수행에 있어 범위를 벗어난 행동들, 즉 전쟁 범죄는 언제 어디서나 금지될 것이다. 민간인에 대한 고의적인 학살과 같은 행동은 어떤 무기를 사용하든 간에 전쟁 범죄로 남을 것이 분명하다. 하지만 지능형 기계 시대에 전범 개념이 확대되는 것도 가능하다. 예를 들어, 국가는 인간 지휘관이 지능형 기계와 의사소통을 유지하는 것을 윤리적 의무로 설정할 수 있다. 왜냐하면 그렇게 함으로써 인간이 킬 체인을 완료하고 전투 중에 폭력 사용에 대한 최종 결정을 언제라도 내릴 수 있기 때문이다. 이러한 이유로, 각 국가는 자국 기계와 통신할 수 있는 군대의 능력을 파괴하는 것을 전쟁 범죄로 간주할 수 있다. 오랜 법적·윤리적 개념을 이런 식으로 적응시키는 것은 많은 노력이 들어가는 일이겠지만, 불가능하지는 않을 것이다.

하지만 이런 일이 바람직한가? 전쟁에서 병사들이 희생될 가능성이 줄어든다면 전쟁에 대한 유혹이 증가하지 않을까? 누구도 지능형 기계에 대한 의존도가 높아진다고 해서 미래의 전쟁이 피를 흘리지 않는 것이 될 것으로 기대해서는 안 된다. 우주 공간에서 싸우는 위성을 제외하고, 미래의 전쟁은 여전히 사람들이 있는 곳에서 일어날 것이다. 그리고 계획대로 되는 것도 아니다. 비록 어떤 국가가 자국 병사들을 전쟁으로부터 배제하고 싶어 할지라도, 그 적들은 그들의 군인뿐 아니라 민간인까지 위협하는 모든 종류의 살상 무기로 보복할지 모른다. 나는 지능형 기계가 이러한 현실을 근본적으로 바꿀 것이라고 생각하지 않는다. 그리고 나는 미국이 우리 장병들을 보다 안전하게 지킬 수 있는 더 나은 지능형 기계에 의존하는 것을 거부하고, 대신 인간이 있으면 전쟁이 덜 일어날 것이라는 희망에서 이들을 인질로 삼는 것처럼 불필요한 위험에 빠뜨리는 것을 선택하지 않기를 바란다. 그것은 전혀 윤리적으로 보이지 않는다.

우리 미국인들은 이렇게 어렵고 중요한 윤리적 문제에 대해 매우 주의 깊게 생각하고 있다는 것을 좋게 말한다. 지능형 기계의 적절한 군사적 사용에 대한 우리의 논쟁, 즉 이러한 기술들이 우리의 가치, 법률, 정책 그리고 확립된 군사 관행에 부합하는지에 대한 논쟁을 치열하게 전개할 수 있다. 이는 매우 많은 미국인이 이러한 어려운 문제들을 올바로 해결하는 데 깊은 관심을 두고 있기 때문이다. 그러나 중국 공산당이나 블라디미르 푸틴에 대해서도 같은 말을 할 수 있을지 모르겠다. 그들은 이미 인공지능을 이용해 권위주의를 완성시키고 자국 시민의 자유를 광범위하게 침해하고 있다. 우리가 큰 관심을 가지고 있는 인간의 권리와 존엄성에 대한 우려가 군사적 우위를 차지하려는 그들의 거센 돌진을 주저하게 만들 것으로 상상하기 어렵다. 그리고 그들의 바로 그 염치없는 태도가 사실 그들이 그렇게 나아가도록 만들고 있다.

문제는 이것이 우리에게 어떤 변화를 가져다 줄 것인가 하는 점이다. 이는 브루킹스 연구소가 2018년 8월에 발표한 여론 조사의 주제였다.[9] 응답자들에게 전쟁용 인공지능 및 관련 기술을 개발하는 것에 대해 어떻게 생각하느냐는 질문을 했을 때 39%가 반대했고, 30%가 지지했으며, 32%는 확신이 없었다. 그러나 같은 미국인들에게 경쟁국들이 전쟁을 대비하기 위해 그런 기술을 개발해야 하느냐는 질문을 받았을 때 반대자의 비율은 39%에서 25%로 떨어졌고, 지지자의 비율은 30%에서 45%로 올랐다. 한 여론조사를 갖고 광범위한 결론을 도출할 수는 없지만, 많은 미국인이 깨달은 것은 강대국 경쟁이 첨단 기술의 군사적 사용에 대한 우리의 윤리적 결정을 바꿀 수 있다는 것이다. 우리가 인공지능 같은 기술을 무기화하지 않기로 선택했다고 해서 경쟁자들도 우리와 같은 선택을 할 것이며 그에 얽매일 것으로 생각해서는 안 된다. 이런 현실에 기뻐할 필요는 없지만 그렇다고 부인할 수도 없다.

우리는 또한 더욱 중요한 현실을 인식해야 한다. 즉, 미래의 지능형 기계와 다른 신흥 기술의 군사적 사용을 좌우할 이들은 그러한 기술의 개발자와 사용자가 될 것이라는 점이다. 중국과 러시아는 분명 우리가 원하는 만큼 국제법의 세부 사항에 대해 우리와 논의할 것이지만, 기술적으로 더 발전된 군사력을 구축하려는 노력을 멈추지 않을 것이다. 우리는 우리 군대와 다른 사람들이 지능형 기계로 무엇을 해야 하고, 하지 말아야 하는지에 대해 우리가 원하는 모든 것을 말할 수 있다. 하지만 우리가 이러한 시스템을 구축하지 않은 상황에서 우리의 전략적 경쟁자들이 그런 무기를 보유하게 된다면 어떻게 될까? 그리 멀지 않은 미래에 살상용 자율 무기가 광범위하게 확산될 것이며 자유주의 가치를 침해할 목적으로 이러한 무기가 일상적으로 사용되는 세상에서, 현저히 영향력을 상실한 채 살아가고 있는 우리 자신을 발견

9) Darrell M. West, "Brookings Survey Finds Divided Views on Artificial Intelligence for Warfare, but Support Rises If Adversaries Are Developing It," Brookings Institution, August 29, 2018, https://www.brookings.edu/blog/techtank/2018/08/29/brookingssurvey−finds−divided−views−on−artificial−intelligence−for−warfare−butsupport−rises−if−adversaries−are−developing−it/.

한다고 해서 그리 놀라지 말아야 한다. 이런 세계에서는 근거 없는 팽창주의적 영토 주장이 강요되고, 주권 국가들의 독립성이 침해되며, 인권의 억압과 함께 궁극적으로 미국민의 삶을 위협하는 일이 발생할 것이다.

나는 그런 세상에 살고 싶지 않다. 소련이 핵무기를 가진 유일한 강국이었던 세상에서 살고 싶지 않았던 것 이상으로 중국 공산당이 살상용 자율 무기를 가진 유일한 국가인 세상에서는 살고 싶지 않다. 무기를 만드는 이유는·우리가 원해서가 아니라 우리가 해야 한다고 믿기 때문이다. 왜냐하면 우리는 포식자들이 득실거리는 세상에서 무장 해제되고 무방비 상태로 살고 싶지 않기 때문이다. 무기를 만들고 싶은 마음이 간절해서가 아니라 무기를 절대로 사용하지 않는 상황을 만들기 위해서 무기를 만들어야 한다. 우리가 할 수 있는 가장 우수한 무기를 만들어야 할 이유는 분쟁과 폭력의 행사를 막고 싶기 때문이기도 하지만, 만약 평화가 깨지고 그런 비극적인 날이 와서 미국의 남녀가 전쟁터로 보내지게 된다면, 위험한 길로 나서는 그들에게 우리가 제공할 수 있는 최고의 기술로 무장해서 내보내길 원하기 때문이다. 그렇지 않으면 더 많은 미국인이 희생당할 위험만 커질 것이다. 그것이야말로 비윤리적인 일이다.

이것이 미국이 살상용 자율 무기를 만들어야 하는지 물어본다면 – 그리고 중국 공산당과 다른 경쟁국들이 그런 무기를 직접 만드는 것을 자제하고 있다는 것을 신뢰하지도 검증하지도 못한다면 – 내가 마지못해서라도 그렇다고 대답하는 이유이다. 그러나 그렇다고 무조건적인 동의는 아니다.

우리는 우리가 핵무기를 보는 것과 똑같은 방식으로 살상용 자율 무기를 보아야 한다. 우리는 핵무기의 사용을 원하지도 기대하지도 않지만, 위험한 경쟁자들이 미국과 동맹국들을 상대로 그러한 무기를 사용하는 것을 막기 위해 언제든 사용할 태세가 되어 있어야 한다. 우리는 높은 수준의 자율성을 지능형 기계에 구축하여 적대적 세력이 비슷한 능력을 활용해 우리나라를 위협하는 것을 방지하고 미군을 더 큰 위험에 빠뜨리는 것을 막아야 한다. 이러한 무기는 자기방어의 극단적인 경우를 위해 존재해야 한다. 그리고 우리가 수십 년 동안 사용해 온 이지스나 패트리엇 미사일 방어 시스템의 완전한 자율적 설정을 바라보는 것과 비슷한 방식으로, 마지막에 의존할 수단으로 존재해야 한다. 그리고 그 무기들이 거의 사용된 적이 없듯이, 새로운 살상용 자율 무기들에 대해서도 그런 희망과 기대를 갖고 있다. 지능형 기계의 자율성은 우리가 결코 사용하려고 의도하지 않는 수준으로 설정되어야 한다. 그리고 만약 어떤 사람이 그 설정을 켜기로 선택한다면, 의당 그것을 끌 수도 있어야 한다.

살상용 자율 무기 개발을 인도할 또 다른 원칙이 있다. 이것은 미국 국방 기관의 상당 부분을 매우 불편하게 만들 수 있는데, 바로 철저한 투명성이다. 이는 지난 20년간 미국 정부가 무장 드론 문제에 접근해 온 방식과 크게 반대되는 것이다. 우리는 킬 체인의 모든 작업에 대한 인간의 통제력을 보장하기 위해 엄청나게 많은, 심지어 지나칠 정도로 긴 시간을 투자했다. 하지만 우리는 그것에 대해 공개적으로 이야기하기를 꺼려했다. 우리는 그 문제 전체를 우리에게 손해가 될 정도로 극비리에 처리했다. 우리는 우리의 행동에 대해 설명하고 토론하고 방어하는 것 대부분을 거부했기 때문에 우리가 뭔가 잘못되고 불법적인 일을 하고 있다는 인식을 들게 만들었다. 우리는 이러한 무기의 조종사와 감독자들이 이 시스템을 얼마나 철저하고 신중하게 사용하고 있는지, 무고한 생명의 불필요한 손실을 막기 위해 얼마나 노력하고 있는지, 그리고 우리의 행동이 우리의 가치와 국제법적 의무와 얼마나 일치하는지에 대해 입증하는데 실패했다. 그 결과 미국은 이 모든 윤리적 문제를 우리의 비판자들에게 넘겼다. 그들은 우리의 군사용 드론 사용에 대해 거짓말을 늘어놓았고, 우리가 충분히 설득력 있게 반박하지 않는다고 근거 없는 비난을 쏟아냈다.

그것은 우리가 반복해서는 안 되는 실수이다. 가능한 최대한으로, 미국 정부와 산업계의 파트너들은 미국과 국제법에 부합하는 책임감 있는 방식으로 자율 무기 개발과 관련된 많은 윤리적·기술적 난제들에 대해 우리가 어떻게 고심하고 있는지를 국민과 세계에 알려 주어야 한다. 우리는 이러한 시스템의 성능을 검증하고 교육할 때와 동일하게 개방적이어야 하며, 이러한 기계의 효과와 예측 가능성을 높이기 위해 공학자와 윤리학자 모두를 폭넓게 참여시켜야 한다. 간단히 말해서, 이 기계들이 우리의 가치를 어떻게 구현하고 있는지를 입증해야 한다. 그리고 우리는 중국 공산당이 이러한 윤리적·기술적 문제를 어떻게 다루는지에 대해서도 그러한 무기를 만드는 만큼 투명해질 것을 요구해야 한다.

아마도 매년 제네바에서 열리는 많은 선의의 협상가들의 희망처럼 미국과 중국이 살상용 자율 무기의 개발, 배치, 그리고 잠재적 사용을 어떻게 제한할 것인가를 두고 협상할 날이 올 것이다. 그게 내 희망이기도 하고 우리의 목표가 되어야 한다.

하지만 현실적으로 그런 일은 두 나라가 이러한 무기를 보유할 때 가능할 것이다. 자율 무기의 개발과 사용을 제한하는 것은 미국과 경쟁국들이 절실한 입장에서 협상할 수 있을 때만 가능할 것이며, 이러한 무기의 계속적인 획득이 그들의 안보를 위태롭게 할 것이라는 두려움에 의해 동기부여될 때 가능할 것이다. 그런 날이 아직 오지 않았고, 어쩌면 앞으로도 오지 않을지 모른다. 그렇기 때문에 미국은 이제 이러한 기술을 구축하는 데 집중해야 한다. 그렇지 않으면 우리는, 잘 무장한 권위주의 강대국이 첨단 기술의 규칙을 우리의 가치가 아닌 그들의 가치와 부합하게 만들어 가는 세계에 살게 될 것이다.

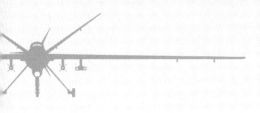

군사용 사물인터넷

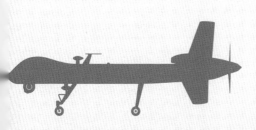

제8장

군사용 사물인터넷

2018년, 나는 전쟁의 미래를 이해하기 위해 라이트 형제의 고향인 오하이오주 데이튼을 방문했다. 나는 한동안 전쟁의 미래를 탐구하고 있었다. 매케인이 2014년 상원 군사위원장이 되었을 때 나에게 처음 지시한 것 중 하나가 정말 짧았지만 현명한 판단이었다. 그는 "우리는 과거에 너무 많은 것을 투자해 왔어. 이제 미래에 투자하고 싶어."라고 얘기했다.

미래에 대한 투자에 관련하여 우리가 직면한 어려움을 생각할 때면, 나무를 심기에 가장 좋은 때는 20년 전과 오늘이라는 옛말이 떠올랐다. 새로운 군사기술과 역량을 발전시키는 데는 오랜 시간이 걸리는 경우가 많다. 수년간의 군사 현대화 이후에도 기존의 작전과 과도한 조달 프로그램을 유지하는데 수십억 달러의 예산이 지출된다. 이런 상황에서 매케인과 내가 봉착한 가장 큰 어려움 중 하나는 미래를 향해 우리가 원하는 만큼 투자하기 어렵다는 점이었다. 나는 매케인을 도와 국방예산 내에서 매년 수십억 달러를 절감하여 새로운 기술개발에 우선적으로 투자할 수 있도록 했다. 그러나 우리는 국방부로부터 거의 도움을 받지 못했는데, 국방부는 가장 고무적인 미래지향적 프로그램을 부각시키는 데 있어 충격적일 정도로 거의 아무 일도 하지 않았다. 나와 우리 직원들은 마치 부활절 달걀을 구하려 다니고 있다는 느낌이 들 정도였다.

데이튼에서 내가 찾아간 곳은 공군의 연구실험실이었다. 그곳에서 나는 저비용 항공기술 프로그램이라고 불리는 실험적인 무인 항공기에 대해 좀 더 알아보려고 했다. 이 항공기술의 본질은 값싼 타깃 드론으로 적기와 같은 음속의 기동 속도로 근접 비행할 수 있는 것으로 우리 전투기 조종사들이 목표물 연습에 활용할 수 있도록 설계됐다. 누군가가 이 날아다니는 총알받이를 실제 군사적 역량으로 활용할 수 있지 않을까 하는 기발한 생각을 했고, 그래서 XQ-58A라 불리는 항공기로 태어나게 된 것이다.

이 프로그램의 팀원들은 자신들의 목표는 무인 자율 항공기를 개발하는 것이었다. 그것은 제한된 용도의 취미용 드론이 아니라 성능이 매우 뛰어난 전투기라고 설명했다. XQ-58A는 공군의 최첨단 고성능 전투기처럼 생겼고, 두 배 이상의 비행거리를 갖고 있었다. 그것은 다소 느리고 적재하중도 적지만, 음속으로 비행할 수 있었다. 미사일처럼 제자리에서 발사돼 낙하산으로 회수할 수 있기 때문에 공군기지의 활주로를 필요로 하지 않는다. 강대국 간의 전쟁에서 첫 번째 공격목표가 되는 것이 활주로다.[1]

가장 중요한 점은 XQ-58A가 적어도 미 국방부의 관점에서는 아주 값싸다는 것이다. 실험실 연구진들이 '쓰고 버릴 수 있는 소모품'이라고 부를 정도다. 다른 말로 하면, 공군이 대량 구매가 가능하고 전투에서 많이 격추되어도 괜찮다는 것이다. XQ-58A에 감지장치와 발사장치가 추가되면 한 대 가격이 수백만 달러로 올라가겠지만, F-35A 한 대 가격으로 12대나 24대를 살 수 있다. 첫 비행은 내가 방문한 다음으로 늦춰졌지만, 다음 해 새로운 이름인 발키리Valkyrie란 이름으로 날아올랐다.[2]

데이튼에 다녀온 지 몇 달 후, 나는 또 다른 실험적인 자율 시스템을 보기 위해 캘리포니아로 날아갔다. 그것은 해군이 개발 중인 초대형 무인 수중 운송체XLUUV였다. 내가 도착했을 때 지상에 인양되어 있었기 때문에 가까이에서 관찰할 수 있었다. 비록 해군의 유인 고속 공격 잠수함보다 훨씬 작았지만, XLUUV는 이름에 걸맞은 성능을 갖고 있었다. 그것은 51피트 길이로 6500해리를 이동할 수 있는데 대략 로스앤젤레스에서 서울까지의 거리다. 이 운송체에 탑재 모듈을 추가하여 34피트 정도 더 길어지게 되는데, 로버트 워크 당시 국방차관의 말을 빌리면, 여기서 수중

---

1) Tyler Rogoway, "More Details Emerge on Kratos' Optionally Expendable Air Combat Drones," The Warzone, *The Drive*, February 7, 2017, thedrive.com/the-war-zone/7449/more-details-on-kratos-optionally-expendable-air-combat-drones-emerge?iid=sr-link1.
2) [역주] XQ-58A 발키리는 2019년 3월 5일 시험비행을 성공적으로 마쳤다.

체를 떨어뜨리거나 위로 미사일을 쏴 올릴 수도 있다고 했다.[3]

여기서도 XLUUV의 가장 중요한 장점 중 하나는 비용이었다. 이 시스템 중 하나는 대략 5,500만 달러의 비용이 든다. 그리고 해군이 포함할지도 모르는 감지장치와 탑재물을 추가함으로써 그 비용이 두 배로 늘어난다고 해도 놀랄 일은 아니다. 이는 결코 저렴하다고 말하기 어렵지만, 그에 비해 가장 성능이 뛰어난 버지니아급 잠수함의 가격은 한 척에 32억 달러다. 120명의 선원을 태우고 있으며 건설하는 데 대략 3년이 걸린다. 버지니아급 잠수함은 모든 면에서 훨씬 더 성능이 뛰어난 플랫폼이지만, 이것을 하나 구입하는데 들어가는 비용이며 대략 30대의 XLUUV를 살 수 있다. 내가 그것을 본 직후에 오르카Orca라는 새로운 이름을 얻었다.

발키리와 오르카가 전혀 다른 종류의 군사 플랫폼이었다는 점이 나를 흥분시켰지만, 그 이상으로 나의 관심을 끈 것은 그것들이 대규모 군사 시스템의 분산된 네트워크에 결합할 수 있는 광범위한 능력을 갖고 있기 때문이었다. 이러한 능력으로 인해 우리의 군사 시스템은 기존의 것에 비해 훨씬 빠르고, 값싸며, 보다 유연하게 구축되고 현대화될 수 있다. 내가 발키리와 오르카에 대해 더 많이 알기 위해 전국을 여행한 이유도 여기에 있다. 이러한 자율 시스템은 사정거리는 짧지만 훨씬 많은 수의 더 저렴한 자율 무기들을 미국 본토에서 멀리 떨어진 미래의 전장으로 보내는데 도움이 될 것이다. 간단히 말해, 내가 관심을 갖고 있는 것은 군사 시스템이 특정 시점에 어떤 것이었느냐가 아니라, 그것들이 무엇이 될 수 있느냐 하는 것이다.[4]

발키리와 오르카는 제한된 수준의 자율성을 가지고 사람의 개입이 거의 없는 상태에서 안전하고 효과적으로 기본적인 작전을 수행할 수 있다. 이것들도 인상적인 기술적 성취지만, 이 시스템들은 훨씬 더 많은 잠재력을 가지고 있다. 이러한 잠재력에 도달하려면 인공지능, 운송체 자율성, 그리고 또 다른 첨단 기술들을 필요로 한다. 이들 기술은 대부분 하드웨어가 아니라 소프트웨어며, 미국의 전통적인 국방 산업 단지에서 보다는 상업 기술 회사에서 더 많이 주도하고 있다. 이런 첨단 기술들이 발키리와 오르카 같은 무인 시스템을 지능형 기계로 만드는데 필요한 것이다.

---

3) Peter Rathmell, "Navy, Boeing Partner to Build Deep−Sea Drone," *Navy Times*, June 12, 2017, https://www.navytimes.com/news/yournavy/2017/06/12/navy−boeing−partner−to−build−deep−sea−drone.

4) [역주] 군사 시스템이 네트워크로 결합해서 새로운 무기체계로 확장될 수 있는지 그 가능성을 묻고 있는 것이다.

내가 **지능형 기계**라고 말할 때, 흔히 로봇 전쟁의 최첨단으로 여겨지는 프레데 터나 리퍼 항공기 같은 현재의 군사용 드론을 말하는 것이 아니다. 실제로 이러한 '무인' 시스템은 수십 명의 사람이 각각 원격으로 조종하고 센서를 담당한다. 지상에 서는 정비를 통해 유지해야 하고 수집한 정보들을 분석한다. 이렇게 수집된 자료의 상당 부분은 이를 처리할 수 있는 인력이 부족해서 폐기된다. 실제로, 수년 동안 미 군은 전투 지휘관들이 요구했던 드론 임무의 극히 일부만을 제공해 왔다. 문제는 드 론 부족이 아니라 인력 부족이었다. 그러나 엄청난 인력의 노동에 의존하지 않는 군 사 기계를 만드는 데 필요한 기술은 아직 개발되지 않고 있다.

점점 더 복잡해지는 작업을 수행할 수 있는 지능형 기계를 만들 수 있는 모든 기술은 이미 존재하고 있다. 저비용의 고성능 감지장치를 통해 기계가 환경에 대한 대량의 자료를 수집할 수 있다. 잘 훈련된 알고리즘은 모든 자료를 체로 걸러내고 인간이 기계에 지시한 주요 정보를 식별할 수 있다. 이 알고리즘은 초당 수백조 번 의 연산을 수행하고 자율 주행 차량을 가능하게 하는 동일한 종류의 에지 컴퓨터와 그래픽 프로세서를 사용하여 기계 안에서 실행될 수 있다. 소프트웨어에 의해 정의 되는 통신 연결은 정보를 컴퓨터 간에 이동할 수 있도록 해주는데, 심지어 네트워크 에 연결되어 있지 않더라도 가능하다. 로봇 공학 기술이 발전하면 기계가 인간의 직 접적인 통제 없이 점점 더 복잡한 물리적 작업을 수행할 수 있게 된다. 이건 공상과 학 소설이 아니다. 이러한 기술은 바로 지금 우리 곁에 있다.

지능형 기계가 다른 것과 구별되는 것은 자료의 수집과 처리, 임무 관련 정보 추출과 다양한 수준의 복잡성에 따른 해석, 그리고 다른 군사 시스템과의 공유를 통 해 인간의 직접적 통제 없이도 이러한 정보에 기반한 행동을 취할 수 있는 능력에 있다. 미군에서도 발키리와 오르카와 같은 시스템을 보다 지능적인 기계로 어떻게 변화시킬 것인지에 대해 고민하고 있는 게 분명하다. 그러나 이러한 기계가 수행해 야 하는 역할에 대한 일반적인 관점은 전통적인 유인 플랫폼의 보조적 역할, 예컨대 항공 급유, 사전 정찰과 정보획득, 혹은 '충성스런 호위기'에서 크게 벗어나지 못하 고 있다. 이는 1920년대 미 해군이 항공모함을 단순히 전함의 보조물로 보았던 것 과 마찬가지다.

이러한 역할은 초기 지능형 기계에 적합한 역할이지만, 잠재력을 최대한 활용하 는 것과는 거리가 멀다. 때가 되면, 지능형 기계가 단순히 유인 플랫폼을 보조적으 로 강화시키는데 끝내서는 안 되며, 유인 플랫폼을 대체할 수 있도록 발전시켜야 한다. 진정한 목표는 지능적 기계를 중심으로 미래의 전투 네트워크를 구축하는 것이다. 그리고 네트워크를 구축하는 데 있어 미군이 따라잡아야 할 많은 일이 남아있다.

전투 네트워크는 군대가 킬 체인을 완료하는 수단이다. 그것은 군대로 하여금 상황을 이해하고, 결정하고, 행동할 수 있게 하는 것이다. 전투 네트워크는 사람과 물건things으로 구성되어 있으며, 기계에는 감지장치와 발사장치, 그리고 정보를 공유하는 장치를 포함한다. 전투 네트워크는 매우 복잡하지만, 가장 기본적인 수준에서는 이 세 가지에 불과하다. 감지장치는 현재 일어나고 있는 일에 대한 정보를 제공하고, 이 정보는 네트워크를 통해 발사장치에 공유되고, 발사장치는 실행에 옮긴다. 발사한다는 것은 말 그대로 물리적 발사체를 쏘는 것을 의미하지만, 미군은 종종 **발사**를 사이버 공격, 전자 전쟁, 방해 통신, 정보 전쟁과 같은 형태를 취하거나 혹은 다른 수단에 의한 것이든 간에, 어떤 결정을 실행하는 일에는 다 적용될 수 있는 포괄적인 용어로 사용한다.

전투 네트워크의 각 부분은 필수불가결하지만, 종종 간과되는 가장 중요한 점은 정보의 공유이다. 감지장치와 발사장치가 사람들의 관심을 끌지만, 정보를 공유하는 부분은 그렇지 못하다. 이 부분은 그리 섹시하지 않기 때문이다. 그들은 액션 영화에 등장하지 않는다. 스스로를 '전사'라고 생각하는 사람들은 정보통신규약이나 경로와 같은 일상적인 기술적 문제에 시달리는 것을 별로 좋아하지 않는다. 그러나 그것은 개별 군사 플랫폼을 하나의 전투 네트워크로 변화시키고, 더욱 자동화된 군대로 발전하는데 훨씬 중요해지고 있다는 점에 주목할 필요가 있다. 사실 정보를 잘 공유할 수 있는 능력이 없으면 전투 네트워크가 존재할 수 **없다**. 그 결과 킬 체인을 완료하려면 더 많은 시간과 더 많은 사람, 더 많은 돈이 필요하기 마련이다.

이러한 네트워킹 개념은 가장 과소평가된 것이며, 미군이 상업 기술 세계에 훨씬 뒤지게 된 결과를 초래했다. 지난 20년 동안 상업 기술 기업들은 화려하지 않은 고통스런 반복 작업을 통해 모든 것을 다른 모든 것과 연결할 수 있는 정보 아키텍처의 토대를 구축해 왔다. 이를 통해 우리는 어떤 네트워크 상의 장치에서도 특정 응용 프로그램을 실행할 수 있게 되었다. 프로그램 실행 과정에서 중요한 정보의 상실이나 연결이 끊어질 염려 없이 언제 어디서든 자유롭게 내용을 변경할 수 있게 된 것이다. 사물인터넷Internet of Things을 가능하게 한 이 디지털 혁명의 중심 개념은 개별 플랫폼보다 이를 연결하는 더 넓은 네트워크가 훨씬 더 중요하다는 것이다.

그러나 이것은 미군의 전투 네트워크가 구축된 방식이 아니다. 많은 미국인은 그들의 군대가 영화에서처럼 킬 체인을 수행할 수 있을 거라 믿고 있다. 바다 밑에서부터 하늘 너머로 뻗어있는 눈부신 기계들의 네트워크가 우리의 적들에 대한 정보를 수집하여 네트워크를 통해 원활하고 즉각적으로 공유한다고 생각한다. 이를 통해 작전 통제실에 있는 군인들이 사건을 이해하고, 실시간으로 대상에 대한 직접적인 조치를 취할 수 있다고 생각한다. 확실히 우리의 군사 시스템 중 일부는 여기에 꽤 근접해 있다. 그러나 전반적인 현실은 매우 다르다. 만약 내가 미국의 각 군에서 근무하는 장병들이 플랫폼과 시스템이 서로 정보를 공유하지 못한다고 불평할 때마다 1달러씩 받는다면, 나는 벼락부자가 되었을 것이다.

현재 군사 시스템과 네트워크는 대단히 단선적이고 경직된 방식으로 작동하는 경우가 많다. 특정 감지장치는 특정 발사체와 정보를 공유하여 하나의 킬 체인을 완료할 수 있지만, 해당 전투 네트워크의 다른 부분을 대체할 수는 없다. 한 가지 방식에만 들어맞는 직소 퍼즐 같은 방식으로 구축되어 있기 때문에 변화하는 사건에 적절히 반응하기 어렵고 외부의 공격에도 취약하다.

기술이 전쟁의 안개를 완전히 걷지는 못하겠지만, 미군의 남녀 장병들은 불필요하게 많은 안개 속을 헤집고 다니고 있다. 그들이 근무 중에 사용하는 많은 정보 기술은 현재의 기술보다 몇 년이나 뒤처져 있다. 문제는 사람이 킬 체인의 고리에서 배제될 위험에 처해 있는 것이 아니라, 오늘날 미군은 너무 복잡한 의사결정 단계를 가지고 있으며 그 과정에 너무 많은 사람이 개입한다는 것이다.

나는 전 세계의 미군 작전 센터에서 이런 미군 장병들의 모습을 지켜 보아왔다. 작전 센터는 군용 드론에서 보내온 실시간 동영상을 보여주는 평면 스크린이나 전투 공간 지도로 도배가 되어 있고, 바닥에는 개인 병사들이 여러 대의 컴퓨터 모니터로 전투 네트워크의 좁은 부분을 감시하는 책상들로 가득하다. 상급 사령부의 작전 센터는 농구 코트만 한데 전쟁 지역에 있는 하위 부대의 엄격한 전술 작전 센터보다 더 많은 스크린과 더 좋은 책상들로 채워져 있다. 크기에 상관없이 작전 센터는 군사 시스템과 감지장치로부터 많은 정보가 유입되는 두뇌와 같다. 문제는 기계들 간에 직접 정보를 공유할 수 있는 시스템이 없다는 것이며, 미군은 이런 식으로 전투 네트워크를 연결하고 있다. 많은 사람이 큰 방에 앉아서 말이다.

이들은 미국이 배출한 최고의 남성과 여성들이다. 더 나은 기술이 채택된다면 당장이라도 그들을 대신해서 해결할 수 있는 킬 체인을 완료하기 위해 엄청난 양의 시간과 재능을 소모하고 있는 것이다. 킬 체인은 세상의 사건들을 이해하는 데서 출발한다. 킬 체인의 첫 번째 단계다. 대부분의 군용 감지장치는 고출력 기계로 사람들이 수동으로 조작해야 한다. 이는 축구 경기장 바깥에서 경기장 내 선수들이 무슨 이야기를 하는지 듣기 위해 거대한 수신용 장비를 선수에게 겨누는 음향 기술자가 작업하는 방식과 비슷하다. 지난 수년 동안 기계학습의 발전을 통해 이미지에서 사람과 사물을 식별하는 것과 같은 모든 종류의 간단한narrow 작업이 가능해졌다. 그럼에도 불구하고, 미군의 경우 각 고출력 감지장치가 수집한 정보를 이해하고 그것을 어떻게 처리할지를 알아내는 것을 거의 대부분 사람들이 하고 있다.

이런 모습을 보면서 이런 생각이 들었다. 그것은 마치 별개의 사람들이 다섯 개의 감각기능을 각기 분리하여 조종하고 감독하는 것처럼 보였다. 그래서 하나의 신경망 안에서 이 모든 정보가 융합되어 이해를 이끌어내는 것이 아니라, 무슨 일이 일어났는지를 알기 위해서는 이들이 모두 모여 논의를 해야 하는 상황이다. 이것이 실재 미국 장병들이 소리치면서 큰 방을 왔다 갔다 해야 하는 상황을 보여준다. 대개 그들은 mIRC 채팅이라고 불리는 컴퓨터 기반 인스턴트 메시징 프로그램을 사용한다. 나는 미국 장병들이 여러 개의 개별 채팅창을 곡예하듯 들락날락하는 것을 봐왔다. 이러한 채팅에는 종종 한 컴퓨터에서 생성된 정보를 다른 컴퓨터로 수동으로 전송하는 작업이 포함된다. 그들은 그것을 '핸드 재밍hand jamming' 혹은 '팻 핑거링 fat fingering'이라 부른다.5) 이런 방식은 느리기 마련이고, 실수를 저지르기 쉽다.

최근 미군에서 목표처리targeting 임무를 담당하고 있는 한 친구는 자신의 부대에서 한 페이지에서 표적을 확인해주는 가장 좋은 방법은 구글 지도라고 말해 주었다. 이들은 다양한 감지장치 플랫폼을 통해 획득한 표적에 대한 다양한 종류의 정보를 수집하고, 목표물이 실제로 어디에 있는지 힘든 결정을 내려야 한다. 그리고 발사장치가 무기를 어디로 발사해야 할지 지시하기 위해서 말 그대로 구글 지도에 핀을 꼽

---

5) [역주] 여러 개의 채팅창을 열어두고 대화하는 과정에서 발생하는 문제를 지적하는 것이다. '핸드 재밍'은 여러 개의 채팅창을 열어두고 대화하는 상황에서 발생하는 정체(jamming)를 말하는 것이고, '팻 핑거링'은 말 그대로 입력할 때 한 손가락으로 동시에 두 개의 키를 치게 됨으로써 발생하는 입력 오류를 말한다.

아야 한다. 그즈음에 구글 직원들은 자사의 기술이 치명적인 군사작전에 사용되지 않도록 국방부와 관계를 끊을 것을 요구하는 공개서한을 경영진에게 보냈다. 내 친구는 "그 사람들이 구글 지도를 이용해 미군이 얼마나 많은 폭탄을 떨어뜨렸는지를 알면 머리가 터질 것"이라고 말했다.

　미군 장병들은 종종 그들이 사용해야 하는 기술들이 얼마나 부적절한지에 대해 누구 보다 먼저 농담거리로 삼는다. 그들은 이렇게 해서 그러한 부적절함이 치명적인 결과를 가져올 수 있다는 사실을 알려 주고 있다. 미군은 늘 킬 체인을 완료하지 못하고 있다. 위협이 발생하고, 미군 장병들이 이를 이해하고, 무엇을 해야 할지 결정하고, 조치를 취하기 위해 미친 듯이 일하고 있지만, 그들은 오래된 기술, 단절된 전투 네트워크, 그리고 오래된 작업 방식 때문에 필요 이상으로 더 열심히, 더 오래 일해야 한다. 그렇게 시간이 지나가는 동안 위협은 단지 눈앞에서 사라질 뿐이다. 킬 체인을 완료하지 못한다 해도 미국인들에게는 어떤 특별한 피해를 주지 않을 수 있다. 하지만 그것은 그들의 부대가 매복에 걸려 들어가거나 미사일이 그들의 기지나 함선에 명중하는 것을 의미할 수 있다. 비록 그들 자신의 잘못도 아니고 그들이 하지 않은 것도 없지만, 가장 큰 손해를 보는 사람은 미국인들이다.

～✺～

　오늘날의 미군은 그 성패를 결정짓는 단 한 가지 일, 즉 킬 체인을 완료하는 데 있어서 할 수 있고 해야 하는 것보다 훨씬 느리고 효과적이지 않다. 우리는 지난 30년 동안 주로 약한 적들과 싸워왔기 때문에 이 문제는 그리 명백하지 않았다. 비록 우리가 할 수 있고 해야 하는 것만큼 빠른 수준에 가까이 간 적은 없지만, 우리는 킬 체인을 닫는 데 있어 적어도 적들보다 훨씬 빨랐다. 그러나 미래에는 그것으로 충분하지 않을 것이다.

　이것이 바로 우리가 지능형 기계의 출현을 기존의 전투 네트워크를 최적화하는 방법뿐만 아니라 현재의 방식에서 벗어나 미래를 향해 우리의 전투 네트워크를 새롭게 상상하는 기회로 간주해야 하는 이유이다. 새로운 전투 네트워크는 현재의 군대와는 다른 모습을 띠어야 하며, 새롭게 부상하는 사물인터넷, 즉 인간이 정의한 목표의 범위 내에서 정보를 수집, 처리, 해석, 공유 그리고 행동할 수 있는 지능형 기계 네트워크와 비슷해야 한다. 이들 사물들은 우리 집의 온도를 조절하거나, 현관을 감시하고, 일상적인 집안일을 도와주는 것과 같은 복잡한 기능을 제각기 수행할 수 있다. 그러나 궁극적으로, 이 모든 것은 정보를 공유하며 일상생활에서의 이해, 결정, 행동을 촉진하는 전방위로 확장된 사물인터넷의 접속점, 즉 노드node일 뿐이다.

지능형 기계의 출현은 일종의 군사용 사물인터넷으로서 미래의 전투 네트워크를 구축하는 것을 가능하게 할 것이다. 그중 하나가 발키리 같은 무인 잠수함이나 스페이스X 같은 소형 위성일 수도 있다. 사이버 상에 전송되는 자료일 수도 있고, 아니면 자율 주행 지상차, 선박 또는 수륙양용 시스템일 수도 있다. 그 자체보다 더 중요한 것은 모든 감지장치가 모든 발사장치와 정보를 공유할 수 있는 기능, 모든 감지장치로부터 정보를 수신할 수 있는 기능, 그리고 모든 기계가 실시간으로 다른 모든 기계로 정보를 전송하는 기능이다. 사물 그 자체는 네트워크의 노드일 뿐이다. 즉, 정보를 감지하고, 발사하고, 공유하는 사물이다. 가장 중요한 목표는 전투 네트워크가 인간의 이해와 결정, 행동을 용이하게 해야 한다는 것이다.

군사용 사물인터넷은 기계가 전체 킬 체인을 통제한다는 것을 의미하지 않는다. 오히려 지능형 기계가 할 수 있는 것과 인간이 할 수 있는 것을 더 잘 구분하는 것이 목표다. 인간은 여전히 많은 영역에서 기계보다 유능하다. 이는 수년 또는 수십 년, 아마도 영원히 지속할 것이다. 인간은 기계보다 더 넓은 맥락에서 정보를 해석하고, 사물의 행동에서 사건의 의미를 추론하고, 행동의 다른 과정의 위험과 균형을 저울질하며, 행동의 전략적이고 윤리적인 의미를 평가하는데 뛰어나다. 군사용 사물인터넷의 목적은 이러한 필수적인 임무를 수행하는 데 있어 사람을 대체하는 것이 아니다. 반대로, 우리 장병들이 이러한 핵심 기능을 더 잘 수행하는 데 있어 더 많은 시간을 쏟을 수 있도록 그들을 불필요한 일에서 자유롭게 해주기 위함이다.

군사용 사물인터넷은 미국의 국방 기관을 지배하고 있는 플랫폼 중심의 세계관과 반대된다. 우리는 항상 인간의 선호와 한계를 중심으로 기계를 만드는 것에 대해 생각해왔기 때문에, 우리의 목표를 현재의 플랫폼보다 더 우수하고, 더 빠르고, 더 강력한 플랫폼을 제공하는 것으로 정의하는 경향이 있다. 우리는 오랫동안 미국의 군사적 우위를 제공해 온 특정 기술에 너무 집착해 왔다. 그래서 우리는 종종 수단을 목적으로 착각하거나, 원하는 사물(무기)과 원하는 결과를 혼동하는 경향을 보여 왔다.

그러나 기술 자체는 결코 목표가 아니다. 그것은 항상 목표를 달성하기 위한 수단이다. 예를 들어, 감지의 진정한 목표는 정교한 감지장치를 획득하는 것이 아니라 인간 이해의 범위와 정확성을 확장하는 것이다. 마찬가지로 사격의 진정한 목표는 전통적인 무기를 비축하는 것이 아니라 인간 행동의 범위와 효과를 확장하는 것이다. 더 나은 플랫폼은 목적을 위한 수단으로 존재한다. 그러나 진정한 목표는 더 유능하고 더 빠르고 더 적응력이 뛰어난 킬 체인을 확보하는 것이다. 즉 매우 역동적인 조건에서 상대보다 더 효과적으로 이해하고, 결정할 수 있어야 한다. 미래의 군사적 우위를 가늠할 결정적 원천은 무척 많은 복잡한 딜레마를 적에게 한꺼번에 강요함으로써 그들의 킬 체인을 뒤흔들고, 군대에 대한 지휘·통제능력을 방해하는 것이며, 무슨 일이 일어나고 있는지 이해하지 못하게 함으로써 올바른 결정이나 적절한 조치를 내릴 수 없게 만들 수 있는 능력이다.

그것이 군사용 사물인터넷으로 할 수 있는 일이다. 인간이 기술을 만들어 온 이래로, 어떤 복잡한 기계라도 그것을 작동시키기 위해 많은 사람들이 요구되어 왔다. 그 사람들 대부분은 뒤에서 활동하지만, 그들이 없으면 기계를 작동할 수 없다. 이러다 보니 전투 네트워크의 확대는 항상 사람들의 가용성에 의해 제한되어 왔다. 전투 네트워크의 기본 원리는 복잡한 기계 한 대를 조작하는 데 많은 사람이 필요하다는 것이다. 이것은 마치 중력의 법칙 같은 것으로 간주되어 왔다.

지능적인 기계를 중심으로 구축된 미래의 전투 네트워크는 사상 처음으로 인간과 기계의 비율을 역전시킬 것이다. 한 대의 기계를 작동시키기 위해 많은 사람이 필요한 대신, 한 사람 혼자서 여러 집단의 기계를 지휘할 수 있게 될 것이다. 지금까지 이런 적은 없었다. 그것은 근본적으로 지휘·통제에 대한 보다 역동적이고 유연하며 탄력적인 접근을 요구할 것이다. 이를 위해서는 감지장치와 발사장치, 의사결정과 조치실행, 군사력의 요구와 그것의 공급이 짝을 이루어야 한다. 이러한 일은 어떤 종류의 작전 시나리오이건 간에 하루에 셀 수도 없이 많이 일어나게 되는데, 감지와 실행이 짝을 이루며 즉각적으로 이루어져야 하는 것이다. 이러한 형태의 지휘·통제는 오늘날의 미군이 수행하는 방식보다는 우버Uber나 리프트Lyft와 같은 승차 공유 서비스의 운영 방식과 비슷한 것이다.[6]

군사용 사물인터넷은 인간의 명령과 기계의 통제 개념을 기반으로 구축될 것이

---

6) [역주] 우버나 리프트 모두 승차 공유 시스템으로 지능형 기계에 의해 가장 적합한 차량의 배차와 승차가 이루어진다.

다. 기계가 점점 지능화되고 인간이 지금까지 수행해야 했던 기본적인 작업을 수행할 수 있게 된다면, 지휘관들은 새로운 군사용 사물인터넷에게 더 많은 일을 위임하게 될 것이다. 이러한 일은 민간인들이 집안일 모니터링, 길찾기, 심지어 운전까지 지능형 기계에게 위임하면서 시작했던 방식이다. 이러한 위임은 기계나 정보를 한 곳에서 다른 곳으로 옮기거나 자료의 바다에서 중요한 정보 조각을 식별하는 것과 같은 일상적인 기능부터 시작할 것이다. 그러나 머지않아 인간은 이해, 결정, 행동과 관련된 작업을 보다 손쉽게 하는데 있어 더 많이 기계에 의존하게 될 것이다.

군사용 사물인터넷은 점점 더 적은 수의 사람들이 더 많은 기계를 지휘하는 것을 가능하게 할 것이다. 더 나아가 기계가 다른 기계를 지휘하는 방식으로 점차 발전할 것이다. 물론 기계의 지휘는 인간의 명령에 따라 이루어진다. 이러한 얘기가 불안하게 들릴 수 있지만, 이미 우리 군대에서도 초보적인 방식으로, 그리고 일상생활에서는 더욱 강력한 방식으로 일어나고 있는 일이다. 사실, 지능형 기계가 다른 기계를 제어할 수 있어야 사물인터넷은 계속 확대되며 작동할 수 있다. 대규모의 분산된 기계 집단은 한 대의 기계가 다른 기계를 통제할 수 있을 때만 확대될 수 있다. 그래야만 전체 네트워크가 혼란에 빠지지 않는다. 어떤 기계가 이끌 것인지 결정하는 것은 지도자 선출과정을 통해 사물인터넷에서 일상적으로 이루어지는 일이다. 이 일은 기계적인 프로그램을 통해 이루어지는데, 하나의 기계에 다른 기계를 통제할 수 있는 권한을 부여하게 된다. 이 지도적 기계의 임무는 다른 기계들이 네트워크의 질서와 규율을 지키고, 기본적인 작업수행을 지시하고, 인간의 명령에 정확히 따르도록 하는 것이다.

이것이 군사적 지휘·통제의 한 형태처럼 들린다면, 이것이 비록 기계의 경우이기는 하지만, 각 시스템은 언제든지 지도자가 될 수 있는 동등한 능력을 갖추고 있어야 하기 때문이다. 예를 들어, 어떤 컴퓨터 집단이 더 넓은 네트워크로부터 차단되며, 그 속에서 지도자를 선출해야 하고 그중 하나가 책임을 맡아야 한다. 그런 다음 해당 집단이 다시 전체 네트워크에 복귀하게 되면, 그들의 원래 위계 속의 지위로 되돌아가게 된다. 이 기술은 상업계가 지난 10년간 점점 더 큰 지능형 기계 네트워크를 구축해 온 방식이며, 그 기술의 대부분은 이미 존재하기 때문에 지금 바로 새로운 종류의 전투 네트워크를 구축할 수 있다.

군사용 사물인터넷은 인간과 기계 사이의 관계를 근본적으로 변화시킬 것이다. 하위 계급의 인간은 높은 계급의 인간이 관할하는 기계로부터 명령을 받아야 하기 때문이다. 이 얘기가 추상적으로는 불안하게 들릴 수도 있지만, 같은 일은 이미 일상생활에서 유용하게 작동하고 있다. 예를 들어, 우버나 리프트, 혹은 인스타카트InstaCart와[7] 같은 앱을 사용할 때마다 유사한 역동적 과정이 일어난다. 사람들은 명령을 내리거나 조치를 취하기로 결정하며, 그러한 명령은 지능형 기계로 전달된다. 지능형 기계는 이러한 명령을 수행하기 위해 언제, 어디서, 어떻게 임무를 수행할 것인지 해석한 다음, 사람들에게 그렇게 하라고 과업을 부여한다. 그러면 이 명령을 받은 사람들은 이를 직접 실행하거나 수준이 낮은 지능형 기계를 이용하여 그 일을 수행하게 된다.

우버 운전자들이 문자 그대로 지능형 기계의 명령을 받으며 하루를 보낸다는 사실에 기분 나빠하지 않는 이유는 그것을 그런 식으로 보지 않기 때문이다. 그들은 그것을 어떤 인간이 궁극적으로 그들을 위해 내린 명령에 따르는 것으로 생각한다. 비록 인간의 의도가 기계에 의해 해석되고 정제되었다고 하더라도 말이다. 군사 업무에 있어서도 마찬가지일 것이다. 상급 지휘관들은 부하들에게 명령을 내릴 것이지만, 이러한 명령은 더 많고 더 나은 실시간 정보에 접근할 수 있는 지능형 기계에 의해 더 잘 구체화될 수 있다. 그리고 기계로부터 이러한 명령을 받은 하급 장교는 승차 공유 시스템의 운전자가 일상 업무를 보는 방식과 다를 바 없이 이러한 명령을 이해하게 된다.

미래 전투 네트워크에서 기계 대비 인간의 비율을 역전시킴으로써 군사용 사물 인터넷은 지난 75년간 지속해서 이루어졌던 군사력의 축소를 저지하고 역전시킬 것이다. 미국은 제2차 세계대전에서 주로 우수한 군사력으로 지배력을 행사할 수 있었다. 우리는 단지 생산성에서 적을 앞섰다. 하지만 냉전 초기 미국은 소련과의 숫자 경기에서 이길 수 없다는 것을 인식하고 양보다 질로 승부를 걸었다. 올바른 판단이었다. 우리는 기술을 사용하여 수적으로는 적지만 더 유능한 군사력을 보유한 군대를 양성했다. 그리고 그것이 우리가 지금까지 해왔던 일이다.

그 결과 미군의 능력은 확실히 탁월했지만 수적으로는 점점 줄어들었다. 이는 냉전 이후 대규모 군비 축소 속에서 가속화되었던 추세이다. 예를 들어, 1991년 이라크에서 싸웠던 미 공군은 오늘날의 공군에 비해 작전 임무를 위한 공격기가 2배

---

7) [역주] 인스타카트는 온라인 기반 농작물 배송 서비스로, 지능형 기계에 의해 배송 담당자가 정해진다.

이상 많았다. 현재 우리의 공격기 대부분은 의심의 여지없이 더 우수하고 미 공군이 어떤 군사 시스템에 비해 뒤지지 않지만, 한 번에 여러 곳에 배치할 만큼 많은 항공기를 보유하고 있는 것은 아니다.

군사용 사물인터넷은 이 추세를 완전히 뒤바꿀 것이다. 지능형 기계를 중심으로 구축될 것이기 때문에 미래의 전투 네트워크는 그 어떤 군사력보다도 기하급수적으로 커질 수 있다. 예를 들어, 미 공군은 현재 321,444명의 현역 인원과 6,000대 미만의 기계(항공기, 위성 및 핵전력)로 구성되어 있다. 미 해군은 현재 326,046명의 현역 병력을 비롯하여 288척의 함정과 잠수함, 3,700대의 항공기만 보유하고 있다. 만약 각각의 장병들이 여러 대의 지능형 기계를 지휘한다면, 미래의 전투 네트워크는 순식간에 수백만 대의 시스템으로 성장할 수 있다. 군사용 사물인터넷과 함께라면 가능한 일이다. 그리고 이것은 여전히 사람들로 구성된 육군과 해병대를 고려하기 전의 계산이다. 이런 일이 실현될 경우 인류가 한 세기 이상 보지 못했던 규모의 전투 네트워크로 회귀할지 모른다.

군사에 있어 무리로의 복귀return of mass가 가능하게 된 것은 지능형 기계의 가격이 사람이 사용하도록 만든 군용 기계 가격에 비해 매우 저렴하기 때문이다. 기계를 사람이 사용할 수 있도록 만드려면 훨씬 더 복잡하고 비싸게 된다. 예를 들어, 일인용 F-35에는 30만 개 이상의 개별 부품이 들어간다.[8] 사람이 탑승하는 모든 기계와 마찬가지로 이러한 부품의 대부분은 탑승자가 안전하고 편안하며 기계를 제어할 수 있도록 하기 위한 것이다. 이러한 부품의 대부분은 지능형 기계에서는 불필요하다. 지능형 기계는 그 복잡성과 비용을 낮추게 되고, 특히 첨단 가공법을 이용할 경우 아주 쉽고 저렴하게 양산할 수 있다.

사실, 군사용 사물인터넷에 있는 대부분 기계들은 매우 저렴해져서 유지 관리 비용이 거의 들지 않는다. 그것들은 '소모품'으로 사용될 것이다. 이로 인해 미군은 상업계에서 그렇게 하듯이 새로운 기술을 더 많이 획득할 수 있을 것이다. 상업계에서는 수십 년 동안 같은 기계를 유지하기 보다는 활용가능한 최신 기술을 획득하는 데 노력한다. 이러한 방식은 생산에 오랜 시간이 걸리고 9자리 또는 10자리 가격표가 붙어있는 예민한 군사 시스템에서는 가능할 것 같지 않다. 그러나 항상 가장 최

---

8) Lockheed Martin, "Building the F-35: Combining Teamwork and Technology," F-35 Lightning Ⅱ Lockheed Martin, https://www.f35.com/about/life-cycle/production.

신의 첨단 능력을 갖추는 것이 목표인 저비용의 '소모성' 시스템에서는 가능한 일이며, 무엇보다 필요한 일이다.

군사용 사물인터넷에서 기하급수적으로 늘어나는 것은 단순히 전투 네트워크 규모만이 아니다. 속도도 빨라질 것이다. 오늘날 미군은 대체로 인간의 속도로 정보를 이동시킨다. 이와는 대조적으로, 군사 사물인터넷은 모든 정보를 항상 공유하게 된다. 왜냐하면 그것의 모든 지능형 기계는 효과적으로 같은 두뇌의 일부가 될 것이기 때문이다. 개별 시스템이 각자 좁은 시각으로 전장을 보는 것보다 알파스타가 스타크래프트Ⅱ를 하면서 게임 상황 전체를 보는 것과 같은 방식으로 전장 전체를 바라보는 네트워크가 생길 것이다. 어떤 컴퓨터가 관련 정보를 식별하면 개별 시스템이 어디에 위치하든 간에 네트워크를 통해 즉시 정보를 공유할 수 있다. 이것은 인간으로 하여금 기계 속도로 킬 체인을 완료할 수 있게 해줄 것이다. 이제 미군이 몇 분이나 몇 시간, 심지어 며칠씩 걸리는 일을 단 몇 초 안에 끝낼 수 있다.

군사용 사물인터넷의 속도와 크기는 결국 인간 운영자들이 따라가기 힘들 정도로 확대될 수 있다. 이들은 지능형 기계에 의존하여 이해, 결정, 행동 능력을 확장할 뿐만 아니라 기계 속도로 발생하는 군사 작전의 양과 속도를 관리할 수 있을 것이다. 우리는 그러한 위험을 심각하게 받아들여야 한다. 자동화의 위험성을 무시할 것이 아니라, 지능형 기계를 안전하게 우리의 운영체계에 통합하는 지휘·통제 체계를 구축해야 한다. 기술과 사물인터넷에 대한 우리의 의존도가 증가하는 데 대한 우려는 정당한 것이며, 많은 민간인이 일상생활에서 겪는 일이기도 하다. 하지만, 미군 장병들과 관련된 더 큰 우려는 그들이 미래에 지능형 기계에 지나치게 의존하게 될 것이라는 점이 아니다. 오히려 이러한 기술의 부족으로 인해 미래에 성공할 수 있는 능력이 위험에 처해 있다는 것이다.

머지않아, 군사용 사물인터넷은 인간과 기계 사이의 노동력 분담을 향상시킬 수 있을 것이다. 군사 기계의 본질적 기능은 인간의 이해, 의사결정, 행동을 용이하게 하는 것이며, 이는 정보의 감지, 수집, 공유에 의해 실현된다. 그러나 만약 기계가 사람을 실어 나르거나 인간의 선호와 한계에 맞추어야 한다면, 그것이 가장 중요한 임무가 되고, 기계는 완전히 다르게 만들어져야 한다. 예를 들어 항공기는 조종사의 목숨을 지키기 위해 더욱 복잡해지기 마련이고, 성능도 비행 중 인체가 중력을 이겨 낼 수 있는 수준에서 제한된다.

감지장치도 마찬가지다. 감지장치를 작동시키는 것이 주로 인간의 임무였기 때 문에 대부분의 감지장치는 인간의 선호와 한계를 중심으로 구축된다. 예를 들어, 광 학 감지장치는 고해상도 이미지나 동영상 비디오와 같이 점점 더 정교한 형태를 취 하게 되는데, 이는 인간이 사물을 보고 세계를 이해하는 데 필요한 것이기 때문이 다. 문제는 이런 정교한 감지장치는 돈, 전력, 네트워크 대역폭 등 늘 부족한 귀중한 자원을 많이 소모한다는 점이다.

그러나 감지장치가 수집한 테라바이트 수준의 자료에서 정보를 찾아내는 일은 잘 훈련된 인공지능이 사람보다 훨씬 더 빠르고 대규모로 수행할 수 있는 많은 간단 한 작업 중 하나이다. 기계는 인간이 사용할 수 있도록 최적화된 수많은 정교한 감 지장치 없이도 이 작업을 수행할 수 있다. 이는 네트워크가 수집하는 정보의 대부분 을 사람이 아닌 지능형 기계가 처리한다는 가정하에 군사용 사물인터넷을 구축한다 는 것을 의미한다. 따라서 현재 사용하는 기계와는 완전히 다른 방식으로 기계를 설 계하는 것이 필요하다. 여기서는 품질보다는 양에 중점을 두게 될 것이다. 손전등 술래잡기 놀이를 해본 사람이라면 누구나 알겠지만 많은 감지장치(손전등)을 갖고 있는 것이 얼마나 유리한지 분명히 이해할 수 있다. 어둠 속에서 뛰어다니며 숨어있 는 친구들을 찾아내는 가장 좋은 방법은 하나의 더 밝은 손전등이 아니다. 얼마나 많은 손전등을 갖고 있느냐 하는 것이다.

멀지 않아 기계가 더 자율적으로 작동할 수 있게 되면 인간의 선호나 한계는 군 사용 기계를 설계하는데 있어 그리 중요한 요소가 되지 않을 것이다. 그러한 기계 들, 심지어 지능형 기계들까지도 궁극적으로 정보를 감지-수집-공유하는 수단들을 운반하는 운반체에 불과하다. 그러나 기계 작동을 담당할 사람을 태워야 하기 때문 에 인간의 선호에 맞춰야 한다. 그러나 기계가 담당해야 할 **유일한** 목적이 생명 유 지 시스템이나 인간용 전투 플랫폼이 아니라 그냥 수송용 트럭이라면, 이러한 기계 들은 더욱 간단하고 그들의 주된 목적에 더 잘 부합하도록 설계될 수 있을 것이다. 예를 들어, 선박은 자체 추진식 미사일 바지선과 비슷하게 만들고, 지상 차량은 로 켓의 자율 주행 컨테이너를 닮을 수 있다. 이것은 새로운 발상은 아니지만, 지능형 기계의 출현으로 다음 전투 네트워크에서 마침내 달성될 수 있을 것이다.

군사용 사물인터넷은 본질적으로 군사적 목적에만 초점을 맞출 수 없다. 이런 사람들에게도 마찬가지다. 군사 문제에 있어서 인간의 주된 목적은 특히 전쟁에서의 폭력 사용에 관한 전략적, 작전적, 윤리적 결정을 내릴 수 있는 도덕적 행위능력이다. 기계가 인간의 선호나 한계를 충족시키기 위해 자신들의 주된 역할에서 벗어나듯이, 인간들 또한 도덕적 행위 능력을 요구하지 않는 일상적이고 간단한 일을 해야할 때, 그들의 주된 목적으로부터 벗어나게 된다. 그런 일들은 지능형 기계에 훨씬 잘 부합한다.

이것은 아마도 군사용 사물인터넷의 가장 중요한 효과일 것이다. 전통적으로 군 지휘관들의 시간을 빼앗아왔던, 덜 중요한 업무들로부터 이들을 해방시켜 줄 것이다. 대신 기계가 보다 단순한 군사적 임무를 더 잘 수행할 수 있게 된다면, 더 많은 지휘관들이 보다 중요한 군사적 임무에 집중할 수 있을 것이다. 지휘에 관련된 일에는 목표와 임무를 설정하고 명령을 내리는 일에서 시작한다. 그리고 그러한 명령이 제대로 이행되는지 확인하고, 자신의 부하들이 해서는 안 되는 일이 무엇인지 결정하는 일도 포함된다.

이러한 일이 궁극적인 목표가 되어야 한다. 즉 인간이 **해야 할** 일에 집중할 수 있도록 기계는 기계가 **할 수 있는** 일에 집중하도록 하는 것이다. 이를 구현하는 데는 오랜 시간이 걸리겠지만, 결국 기계가 지능화되고 충분히 많아지게 되면, 사용자는 이를 단순히 사물로 보지 않을 것이다. 사람들은 기계가 제공하는 서비스에만 관심을 가질 것이다. 이러한 사고방식은 사물인터넷과 함께 이미 확대되고 있다. 사람들이 음악을 듣고 싶을 때, 그들은 더이상 특정 앨범을 가지고 다니지 않고, 언제 어디서든 그들의 음악 라이브러리 전체에 접근할 수 있다. 사람들이 택시를 부를 때, 누가 운전사를 선택하는지, 그들이 어떤 종류의 차량을 몰고 올지 크게 궁금해하지 않는다. 오히려 얼마나 빨리 자신에게 도착해서 효과적으로 목적지에 데려다주는지에 더 많은 신경을 쓰게 된다. 이러한 서비스의 세부 사항들은 이러한 명령을 수행하는 지능형 기계 네트워크에 맡겨져 있다.

군사용 사물인터넷도 같은 방식으로 작동할 것이다. 궁극적으로 전투 네트워크는 지휘관들이 더 이상 항공기, 잠수함, 지상 차량 또는 다른 특정 플랫폼으로 세분화해서 생각하지 못할 정도로 많은 지능형 기계를 포함하게 될 것이다. 지휘관들은 그 기계들이 지상과 해상, 공중과 우주, 혹은 사이버를 포함하여 어떤 공간에서 작동하고 있는지에 대해 큰 관심을 기울이지 않을 것이다. 기계는 그런 식으로 구별하지 않을 것이고, 머지않아 인간 사용자도 그렇게 할 것이다. 지휘관들은 어디에서나 지능형 기계들을 보게 될 것이고, 기계들은 궁극적으로 서로 바꿔 쓸 수 있고, 소모적이며, 어디에나 있기 때문에, 기계 자체가 보이지 않는 상황으로 발전할 것이다. 결국, 지휘관들은 전통적인 무기보다는 군사용 사물인터넷이 제공하는 서비스, 즉 이해를 얻고, 결정을 내리고, 행동할 수 있는 능력에 더 집중할 것이다. 간단히 말해서, 인간은 전쟁에 있어 가장 심대한 윤리적, 작전적 중요성을 갖고 있는 단 하나의 측면, 즉 킬 체인에 그들의 모든 관심을 집중시킬 수 있을 것이다.

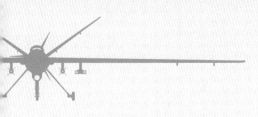

제9장

움직이고 쏘고 교신하라

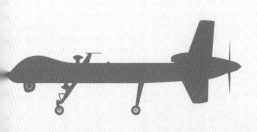

제9장

움직이고 쏘고 교신하라

얀 블로치Jan Bloch는 군인이 아니었다. 은행가였다. 그는 1836년 바르샤바에서 가난하게 태어났지만 러시아 지배하의 폴란드에서 열심히 노력해서 부유한 철도 금융가로 출세했다. 군복무 경험도 없다. 하지만 그는 군사 문제에 열정적인 관심을 가졌고 수년에 걸쳐 그 시대의 신기술이 어떻게 전쟁을 변화시킬지에 대한 연구에 강박적으로 몰두했다.

블로치는 기관총, 무연 화약, 장거리포, 새로운 종류의 폭발물, 철도, 전신, 증기선, 그리고 다른 혁신적 기술의 도입이 어떤 영향을 미칠지를 검토했다. 그는 1850년대 크림전쟁에서부터 10년 뒤 벌어진 미국의 남북전쟁, 1866년 오스트리아-프로이센 전쟁과 1870년 프랑스-프로이센 전쟁, 1877년에 시작된 러시아-터키 전쟁, 그리고 1880년 보어 전쟁을 통해 점점 더 파괴적인 효과를 가져다주는 기술의 영향을 추적했다. 그는 죽기 4년 전인 1898년 6권짜리 저서를 출간했는데, 여기에는 기술과 전쟁방식에 대한 평생의 연구 결과가 담겨있다. 그는 책 제목을 《미래의 전쟁》이라 붙였다.

블로치가 놀라운 선견지명으로 예견한 것은 미래의 전장은 대부분의 동시대인들이 상상하는 것보다 훨씬 더 치명적일 것이라는 점이다. 무연 화약의 발명은 말 그대로 과거의 전장을 뿌옇게 가렸던 전쟁의 안개를 걷히게 했다. 따라서 이전의 교전과는 달리, 최초의 총격전이 있고 난 뒤에도 상대 군대는 여전히 위험에 노출되었다. 소총은 그 어느 때보다도 더 멀리, 더 빠르게, 더 정확하게 발사되었다. 수 세기

동안, 최고의 직업군인들이라 해도 정확하게 사격할 수 있는 것은 분당 서너 발에 불과했다. 그러나 19세기 말, 평균적인 징집병들은 분당 수십 발의 총알을 정확하게 사격을 할 수 있었다. 그리고 총알이 작아졌기 때문에, 군인들은 더 많은 총알을 전투에 가져갈 수 있었다. 블로치의 계산에 따르면, 사정거리 탐지기와 고폭탄으로 무장한 고속 장전 대포는 불과 수십 년 만에 116배나 더 치명적인 무기로 발전했다.

블로치가 예견한 것은 앤드루 마셜이 나중에 군사분야의 혁명이라고 불렀던 전형적인 사례로, 기술과 다른 변화들이 군대를 건설하고 운영하는 방식을 근본적으로 바꾸어 놓았다. 이것은 전쟁터가 살육장이 될 것이라는 것을 의미했다. 전투원들은 '서로 100야드 이내'에 접근하는 것이 어려워질 것이다. 전쟁은 이제 "전사들이 신체적·도덕적 우위를 경쟁하는 직접적인 대결"이 되지 않을 것이다. 대신 블로치는 "다음 전쟁은 거대한 참호전이 될 것"이라고 예측했다.[1]

블로치의 많은 예언이 섬뜩할 정도로 정확했음에도 불구하고, 그는 한 가지 큰 실수를 저질렀다. 이것이 역사에서 그가 잊혀진 가장 큰 이유다. 블로치는 현대 전투의 참혹한 학살을 감안할 때 강대국 간의 대규모 전쟁은 '불가능할' 것으로 믿었다. 물론 블로치가 죽은 지 10년이 지나지 않아 1914년 유럽 각국은 거대한 전쟁에 돌입했으며, 대부분 그가 예상했던 방식대로 싸웠다. 4년 동안 4천만 명이 목숨을 잃었다.

기술만이 제1차 세계대전의 살육을 그렇게 끔찍하게 만든 것은 아니었다. 그것은 전쟁에서 사용된 수단(무기)은 근본적으로 바뀌었지만, 싸우는 방식을 바꾸지는 못했기 때문이기도 했다. 전쟁의 많은 부분은 현대 기술이지만 낡은 교리로 치러졌다. 기술은 모든 면에서 방어자의 살상력을 증가시켰지만, 공격에는 아무런 도움을 주지 못했다. 공격은 로마 군단이 했던 것처럼 여전히 걸어서 지상을 이동하는 방식이었다.[2] 한 세대의 청년들은 블로치가 예견한대로 참호에서 목숨을 잃었다. 그들은 참호 밖으로 뛰어나와 계속 돌격했지만 기관총과 현대식 대포, 그리고 독가스에 의해 궤멸되었다.

---

1) Jan Bloch, *The Future of War* (Boston: World Peace Foundation, 1898), xxvii.
2) Robert Scales, "The Great Duality and the Future of the Army: Does Technology Favor the Offensive or Defensive?" *War on the Rocks*, September 3, 2019, https://warontherocks.com/2019/09/the-greatduality-and-the-future-of-the-army-does-technology-favor-theoffensive-or-defensive.

전쟁을 그토록 재앙적으로 만든 또 다른 요인은 강대국 사이에 존재하는 군사적 기술의 대등함parity이다. 죽음과 파괴를 가져올 가공할 최신 무기의 존재는 거의 모든 전투원이 거의 같은 무기를 갖고 있었다는 사실로 인해 더욱 참혹한 결과를 가져왔다. 그리고 그들은 몇 년 동안 서로를 공격하며 자신들의 참호에서 희미한 이점이라도 발견하려고 고군분투했다.

오늘날에도 비슷한 위험이 전개되고 있다. 지난 30년간 특히 중국에서의 정보 기술과 정밀 타격 무기의 확산은 미국의 오랜 군사적 우위를 잠식해 왔다. 이는 공격과 방어 사이의 오래된 군사 경쟁에서 방어자들에게 상당한 이점을 가져다주었다. 미군의 공격력은 아직도 수십 년 동안 사용해 온 것과 같은 종류의 대형 플랫폼에 의존하고 있다. 하지만, 현재 미군은 중국이 최근 몇 년 동안 실전 배치한 많은 수의 고도의 정밀 무기에 그 어느 때보다 취약하다. 이러한 역동적 상황은 제1차 세계대전 전에 전개된 것과 유사하다.

19세기 후반의 강대국 경쟁을 연상시키는 또 다른 발전이 있다. 미국과 중국이 아마도 같은 기술을 보유하고 있는 동급 국가가 될 것이라는 점이다. 이러한 기술은 전통적인 무기를 만드는 데 사용될뿐 아니라 전체 킬 체인을 변화시킬 수 있는 기술을 가능하게 할 것이다. 한 강대국이 다른 강대국에 비해 어떤 능력을 더 빨리 개발할 수 있지만, 전반적으로 군사적 기술이 대등한 상태에서 경쟁할 것이다. 여기서 우열이 나누어지는 것은 어떤 첨단 기술을 가졌는지 여부에 의해서가 아니다. 오히려 이러한 기술을 얼마나 빨리 획득했으며, 얼마나 효과적으로 활용하느냐에 달려 있다.

그렇다면 오늘날의 경쟁국들, 특히 미국과 중국이 현재 진행 중인 군사 문제에서 어떻게 그러한 우위를 점할 것인지 물어봐야 한다. 불행하게도, 그것은 알 수 없는 일이다. 그러나 군사 기획자들은 사태가 어떻게 전개될지 앉아서 지켜볼 여유가 없다. 대신, 결과를 얻는 데 오랜 시간이 걸리는 매우 값비싼 일에 어떻게 제한된 자원을 투자할 것인가를 두고 중요한 결정을 내려야 한다. 경쟁자들이 무엇을 할 것인지, 미래에는 어떤 기술이 개발될지에 대해 완벽하지도 완전하지도 않은 이해를 바탕으로 결정해야 한다. 이러한 도박 가운데 상당수는 틀릴 수밖에 없다.

우리가 할 수 있는 최선의 방법은 계속되는 경쟁에서 우리가 어디서, 어떻게 미래의 이익을 얻을 수 있는지를 가려내는 것이다. 그리고 경쟁의 성격에 따라 전쟁방식은 결정되었으며, 앞으로도 결정될 것이다. 가장 넓은 차원에서는 공격과 방어 사이의 경쟁이 벌어진다. 보다 구체적이고 중요한 것은 킬 체인을 둘러싼 경쟁에 있다. 즉, 어떻게 군대가, 경쟁자들이 그렇게 하지 않도록 거부하면서, 상황에 대한 더 나은 이해와 더 나은 의사결정, 그리고 더 나은 행동을 취할 수 있느냐 하는 것이다. 그러나 이러한 경쟁은 군대에 처음 들어온 신병들이 기초 훈련에서 배우는 것과 같이 구체적인 작전적 고려 속에서 전개될 것이다. 작전적 고려사항은 기동moving, 사격shooting, 그리고 통신communication이다.3)

군사분야의 혁명이 전개되는 가운데서 미래를 내다보며 그것이 어떻게 전개될지 예측하는 것은 많은 것을 걸어야 하는 힘든 일이다. 이것은 1898년에 얀 블로치가 시도했던 일이며, 1992년에 앤드루 마셜이 하고자 했던 일이다. 그리고 우리가 지금 하려고 노력해야 하는 일이다.

전쟁수행의 세 요소는 각각 전투원들 간의 시대를 초월한 일련의 경쟁으로 구성되어 있다. 예를 들어, 기동은 숨는 것과 찾는 것의 경쟁을 수반한다. 공격자는 발각되지 않으려 하고, 방어자는 그들을 찾아내야 한다. 그것은 또한 침투와 격퇴의 경쟁을 수반한다. 공격자들은 상대의 공간에 자신을 밀어 넣으려고 하는 반면, 방어자들은 그들의 접근을 거부하고 그들을 쫓아내려고 한다. 군대가 이런 경쟁에서 적과 교전하는 방식은 시대에 따라 다르지만, 경쟁 자체가 변한 것은 아니다.

미국은 지난 수십 년간 전쟁수행에 있어 기동에 대해 몇 가지 중요한 가정을 갖고 있다. 미군은 분쟁이 발생할 경우 국내 기지에서 수천 마일 떨어진 전투 위치로 거대한 규모의 전투력을 이동시킬 것이며, 그렇게 할만한 충분한 시간이 있을 것으로 가정했다. 또한, 첨단 시스템을 보유한 상대적으로 적은 수의 병력에 의존하여, 적군의 눈을 피해 적의 영토에 침투하고 그들을 제압할 수 있을 것이라 가정했다. 미군의 질적 우수함을 통해 상대군의 양적 우위를 압도할 수 있을 거라 생각했다. 그리고 본토에서 전선까지 식량과 연료, 장비와 탄약을 비롯한 각종 보급품을 자유

---

3) [역주] 'communication'은 군사적 필요에 따라 필요한 각종 정보를 주고받는 것을 의미하는 것으로 '통신'으로 번역하였지만, 우리나라 말에서는 명사형으로만 사용되기 때문에 동사형으로 사용될 경우에는 '교신'이나 '소통'으로도 옮겼다. 포괄적 의미로 사용할 경우, '의사소통'이라는 번역어를 사용하기도 했다.

롭게 공급받으면서 자신들의 전쟁 기계를 계속 움직일 수 있을 거라 믿었다.

그러나 중국의 군사 현대화는 이러한 가정들 대부분에 의문을 제기하게 한다. 새로운 기술들은 공격자의 기동을 더욱 어렵게 만들고 있다. 우선, 미래의 전쟁터를 포함해서 모든 종류의 감지장치가 보편화됨으로써 숨기는 것이 그 어느 때보다 어려워지고 찾는 것이 훨씬 더 쉬워졌다. 다른 나라의 영토로 침투하는 것이 이전보다 훨씬 어려워지고 위험해질 것이다. 이러한 경향의 효과는 이미 드러나고 있다.

예를 들어 2014년 러시아 정부는 전 세계가 알고 있는 사실을 강하게 부인했다. 그것은 바로 그들의 리틀 그린맨이 우크라이나 사태에 적극적으로 개입하고 있다는 사실이다. (모스크바는 인정하지 않았지만) 진실을 밝혀주었던 것은 소셜 미디어에 포착된 러시아 군의 사진과 동영상이었다. 여기에는 셀카 사진을 위해 포즈를 취한 러시아 병사들의 모습이 담겨 있다. 2014년 7월 17일 말레이시아 항공 17편을 격추시킨 지대공 미사일 시스템을 러시아가 우크라이나 분리주의자들에게 공급한 사실도 이렇게 드러났다. 스마트폰을 든 민간인들은 범행 현장에서 떨어져 이동하고 있는 무기를 포착했는데, 여기에는 러시아의 군사 표식이 새겨져 있었다. 그런 다음 민간인들은 동일한 무기 시스템이 러시아의 국경을 향해 돌아가고 있는 것을 촬영했다.[4] 이와 마찬가지로 2016년 중국 정부가 남중국해의 영유권 분쟁 도서에 군사 시설을 설치하고 있다는 사실을 부인했지만, 상업용 위성 사진이 고해상도로 진실을 보여주었다.[5]

공중의 감시로부터 숨는 것은 엄청나게 어려워질 것인데, 이는 몇 년 안에 수천 개의 작은 인공위성들이 하늘을 가득 메우게 될 것이기 때문이다. 이 같은 위성들의 거대한 결집은 소비자들에게만 이득이 되는 것이 아니다. 고해상도 사진을 찍는 카메라에서부터 지상에서 움직이는 사람과 물체를 추적하는 레이더, 그리고 하늘과 지상에서 무슨 일이 일어나는지를 극단적인 정밀함과 완벽한 지속성을 갖고 파악할

---

4) 말레이시아 항공기 격추사건을 조사하기 위해 구성된 국제 합동 조사팀이 사건의 실체를 규명하는데 있어 공개된 사진 자료가 결정적인 역할을 수행 했다. 조사팀에서는 기자회견을 통해 이러한 사실을 공개했으며, 동영상 자료를 2018년 5월 28일 유튜브에 올렸다. https://youtu.be/rhyd875Qtlg.
5) 남중국해 도서를 장악하기 위한 중국의 노력과 이를 확인하는데 있어 공개된 자료의 역할에 대한 포괄적 이해를 위해서는 전략 및 국제연구 센터(CSIS) 소속 아시아 해양 투명성 추진팀에 의해 수행된 다음의 중요한 작업을 참고하기 바란다. https://amti.csis.org/accountingchinas–deployments–spratly–islands.

수 있는 여러 수단에 이르기까지 대량의 고성능 감지장치들로 지구를 에워싸는 것이 가능해지기 때문에, 군사적으로도 많은 도움이 될 것이다. 그들은 이제 인공위성의 부족으로 일어나는 문제를 관리할 필요가 없을 것이다. 우주 시대 초기부터 늘 그랬듯이 인공위성의 부족으로 중요한 지역을 여러 번 '재방문'해야 하거나 촬영상의 긴 공백으로 감시가 원활하지 않았다. 그러나 이제 인공위성은 언제 어디서나 늘 거기에 있으면서, 전 세계를 항시적으로 감시할 수 있을 것이다.

미래의 군대에서 전통적인 대형 선박이나 항공기, 그리고 지상군 이동을 숨길 가능성은 거의 없다. 군대를 숨길 수 있는 많은 기술들은 어쩌면 덤으로 주어진 시간을 살고 있는지 모른다. 예를 들어, 독일 감지장치 제조업체 헨솔트Hensoldt는 자사의 수동 레이더가 2018년 베를린 에어쇼의 외곽 망아지 농장에서 F-35 2대를 탐지하고 추적했다고 주장했다.6) 단일 유형의 감지장치로부터 숨는 것도 이미 매우 어려워지고 있지만, 확실히 더욱 어려운 일은 여러 종류의 감지장치들을 자동으로 융합할 수 있는 지능형 기계들의 대형 네트워크로부터 숨는 일이다. 이러한 사실은 기동의 경쟁에서 우위가 공격자에서 방어자로 전환되고 있다는 것을 의미한다.

보다 선진화된 감지장치가 배치되면 균형은 방어자 쪽으로 더 크게 기울 것이다. 예를 들어 양자 센서는 마치 영원히 숨겨져 있던 양자 그림자처럼 물체가 환경을 통과할 때 생기는 중력장과 자기장의 미세한 교란을 감지하도록 설계되고 있다. 이와 유사하게, 미군은 해양 식물 유전공학을 연구하고 있는데, 해양 식물들이 내뿜는 화학물질이나 방사선, 혹은 이전에 보이지 않았던 다른 특징들을 식별함으로써 물속에서 움직이는 물체들을 탐지할 수 있다.

이와 같은 첨단 감지장치들이 현장에 배치되려면 아직 많은 시간이 필요하지만, 다음과 같은 추세는 분명하다. 숨는 것이 상당히 어려워지고 있으며, 군인들은 은신(스텔스)과 같은 전통적인 능력을 넘어 자신을 숨길 수 있는 새로운 방법을 모색할 필요가 있다는 것이다. 감지장치가 보편화 됨에 따라, 가장 잘 숨는 방법은 감지장치 자체를 속이는 적극적인 조치일 수 있다. 이것은 군대에서 감지장치가 수집하는 정보를 처리하기 위해 인간보다 지능형 기계에 더 많이 의존하게 된다면, 가능성은

---

6) Sebastian Sprenger, "A German Radar Maker Says It Tracked the F-35 Stealth Fighter in 2018—from a Pony Farm," *Business Insider*, September 30, 2019, https://www.businessinsider.com/german-radarmaker-hensoldt-says-it-tracked-f35-in-2018-2019-9.

지금보다 훨씬 더 높아질 수 있다. 은닉과 추적을 둘러싼 미래 경쟁의 중심 전선은 군이 방대한 양의 자료를 해석하는 데 사용하는 알고리즘을 손상시키거나 속일 수 있는 사이버 기술이나 다른 디지털 도구가 될 것이다. 이 작고 유동하는 사각지대가 숨으려고 하는 이에게 남겨진 유일한 기회일 수 있다.

또한 군대에서 군사용 사물인터넷과 유사한 전투 네트워크를 배치할 수 있게 됨으로써 미래 전쟁수행에서 기동은 무리의 귀환을 수반하게 될 것이다. 대규모 지능형 기계를 투입함으로써 과거 어느 때보다 많은 곳에서 더 많은 군사 시스템을 기동할 수 있게 된다. 군사력에 있어 양과 질 사이의 상쇄는 크지 않을 것이다. 군대는 양과 질 모두를 갖추고 있어야 한다.

실제로, 미래의 전쟁터에서 숨는 것이 점점 어려워지면서, 군인들은 숨는 것을 덜 중요하게 여길지도 모른다. 그 대신 어디에서나 존재하는 방식을 추구할 수 있다. 즉 순전히 수적 우위를 통해 적을 압도하는 것이다. 이런 미래의 전조는 2019년 9월 14일 이란산 무인기 17대와 순항미사일 8기가 한 무리를 이루어 사우디 정유공장을 덮쳐 생산시설의 절반을 중단시켰을 때 드러났다. 미군이 제공한 방어벽은 이 '소모적인' 집단 공격에 효과적으로 대응하지 못했다. 현재 이러한 종류의 소형 시스템은 비교적 짧은 거리만 이동할 수 있다. 그러나 그들의 사정거리가 길어지고, 더욱 지능적으로 발전함에 따라, 미군이 크게 의존하고 있는 소수의 대형 플랫폼과 기지들의 안전을 보장하기란 더욱 어렵게 될 것이다.

저가의 자율 시스템으로 구성된 대규모 전투 네트워크를 구축하기 위한 경쟁은 결정적인 영역이 될 것이다. 그곳에서 미래의 우위를 차지하기 위한 군대 간의 경쟁이 벌어지고 있다. 군대가 배치할 수 있는 전투 시스템을 얼마나 많이 갖고 있느냐에 따라 공격이든 방어든 작전적 관계에서 누가 우위를 점하게 될 것인지를 결정할 수 있게 된다. 무리가 점차 기동에 있어 본질적인 요소가 될 것이다.

미래 전장의 이동 규모가 기하급수적으로 커질수록 모든 일이 일어나는 속도도 빨라질 것이다. 군사력은 본래 희소한 자원이다. 그러나 미래의 전투 네트워크의 규모가 커짐에 따라 희소성scarcity은 편재성ubiquity에게 자리를 내줄 것이다. 군 시스템을 한 곳에서 다른 곳으로 옮기는 데 소요되는 시간도 대폭 줄어들게 된다. 왜냐하면 군사 시스템의 양적 증가로 인해 지휘관이 필요로 하는 시간과 장소에서 군사력을 훨씬 더 잘 사용할 수 있기 때문이다. 전장에서 행동의 빈도는 증가할 것이고, 그 행동이 이루어지는 속도는 기하급수적으로 빨라질 것이다. 몇 시간이나 며칠에 걸쳐 이루어지던 결정이 단 몇 초 이내로 압축될 수 있다.

음속의 5배가 넘는 초음속으로 이동하는 무기체계가 늘어나면서 미래의 이동 속도는 더욱 빨라질 것이다. 이런 속도의 움직임으로 인해 전쟁의 타이밍과 템포도 변할 것이다. 수도의 건물, 지도부 본부, 중요 인프라, 지휘통제소 등 국가 중요 자산은 모두 극초음속 공격으로부터 불과 몇 분 거리에 놓여 있다. 세계적 차원의 안보에 영향을 미치는 전략적 결정이 보병 부대 간 총격전을 연상시키는 전술적 시간대로 옮겨갈 것이다. 이를 위해서는 이지스 미사일 방어 시스템이 제공하는 것과 마찬가지로 자율 방어 체계의 자동화가 필요할 것이다. 왜냐하면, 사람들은 신속하게 대응하는데 있어 인간보다 기계가 더 낫다고 생각하기 때문이다.

현실적으로, 극초음속 무기체계는 매우 비싸기 때문에 어느 나라든 그렇게 많이 보유하지 못할 것이다. 그러나 이렇게 빠르게 비행하는 무기에 맞서 방어하기 위해서는 육상과 해상의 전방 기지를 비롯하여 본토의 시설물을 대비시켜야 할 것이다. 결국 경쟁국의 극초음속 무기의 공격 우위를 부정하기 위한 억제 전략으로 전환할 수 있다. 즉 강대국들이 경쟁자들에게 비슷한 피해를 줄 수 있음을 보여줌으로써 상대방의 공격을 억제하는 극초음속 무기에 의한 일종의 상호 확증 파괴로[7] 나타날 수 있다. 이는 극초음속 무기의 군비 경쟁을 촉진할 것이지만, 이 무기들로 인해 야기될 '사용하지 않으면 상실할 것'이라는 공포에서 벗어날 수 있다. 이것이 우리가 수십 년 동안 핵 공격을 피해온 방법이다.

군사적 기동의 변화하는 성격은 또한 물류, 즉 이동 중에 병력을 확보하고 계속 이동할 수 있는 능력으로 확장될 것이다. 물류는 전쟁 역사상 가장 큰 제약 요인이었다. 그래서 옛말에 "아마추어들은 전술을 이야기하고, 전문가들은 물류를 이야기한다"고 했다.

지능형 기계와 첨단 가공법의 결합은 군대의 전투력이 기동하는 방식을 변화시킬 것이다. 각 시스템은 오늘날 유인 시스템보다 훨씬 더 저렴하고 빠르게 물건을 생산할 것이다. 첨단 가공법은 더 쉽고, 더 저렴하고, 더 빠르게 생산할 것인데, 더 중요한 것은, 생산 수단을 전쟁터에 더 가까운 곳으로 가져갈 수 있다는 것이다. 이러한 미래의 생산공장에서는 무기나 기계를 복사하듯 생산할 수 있고, 이를 바로 전

---

7) [역주] 상호 확증 파괴(mutually assured destruction)는 강대국 간에 서로를 확실히 보복할 수 있는 핵무기를 보유함으로써 서로의 공격을 억제하는 전략적 개념이다.

투현장에 투입할 수 있뿐 아니라 시스템이 파괴될 경우 신속하게 교체할 수 있을 것이다.

물리적 세계에서의 기동이 더욱 혼잡하고 어려워짐에 따라, 군대는 디지털 세계에서의 기동을 우선시하게 될 것이다. 사이버는 이미 기동전 영역이 되었고, 군대가 디지털 기술에 의해 정의되면서 이러한 추세는 가속화될 것이다. 사이버 영역은 군사력을 더 빨리 움직일 수 있는 기회, 상대로부터 더 잘 숨을 수 있는 능력, 그리고 실제 세계에서의 정밀한 감시를 피해 더 효과적으로 전투를 수행할 수 있는 유연성을 제공하게 될 것이다. 군대가 이해하고 결정하고 행동하는 데 있어 사이버 능력이 필수적이기 때문에 디지털 세계에서 기동은 더욱 중시될 것이다.

비슷한 역동적 과정이 우주 공간에 적용된다. 지상에서의 군사적 움직임이 어려워짐에 따라, 지구 바깥의 우주로 이동할 수 있을 것이다. 우주를 오가는 것이 더 저렴해지고, 더 쉬워지고, 더 보편화 될 것이며, 결국 군대가 우주 여행을 지구를 비행하거나 항해하는 것과 별반 다르지 않게 보게 될 것이다. 킬 체인의 모든 단계는 군사 우주 시스템에 의존할 것이다. 군은 궤도 상에 기지를 건설하여 미리 전력을 주둔시킬 수 있을 것이고, 분쟁 기간에 증원 전력을 생산하여 몇 분 안에 지구상에 필요한 곳으로 생산된 기계들을 전달할 것이다. 앞으로 수십 년 후, 미래의 전쟁터에서의 움직임은 지구와 달 사이의 우주까지 확장될 것이다. 그 결과 우주 공간은 치열한 경쟁이 벌어지는 새로운 종류의 전쟁터로 변하게 될 것이다.

⤺꙰⤻

기동과 마찬가지로, 사격shooting 또한 전투원들 간의 시대를 초월한 경쟁을 수반한다. 공격과 방어 사이의 사격은 오래된 싸움이다. 공격자는 적을 파괴하고 자신의 움직임과 통신을 가능하게 하려는 반면, 수비측에서는 자신을 방어하고, 반격을 가하며, 공격자의 이동과 의사소통 능력을 거부하고자 한다. 사격은 시간이 지날수록 정확해지고 크게 향상되었다. 그러나 성공은 언제나 변하지 않는 세 가지 요소의 함수이다. 즉, 사격 범위(얼마나 멀리 쏠 수 있느냐), 사격 정확도(그들이 쏘고자 하는 대상에 얼마나 정확하게 맞추느냐), 그리고 사격 효과(얼마나 큰 피해를 줄 수 있느냐)이다.

최근 수십 년간 사격에 대한 미국의 인식은 기동에 대한 가정에 의해 형성되었다. 우리는 안전한 물류와 우수한 기술을 통해 미군이 목표물에 접근하여 고도의 정밀 사격을 할 수 있을 것으로 가정하고 있다. 이로 인해 많은 수의 무기가 필요하지 않으며, 장거리 무기보다는 짧은 사거리 무기를 선호하게 되었다. 우리는 또한 잘 숨는 것이 최선의 방어라 가정해 왔고, 적군의 포화를 막는 것은 덜 중요하다고 생각했다. 왜냐하면 적군 가운데 미군을 찾아내서 미군에 대한 공격을 수행할 수 있는, 즉 킬 체인을 완료할 수 있는 상대는 거의 없었기 때문이다.

사정거리가 더 길고, 더 정확하고, 더 치명적인 무기의 확산은 이미 이러한 가정들을 뒤집고 있으며, 이는 미군의 기동 및 교신 능력을 교란시키고 있다. 이 문제는 중국과 관련하여 더욱 첨예한 문제다. 중국의 사격 능력은 전시 상황에서 미국의 해군과 공군이 동아시아 전역에서 작전을 수행하는 것을 어렵게 만들 것이기 때문이다. 러시아는 유럽 주둔 미 공군 및 지상군에게 같은 문제를 던지고 있다. 미군이 오랫동안 '수용적 환경'으로 여겨온 중동에서도 이란이 정밀무기를 실전 배치하고, 예멘의 후티 반군에게 넘겨 주었고, 실제 그것을 사용하고 있다. 2019년 6월 20일 이란군은 정밀 지대공 미사일로 2억2000만 달러에 달하는 감시 드론인 US RQ-4 글로벌호크를 격추시키기도 했다.[8]

사거리와 정확도, 사격 효과 등이 개선됨으로써 방어자가 공격자에 비해 상당한 우위를 차지하게 됐다. 신흥 기술이 등장하면서 이러한 추세가 더욱 심화될 것으로 보인다. 한 가지 주요 요인은 사격의 성격 변화이다. 탄환, 폭탄, 미사일은 여전히 중요하겠지만, 군사 기계가 지능화됨에 따라 사이버 효과, 전자전, 지향성 에너지 무기, 통신 방해와 같은 '비운동성non-kinetic 화력'의 중요성이 늘어날 것이다. 상대 군대의 중추인 인공지능을 감염시키거나 해당 정부와 사회의 내부 기능을 교란시킴으로써 병력이 투입되기도 전에 전투 능력과 의지를 약화시킬 수 있다.

비운동성 화력은 신흥 기술에 의해 그 범위가 늘어난 결과이다. 전통적으로 군대에서 장거리 무기를 사용할 수 있는 능력을 제한해 온 것은 물리적, 지리적, 경제적 현실이었다. 큰 물체를 장거리로 추진하는 데 필요한 힘을 만드는 것이 어려웠고, 값싸게 그렇게 하는 것은 불가능에 가까웠다. 그 결과, 장거리 화력은 전통적으로 사용량이 제한되었고, 상대적으로 비용이 많이 들며, 거의 사용되지 않았다. 이로

---

8) United States Government Accountability Office, *Defense Acquisitions: Assessments of Selected Weapons Programs*, Report to Congressional Committees (Washington, DC: US Government Accountability Office, 2014), 115, https://www.gao.gov/assets/670/662184.pdf.

인해 전장 공간은 물리적으로 제한되었다. 공격자들은 이를 피해 숨을 곳을 확보할 수 있었고 공격 작전을 수행할 은신처를 마련할 수 있다.

이제 달라질 것이다. 물리학과 지리학, 그리고 경제 법칙은 사이버나 다른 비운동성 무기에는 거의 적용되지 않는다. 동시에 극초음속무기와 초음속 순항미사일, 전자기파 레일건과 초고속 발사체를 장거리에서 발사할 수 있는 대포 등 방어하기 어려운 신종 고속 무기가 실전 배치되면서 장거리 사격 능력도 강화될 것이다. 이러한 장거리 무기는 공격자가 은밀히 숨어서 목표물에 더 가까이 이동하는 것을 어렵게 만들 수 있다. 이는 미국이 전통적으로 안전하다고 생각했던 우주, 물류 네트워크, 정보 및 통신 시스템, 그리고 국내 중요 인프라 등 보호 지역이 미래의 전장으로 확대될 것이다. 이는 작전상 안전한 지역과 은신처가 사라진다는 것을 의미한다. 심지어 미국 본토까지 적의 포격 범위에 들어가면 모든 지역이 전쟁터가 될 것이다.

최근 수십 년 동안 사격의 정확도가 급격히 향상되었고, 앞으로도 계속 그럴 것이다. 그 때문에 전장에서 물리적으로 숨는 일은 더욱 어려워지고 있다. 정확도 향상은 무기의 개선보다는 지능형 기계가 정밀한 표적 데이터를 수집해 사수들과 공유할 수 있는 속도가 빨라지기 때문이다. 미군들도 움직이는 목표물을 공격하기 위해 고군분투하고 있다. 전장의 어두운 공간을 들여다보면서 움직이는 목표물을 모두 찾아낼 능력은 아직 없기 때문이다. 게다가 표적에 대한 정보를 다른 시스템과 실시간으로 공유하면서 킬 체인을 완료할 수 있는 통합된 전투 네트워크도 없다. 그러나 군사용 사물인터넷이라면 이러한 상황을 바꿀 수 있을지 모른다.

군대가 수천 대의 지능형 기계를 배치하게 되면, 어두운 곳을 더 잘 살펴볼 수 있고 찾기 어려운 목표물의 위치를 파악하고 그 정보를 기계 속도로 발사무기에 전달할 수 있을 것이다. 그 결과 고도의 역동적 조건에서 실시간 정밀 타격전이 예상된다. 군사용 사물인터넷의 목표는 편재성이다. 즉 어떤 종류의 목표물이라도 언제 어디서든 타격할 수 있는 감지장치의 능력을 갖추는 것이다. 미래의 전쟁터에서 자신을 감추는 것은 매우 힘들겠지만, 일단 발견되면 살아남는 것은 그만큼 더 어려워진다. 이는 공격자의 딜레마를 더욱 악화시킬 것이다.

사격 정확도가 높아지면 사격 효과도 높아진다. 의심할 여지 없이, 미래의 무기는 더 파괴적인 힘을 보유할 것이다. 그러나 미래전에서 화력의 효과를 실질적으로 높이게 되는 것은 신흥 기술에 의해 가능하게 될 사격량과 사격속도의 대폭적인 증가 때문일 것이다.

미래에는 군사용 사물인터넷에 연결된 거의 모든 지능형 기계들이 무장하게 될 것이다. 그들은 폭탄과 미사일을 휴대할 수 있지만 전자 공격이나 다른 비운동성 무기를 탑재할 가능성이 더 높다. 얼마 있지 않아 많은 무기체계는 탄약의 물리적인 제약 없이 빛의 속도로 쏠 수 있는 지향성 에너지 무기로 무장하게 될 것이다. 그 결과 사용 가능한 무기의 수는 기하급수적으로 증가하게 될 것이고, 미래에 공격 명령이 떨어지게 되면, 그 어느 때보다 많은 양과 속도로 사격할 수 있을 것이다.

첨단 가공법 또한 무기의 가용성에 대한 가장 큰 전통적인 제약 중 하나를 없앨 것이다. 즉, 무기는 전장에서 멀리 떨어진 곳에서 제조되어 실제 발사될 장소까지 장거리로 수송해야 한다는 점이다. 그러나 3-D 프린팅이 발전함에 따라, 군대는 전장 근처에서 자신들의 탄약을 더 많이 인쇄(생산)할 수 있게 될 것이다. 필요한 곳에 더 많은 무기를 가지고 있을수록 더 빨리 발사할 수 있는 의지와 능력이 따르기 마련이다. 그 결과 화력의 효과는 더욱 증가될 것이다.

더 넓은 의미에서, 미래 화력의 진정한 효과는 엄청난 양으로 목표물을 압도할 능력일 것이다. 예를 들어, 자신들에 접근하는 항공모함을 공격하려고 할 때, 가까이 배치된 미사일 몇 발에 그치지 않을 것이다. 더 효과적인 접근법은 수천 대의 지능형 기계로 항공모함을 공격하는 것인데, 이들 기계들은 여러 차례 발사할 수 있을 것이다. 이들 공격 중 어떤 것도 그렇게 큰 배를 침몰시키기에 충분하지는 않을 수 있다. 하지만 이러한 공격으로 탑재된 항공기를 파괴하고, 관제탑과 비행갑판을 손상시키면서 제 역할을 수행할 수 없게 만들 수 있다. 군 당국에서는 이를 '파괴 임무(mission kill)'라 부른다. 항공모함뿐만 아니라 모든 대형 기지와 전통적인 플랫폼이 직면하고 있는 위협이다. 그리고 불행하게도 이 논리는 미국의 적들에게는 적용되지 않는다.

아마도 전쟁의 성격에서 가장 중요한 변화는 통신communication에 관련된 것이다. 이는 기동이나 사격보다 훨씬 중요하다. 기동이나 사격과 마찬가지로 군사적 통신 역시 전투원들 간의 지속적인 경쟁 속에서 이루어진다. 이것은 정보를 획득하기 위한 싸움이다. 군대는 자신들의 킬 체인을 완료하게 할 결정적인 정보를 획득하기 위해 노력한다. 아울러 적들이 이같은 정보에 접근하는 것을 차단하면서 그들이 이해하고 결정하고 행동하지 못하도록 방해해야 한다. 이러한 경쟁은 지휘관들이 정보 흐름을 통제하는 능력과 불가분의 관계에 있으며, 적시에 정확한 방법으로 기동하고 사격할 수 있게 한다. 이런 점에서 통신은 모든 군대의 킬 체인을 완성하는 연결고리인 셈이다.

수십 년 동안 미국은 자전거 바퀴와 같은 군사 통신망을 구축해 왔다. 네트워크는 대형 허브에 집중되어 있는데 임무 수행에 결정적인 정보를 얻기 위해 허브에 의존해야 하는 군사 시스템들이 바큇살처럼 연결되어 있다. 이 허브는 정보의 바다를 체로 걸러내고, 어떤 대상에 어떻게 대응해야 할지 결정하고, 무기들을 어디로 이동하고 어떻게 사격할지를 지시하는 지루한 임무를 맡은 사람들로 가득 찬 거대한 기지이자 작전 센터이다. 이 모든 정보를 수집, 컴퓨팅, 전송에 필요한 막대한 인력과 에너지, 네트워크 대역폭, 그리고 물리적 공간이 필요하다. 이 모든 것들은 미국의 군사 통신을 중앙집권화하고 특정 장소에 고착시키며 정보를 필요로 하는 이들에게 전달하는 것을 더욱 느리게 만들기 때문에, 공격에 훨씬 취약하다.

미래의 통신 경쟁에서 군대는 경쟁국의 네트워크를 방해하고 공격하면서도 자신의 네트워크를 보호하고 정보의 흐름을 유지할 수 있어야 유리할 것이다. 군대가 추구하는 목표는 심각한 공격을 받더라도 안전하게 작동하고 신속하게 복구되며 스스로 재구성할 수 있는 복원력이 뛰어난 네트워크를 구축하는 것이다. 군은 더 넓은 범위에서 작동하는 가시선 초월의 통신과 무선 주파수를 뛰어넘는 소프트웨어 정의 통신을 구축하기 위해 경쟁할 것이다. 그래야 적의 공격에서도 살아남을 수 있다. 새로운 군사 통신 모델은 소수의 중앙 집중식 허브에 구축하는 것이 아니라, 중요한 통신 기능을 물리적으로 분산되고, 더 안전하고, 덜 취약하며, 더 탄력적인 방대한 네트워크의 가장자리까지 확장하는 것이다. 이 모델은 가운데 허브가 제거되면 해체될 수 있는 자전거 바퀴 방식 대신, 중심이 없고 재구성 가능한 그물망과 같은 것이 될 것이다.

군대가 지금까지 해왔던 방식을 끊을 수 있다면 통신 네트워크의 분권화는 가속화될 것이다. 유비쿼터스 공간 기반의 통신 네트워크는 세계 대부분의 외딴 지역에서도 지속적인 정보 액세스를 제공한다. 미래의 군사 시스템이 지구상 어디에 있든, 혹은 지상에서 벗어나든, 그들은 항상 자신들이 필요로 하는 중요한 정보를 전달할 수 있는 위성의 범위 안에 있을 것이다. 지구 바깥 저궤도에 분산된 수만 개의 작은 위성들을 방해하거나 파괴하는 것이 불가능하지는 않겠지만, 엄청나게 어렵고 비용이 많이 드는 일이다.

군사 통신의 분권화도 지능형 기계의 출현으로 더욱 쉬워질 것이다. 최첨단 컴퓨팅과 인공지능으로 강화된 발키리와 오르카와 같은 미래형 시스템은, 자율 주행차가 점점 더 유능해지듯이, 자신들이 수집하는 정보를 이해할 수 있을 것이다. 군 당국은 더이상 건초더미를 대규모 작전 센터로 옮겨와서 인간 분석가들에게 바늘을 찾도록 하지 않아도 된다. 대신, 지능형 기계들이 바늘을 더 잘 찾을 수 있을 것이고, 그 작은 정보 조각들은 알아서 네트워크를 돌아다닐 것이다. 이것은 바로 근본적인 변화이다. 오늘날과 같이 많은 양의 데이터를 기계에서 인간에게 전달하는 것보다 더 중요한 과제는 인간을 많은 양의 지능형 기계와 통신할 수 있게 하는 것이다.

이것은 전통적인 유인 군사 시스템이 어떻게 진화하는지를 잘 보여준다. 이러한 시스템이 처음 만들어지고 여전히 존재하는 이유는 인간이 기동·사격·통신할 수 있도록 하기 위해서이다. 그러나 지능형 기계가 스스로 더 많은 군사 기능을 수행함에 따라 전통적인 유인 시스템은 움직이는 지휘·통제 센터로 인식될 것이다. 이들이 수행할 가장 중요한 역할은 특정 감지장치나 발사장치를 운용하는 것이 아니라, 인간의 지휘 아래 있는 많은 양의 지능형 기계와 소통하고 명령을 실행하는 것이다. 미래의 전장 통신 네트워크에서도 어느 정도는 여전히 허브를 보유하고 있겠지만, 이 시스템은 움직이는 지휘·통제 센터의 소임을 수행하는 분산된 유인 시스템의 형태를 취하게 될 것이다. 즉, 대규모 작전 센터가 아니라 지상 전투 차량이나 함정, 또는 항공기에 있는 소규모 팀과 같은 것이다.

그러나 이것도 과도기적인 역할일지 모른다. 군사 통신은 더욱 분산되고 분권화될 것이며, 실제 전쟁터의 즉각적인 위험으로부터 멀리 떨어진 곳에서 활동하는 소수의 사람만이 필요할 것이다. 멀지 않은 미래에 통신, 지휘, 통제 수단으로서 지난 1세기 이상 군대의 중추적 역할을 담당해온 유인 항공기, 함정, 그리고 차량의 필요성도 줄어들 것이다. 인간이 전투 네트워크를 통제하고 점점 더 많은 지능형 기계와 통신할 수 있는 새로운 방법들이 개발될 것이다. 가상이나 증강 현실에서 시작하여 뇌-컴퓨터 인터페이스로도 발전할는지 모른다. 여기서 인간은 생각만으로도 지능형 기계에 명령을 전송할 수 있게 된다.

이것은 억지스러워 보이겠지만 이미 제한된 형태로 존재하고 있다. 국방고등연구사업청은 2018년 사람의 뇌에 항공기에 신호를 직접 전달하는 수술용 임플란트를 심어 드론 3대를 조종할 수 있음을 입증했다. 더욱이, 드론은 그들이 수집한 정보를 사람의 뇌로 직접 돌려보낼 수 있어 인간 사용자가 드론의 환경을 인지할 수 있게 했다.9) 생명공학이 발전함에 따라 뇌-컴퓨터 인터페이스는 결국 지능형 기계를 통해 사건을 이해하고, 결정을 내리고, 행동을 취할 수 있는 인간의 능력을 향상시킬 수 있다는 것을 보여주었다.

말 그대로든 비유적이든 인간과 기계의 지능이 더 많이 융합되면 향후 정보 경쟁에서 더 많이 이용될 것이다. 시간이 지나면 지휘관들은 항시 직접적으로 교신하는 방대한 군사용 사물인터넷의 도움 없이는 어떤 결정도 내리지 않을 것이다. 지능형 기계는 인간 지휘관의 목표물을 파악하고, 더 높은 수준의 전략과 작전에 대한 결정과 행동 과정을 권고할 것이다. 이것은 군대가 킬 체인을 완료할 수 있는 능력을 확장할 수 있는 가장 중요한 방법이다. 즉 지능형 기계로 하여금 임무를 가장 잘 수행하게 하고, 인간 지휘관들에게 신속하게 정보를 전달함으로써 그들이 특히 폭력 사용과 관련된 작전적·윤리적 결정을 내릴 수 있게 할 것이다.

기계의 지능은 정보를 둘러싼 오래된 싸움의 주요 전장으로 등장할 것이다. 인간은 안전하고, 신뢰성 있고, 효과적으로 임무를 수행할 수 있다고 믿어야만 지능형 기계에게 군사적 임무를 부여할 것이다. 기계의 움직임은 그것의 알고리즘을 훈련시키는 데 투입된 자료의 정확성에 따라 달라진다. 지능형 기계가 자신들이 훈련시킨 방식대로 작동하지 않는다면, 인간 지휘관들이 예측불가능하고 불안전하며 비효율적인 기계를 군사 작전에 투입하는 위험을 무릅쓰지 않을 것이다. 이러한 이유로, 군대의 데이터는 경쟁자들이 가장 열심히 찾는 것 가운데 하나다. 군사 데이터에 대한 적대적인 공격이나 '오염시키려는' 시도를 막기 위해 많은 노력을 기울이고 있는 것도 이 때문이다.

목표 인식부터 지휘·통제에 이르기까지 대부분의 군사 기능을 인공지능에 의존하는 국가들이 많아지면서 공격자들은 지능형 기계를 속이는 새로운 방법을 강구하고 있다. 연구자들은 이미지나 사물에 특수 스티커를 붙이는 방식으로 컴퓨터의 시지각 알고리즘을 속여 잘못된 결론을 나오도록 하는 방법을 자신있게 보여주었다.

---

9) Patrick Tucker, "It's Now Possible to Telepathically Communicate witha Drone Swarm," *Defense One*, September 6, 2018, https://www.defenseone.com/technology/2018/09/its−now−possibletelepathically−communicate−drone−swarm/151068/.

종종 인용되는 실험 중에는 바나나를 토스터로 착각하게 하는 알고리즘이나 속도 제한 표지판을 정차 표시로 착각하는 자율 주행차도 있다. 군대는 틀림없이 경쟁국의 킬 체인을 끊기 위해 유사한 속임수를 개발할 것이다.

인공지능이 기만과 교란에 취약하지 않도록 어떻게 대응하고 경계할 것인가가 향후 군사적 경쟁에서 중심 문제가 될 것이다. 군대가 인공지능을 업데이트하는 속도를 높이는 것이 급선무다. 군대가 경쟁자보다 한발 앞서서 취약점을 보완하고 최신 정보로 알고리즘을 재훈련시키는 끊임없는 기동과 반격의 싸움이 될 것이다. 공격이든 수비든 간에 업데이트를 더 빨리 갱신하는 군대가 매우 짧지만 분명히 유리할 것이다.

군대가 레이더나 카메라 등 단일 종류의 감지장치를 해석하는 알고리즘을 속이거나 약화시킬 수 있게 되면서 여러 종류의 감지장치를 융합하고 정보를 빠르게 맥락화하는 것이 결정적인 군사적 이점이 될 것이다. 어떤 물체가 전차처럼 움직이고, 전차 소리를 내며, 전차의 열 신호를 방출하고, 전차가 있을 것 같은 장소에 존재한다면, 융합 알고리즘으로 훈련된 보다 정교한 감지장치는 속지 않을 것이다. 지능형 기계들 사이의 이러한 종류의 경쟁이 누가 미래의 통신에 대한 싸움에서 우위를 점할 수 있는지를 결정할 것이다.

❧

이 모든 것이 미국에 무엇을 의미할까? 간단히 말해, 이는 우리에게 엄청나게 큰 문제가 있다는 것을 의미한다. 그러나 우리가 전쟁수행의 방식과 수단을 새롭게 상상한다면 큰 기회가 될 수도 있다는 것을 의미한다.

미국은 수십 년 동안 미래의 전쟁에서의 기동과 사격, 그리고 통신에 대해 몇 가지 중요한 가정을 해왔다. 이러한 가정 가운데 대다수는 우리가 그것을 만들 당시에는 합리적이었고, 압도적인 군사적 이점을 제공했으며, 미국의 현재 지위를 규정해 주었다. 이는 수적으로는 적지만 기술적으로 값비싼 군사 플랫폼으로 구성된 군대였다. 미군은 효과적으로 보호되는 육지나 해상 기지로부터 비교적 짧은 거리를 이동하여 적진에 침투하고 전쟁터에 대한 다량의 정보를 교환하고, 다소 부족하지만 정확성을 자랑하는 화력을 통해 숫자는 많지만 덜 유능한 군대를 격퇴시키는 데 최적화된 군대다. 이러한 가정 아래 미군을 건설하고 운용함으로써 플랫폼, 기지, 작전 센터, 통신 네트워크, 인공위성 배치 및 물류 전력을 줄여왔으며 지속적인 감축과 통합, 그리고 중앙집중화의 과정을 밟아 왔다.

문제는 진화하는 위협과 신기술이 이러한 가정에 의문을 제기하고 있으며, 향후 군사적 우위의 원천은 매우 다른 가정에 기초할 가능성이 크다는 점이다. 그러한 우위를 점하는 것은 다른 군사적 경쟁에서 성공하느냐에 달려있을 것이다. 그리고 금방이라도 사라져버릴 몇 안 되는 기회를 찾느냐에 달려있다. 미래의 군사적 우위는 수적 우위의 전력을 배치하는데 의존할 것이다. 육지와 바다, 그리고 공중이라는 전통적인 영토에 덜 의존하고, 사이버와 우주와 같은 비영토적 영역에 더 많이 의존하는 기동 체계에 의해 우위가 결정될 것이다. 그것은 전투에서 발생하는 '소모적인' 기계와 무기의 엄청나게 높은 손실을 대체하는 속도에 달려있을 것이다. 더 정확하고, 사거리도 더 길고, 더 효과적인 무기로 가득찬 전쟁터에서 자기 보존과 생존을 위한 어떤 새로운 방법과 수단을 갖고 있느냐에 달려있을 것이다. 또한, 고도로 분산된 네트워크의 통신 속도와 공격받는 네트워크를 얼마나 빨리 복구할 수 있는지에 달려 있을 것이다.

기동, 사격 및 통신과 관련된 이러저러한 경쟁의 결과와 이를 통해 획득하게 될, 더 깊은 수준의 이해, 결정, 행동에 따라 미래의 군사적 우위가 결정될 것이다. 그러나 이러한 경쟁에서 성공은 우리가 무엇을 하느냐에 달려있을 뿐만 아니라 언제나 그렇듯이 경쟁자들이 무엇을 하느냐에 달려있다. 미국은, 특히 중국이 같거나 때로는 더 나은 기술로 그같은 경쟁에서 우위를 차지하기 위해 경쟁하고 있으며, 그 결과 우리 군대가 갖고 있는 핵심 역량과 특성을 모두 갖추지는 못하더라도 대부분을 공유하는 미래 중국군을 갖게 될 것이라는 점을 가정해야 한다. 그런 일이 일어나게 되면, 미군의 지배력은 크게 잠식될 것이다. 우리는 지난 30년 동안 우리에게 익숙해진 세상과는 근본적으로 다른 세계에서 살게 될 것이다.

공격과 방어 중 어느 쪽이 신흥 기술로부터 더 많은 혜택을 받을지 전쟁의 미래는 알 수 없다. 블로치 시대처럼 지금은 방어가 유리하다. 하지만 전쟁의 성격은 늘 변하게 마련이다. 실제로, 제1차 세계대전 이후 20년이 지나자 항공기와 지상 차량의 극적인 발전으로 공격적 기동을 유리하게 만들었고, 독일의 전격전blitzkrieg이 프랑스의 마지노선을 가볍게 넘었다.

미국은 위협과 기술이 어떻게 변화할 수밖에 없는지 주의 깊게 살펴봐야 한다. 특히 최근 위협과 기술에 의해 매복 공격을 당했기 때문에 더욱 그러하다. 그리고 현재의 혁명적인 신기술의 확산과 미국이 직면했던 그 어떤 경쟁자보다 강력한 동급 국가의 부상으로 인해 미국의 군사적 지배력은 지속적으로 약화되고 있다. 그로 인해 우리는 현재 훨씬 더 시급한 과제에 직면해 있는데, 그것은 군사적 우위를 행사할 수 없는 상황에서 미국의 국방을 어떻게 새롭게 상상할 것인가 하는 점이다.

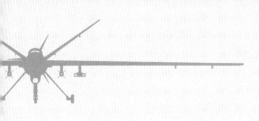

제10장

우위 없는 방위

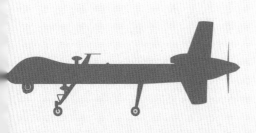

제10장

우위 없는 방위

2017년 10월 27일, 나는 존 매케인이 제임스 매티스 국방부 장관에게 편지를 쓰는 일을 도왔다. 공개된 적이 없는 편지다. 내용은 매티스 장관이 입안하고 있던 《국가 방위 전략National Defense Strategy》에 대한 것이었다. 일 년 전 내가 매케인을 도와 통과시킨 법률에 이러한 보고서를 작성하도록 규정했기 때문이었다. 이때는 미군이 대테러 작전에 전력을 소모한 지 10년 6개월이 지난 시점이었다. 매케인은 매티스 장관에게 보낸 서한에서 우리 국방의 초점을 전환해야 한다고 강조하면서 이제 "러시아와 중국이 제기한 도전을 우선시할 것"을 요청했다.

매케인은 "우리는 더이상 우리가 가졌던 압도적 힘의 우위를 누리지 못한다"고 지적했다. 왜냐하면, 미국의 강력한 경쟁국들, 특히 중국이 그들의 군대를 현대화하고 미국의 군사적 우위dominance를 "급격히 잠식했기" 때문이다. "우리가 언제 어디서든 우리가 원하는 것을 할 수 있는 시대는 지났다." 이제 "우리는 선택해야 하고, 우선순위를 정해야 한다." 비록 돈이 절대적으로 중요하겠지만, "돈만 가지고 현재의 곤경에서 벗어날 수 없다." 우리는 새롭게 생각해야 하고 시간도 얼마 남지 않았다고 염려했다. 새로운 방위 전략은 "아마도 더 늦기 전에 중국에 대한 효과적인 접근법을 개발할 수 있는 마지막 기회"가 될 것이라고 매케인은 호소했다.

우리가 중국에 집중하자고 주장한 이유는 분쟁이 불가피하거나 바람직하다고 생각했기 때문이 아니다. 아직 거기까진 가지 않았지만, 중국이 미국의 가장 유능한 군사 경쟁국이고, 미군에게 가장 힘든 작전적 문제를 제시하고 있기 때문이었다. 미국은 그러한 위협에 정직하게 대면하면서, 그럴 리 없겠지만 있을지 모를 중국의 도발에 대응하여 자신을 지킬 수 있는 군사력을 결단력 있게 건설해야 한다. 그런 수준의 군사력을 갖추고 있어야 평화를 유지할 수 있고 점점 더 강력해지는 중국과의 갈등을 억제하는 데 도움이 될 것이다. 뿐만 아니라, 러시아, 이란 또는 북한과 같은 다소 약한 적들이 가하는 (그러나 여전히 현실적이고 심각한) 모든 위협에 미군이 대처할 수 있다는 것을 보여 줄 수 있다. 그것이 바로 매케인이 새로운 방위 전략에서 우선시하기를 원했던 것이다.

전략은 아마도 워싱턴에서 가장 남용되는 단어일 것이다. 미국 지도자들은 모든 종류의 낮은 우선순위를 더 높게 보이기 위해 수시로 그 단어를 사용한다. 그게 매케인을 힘들게 만들곤 했다. "만약 모든 것이 중요하다면, 아무것도 중요하지 않다"고 말할 정도였다. 정부에서 거론되는 전략이라고 하는 것들은 희망과 꿈을 탈색시켜버리는 세탁물 목록과 같은 것으로 지도자들이 선택을 피하고자 할 때 사용한다. 이들은 한정된 자원을 얻기 위해 경쟁하는 우선순위들 사이에서 승자와 패자를 고르는 대신 모든 것을 포함시켜 버리는데, 모든 아이에게 상장을 주는 것과 마찬가지다. 그들은 이것저것 모든 것에 대해 말하고 있지만, 사실 아무것도 말하고 있지 않는 것이다.

이런 문제들이 2017년이 저물어가고 있을 때 《국가 방위 전략》이 안고 있는 위험이었다. 나를 비롯한 우리 직원들이 매티스의 참모들을 정기적으로 만나면서, 그가 전략 문서를 작성하는 일을 돕고 있었다. 우리는 수년 동안 알고 지냈고 새로운 전략에 대해 많은 것을 공유했다. 가을이 되자 실질적인 결정을 내려야 할 시기가 도래했고 매티스의 참모들은 일부 군사고문을 비롯한 내부의 반발에 직면해 있었다. 매티스는 워싱턴과 전 세계의 온갖 위기에 휩싸여 있었고, 이 전략의 상징적 성과마저 거의 날아갈 위기에 처해 있었다. 이런 상황을 매케인에게 전달했다. 그는 웃으며 "장관에게 편지를 보내자"고 말했다.

그 편지는 매케인이 새로운 방위 전략에 발자취를 남긴 마지막 일 중 하나가 되었다. 물론 처음은 아니었다. 2017년 한 해 동안 매케인은 공청회, 기밀 브리핑, 성명서, 연설문, 서신, 법률안 초안, 국방부와 군 고위 관계자들과의 면담, 해외 방문, 그리고 심지어 33쪽 분량의 국방 정책 보고서를 통해 미국 국방이 어떻게 변해야 할지에 대한 비전을 제시하고자 노력했고, 나도 옆에서 도왔다. 매케인은 트럼프 대통령 취임 전에 발표한 그 보고서에서 "만약 우리가 하는 모든 것이 같은 것을 더 많이 사는 것이라면, 그것은 잘못된 투자일뿐만 아니라, 위험한 일이다"라고 깊은 우려를 드러냈다.

우리가 국방부의 군사 시스템 개발과 구입 방법을 바꾸고, 군대가 더 발전된 기술에 접근하는 것을 막는 장벽을 허물고, 실질적인 군사적 역량을 위한 예산 확보를 위해 낭비되거나 불필요한 지출을 없애려고 했을 때, 그리고 수년 동안 예산 부족에 허덕이던 국방 투자를 확대하고, 낡고 효율성이 떨어지는 프로그램에 들어가는 돈을 새롭고 미래 지향적인 우선 과제로 옮기려 했을 때, 수년간의 훨씬 더 광범위한 입법 활동이 뒤따랐다. 그리고 이 모든 것을 가능하게 했던 것은 미국이 강력한 경쟁국, 특히 중국에게 군사적 우위를 빼앗기고 있다는 우리의 우려가 커졌기 때문이다.

이것이 바로 우리가 《국가 방위 전략》의 요구사항을 만들고 그것이 제대로 나오도록 싸웠던 이유이다. 보고서에 있는 전략 자체가 목적이 아니라, 제대로 된다면 경쟁하는 우선순위와 한정된 자원 사이에서 어려운 선택을 해야 하는 지도자들에게 기준점을 제공할 수 있기 때문이었다. 매티스 장관이 매케인의 친서를 받은 지 3개월 만에 내놓은 2018년 《국가 방위 전략》에서 제시된 대체적인 내용이다. 완벽하지 않았지만 그것은 전반적으로 중요한 문제를 올바르게 다루었다. 국방부의 최우선순위를 '중국과 러시아와의 장기적인 전략적 경쟁'으로 분명히 규정했다.[1] 그리고 매케인이 원했던 대로 실질적 정책과 프로그램의 선택을 안내할 수 있도록 적절한 세부사항을 기밀 형태로 제공했다.

《국가 방위 전략》은 미국의 국방 정책을 재정의할 수 있는 기회, 어쩌면 20년 만에 온 최고의 기회라고 생각할 수 있다. 특히 매케인의 죽음 이후 지금까지의 반응은 매우 고무적이다. 국방부 지도자들도 이전에 찾아볼 수 없었던 방식으로 이 전략을 수용해 왔다. 많은 고위 군 장성들은 그들의 군대가 앞으로 어떻게, 무엇을 가지고 싸워야 할지에 대해 고민하기 시작했다. 또한 주도적인 국방 전략가들은 이러한 전략을 개선시키는데 필요한 작업을 수행하고 있다.[2] 한마디로, 많은 사람들이

---

1) United States Department of Defense, *Summary of the 2018 National Defense Strategy of the United States of America* (Washington, DC: Department of Defense, 2018), https://dod.defense.gov/Portals/1/Documents/pubs/2018-NationalDefense-Strategy-Summary.pdf.

2) 추가적인 이해를 위해 다음 문헌 참조. Elbridge Colby, "How to Win America's Next War," *Foreign Policy*, Spring 2019; Elbridge Colby, Testimony Before the Senate Armed Services Committee, January 29, 2019, https://www.armed-

올바른 생각을 하고 있다는 점이다. 그러나 최근 수십 년간 가장 큰 문제는 올바른 생각과 말을 하지 않은 것이 아니었다. 문제는 올바른 일들을 제대로 하는 데 실패했다는 것이다.

미국은 또다시 미래에 의해 매복 당할 수 없다. 왜냐하면 그럴 경우 미국인에게 중요한 세계의 사람과 장소, 물건뿐만 아니라 미국 본토 자체를 방어할 수 없게 되기 때문이다. 미국이 한두 번 실수해도 되는 전략적 여유도 사라졌다. 《국가 방위 전략》은 더 나은 해답을 제시하기 위한 좋은 출발을 제공하지만, 충분히 멀리 간 것은 아니다. 변화를 너무 오랫동안 미뤄왔기 때문에, 지금 요구되는 변화의 규모는 극단적으로 크다. 새로운 기술만으로는 우리를 구할 수 없다. 중국의 군사기술 발전이 계속되면서 미국의 군사적 우위가 잠식될 가능성이 더 높아질 미래의 세계에서 성공하기 위해서는, 우리 동맹들의 역할 뿐아니라 미국의 군사력은 물론 그것의 목적, 방법 그리고 수단을 재상상하기 위한 야심찬 노력, 즉 새로운 사고가 절실하다.

요컨대, 우리는 우위 없는 방위 전략이 필요하다.

❧

새로운 방위 전략은 미국의 목표를 새롭게 설정하는 것에서 출발해야 한다. 미국의 국가 안보를 강대국, 특히 중국과 경쟁에 다시 집중시켜야 한다는 생각은 불과 몇 년 만에 워싱턴에서 지배적인 생각이 되었다. 미군은 그 목표에 대한 효과적인

services.senate.gov/download/colby_01−2919; T. X. Hammes, *The Melians Revenge*, Atlantic Council Issue Brief (Washington, DC: Atlantic Council, 2019); Mara Karlin, "How to Read the 2018 National Defense Strategy," Brookings Institution, January 21, 2018, https://www.brookings.edu/blog/order−fromchaos/2018/01/21/how−to−read−the−2018−national−defense−strategy; Lt.Gen. David A. Deptula, Heather Penney, Maj. Gen. Lawrence A. Stutzriem, and Mark Gunzinger, *Restoring America's Military Competitiveness: Mosaic Warfare* (Arlington, VA: Mitchell Institute for Aerospace Studies, 2019); and Mackenzie Eaglen, "Just Say No: The Pentagon Needs to Drop the Distractions and Move Great Power Competition Beyond Lip Service," *War on the Rocks*, October 28, 2019, https://warontherocks.com/2019/10/just−say−no−the−pentagonneeds−to−drop−the−distractions−and−move−great−power−competitionbeyond−lip−service.

대응의 한 부분일 뿐이며 가장 중요한 부분은 아닐 것이다. 진정한 질문은 미국이 새로운 강대국 경쟁 시대에, 특히 군사적으로 무엇을 **달성하고자** 하는가에 있다. 결국, 경쟁은 그 자체로 끝이 아니다. 더 큰 과제는 강대국 경쟁의 복귀와 미군 우위의 상대적 하락으로 인해 우리의 목표에 대해 지금까지 해왔던 익숙한 방식과는 다르게 생각해야 한다는 점이다.

냉전이 끝난 이후, 미국의 지도자들은 미국의 세계 목표를 다소 광범위하게 규정해왔다. 다른 어떤 강대국도 세계적인 우위에 있는 미국의 지위를 위협하지 않았기 때문에 우리는 나쁜 일을 예방하는 것보다는 좋은 일을 가능한 많이 하는 데 더 집중할 수 있었다. 미국의 우위를 지속시키고 세계를 개선하고자 하는 초당적 바람은 미국 지도자들이 인도주의적 개입, 정권 교체, 민주 국가 건설, 그리고 대체로 '규칙 기반' 혹은 '자유로운' 세계 질서를 건설하는 일에 그들의 군사력을 운용하는 것을 가능하게 했다.

우리는 우리의 야망에 대한 외부적 제한이 거의 없었기 때문에 그에 대한 큰 고려없이 우리의 국방과 군사적 목표를 정의했다. 미국은 압도적인 우위에 있었고 중요한 국제 안보 문제에 있어서 주도권을 행사했다. 미국이 목표를 추구하는데 유일하게 의미 있는 제약은 우리 스스로에게 부과하는 것이었고, 그리 큰 것도 아니었다. 미국 지도자들이 쿠웨이트를 해방하거나, 발칸 반도의 인종 청산을 중단하거나, 사담 후세인을 권좌에서 몰아내거나, 리비아의 무아마르 카다피를 축출하고자 했을 때, 미군은 그렇게 할 수 있었고 어떤 외세도 우리를 막을 수 없을 것이라는 데는 의심의 여지가 없었다.

지난 30년이 세계사의 광범위한 흐름에서 보면 얼마나 변칙적인 시기였는지 과장하기 어렵다. 미국이 독보적인 우위를 점하는 이 시대는, 항상 강대국 간의 경쟁으로 특징지어졌던 나머지 역사와는 뚜렷한 대조를 이룬다. 그리고, 그러한 경쟁의 분명한 현실 중 하나는 강대국들이 서로의 야망에, 특히 군사력에 대해 제한을 가할 수 있는 능력과 의지가 있었다는 점이다.

이것이 미국이 지금 재진입한 세계이며, 특히 강대국 이상의 강대국으로 발돋움하고 있는 중국과 관련해서는 더욱 그렇다. 확실히, 중국은 지속적인 성장을 지체시킬 수 있는 많은 내부 문제들을 안고 있다. 그러나 중국이 부와 힘을 계속 키워간다면 미국과 경제적, 기술적, 군사적 동등성을 달성할 수 있는 동급 국가가 될 것이며, 어떤 경우에는 우리를 넘어설 수도 있을 것이다.

이렇게 되면 미국은 어떠한 작전적·기술적 묘기를 부린다고 해도 우리가 원하는 거의 모든 것을 도전받지 않고 할 수 있는 시대로 시간을 되돌릴 수 없을 것이다. 대신, 우리는 지난 30년 동안의 압도적 우위로 인해 우리 대부분이 잊고 있었던 역사의 교훈을 다시 배워야 할 것이다. 강대국들은 서로의 야망을 제한하고 그 목표가 무엇이든 얼마나 바람직한지에 상관없이 서로의 목표를 비현실적이며 실현 불가능한 것으로 만들 수 있다. 강대국들은 자신들의 핵심 이익, 즉 싸워서라도 확보해야 할 것이 무엇인지를 규정하고, 경쟁이 분쟁으로 치닫지 않도록 다른 문제에 대해서는 필요한 타협과 조정을 하도록 강요한다. 이것은 강대국 경쟁의 지저분하고 불만족스럽지만 종종 무시되는 측면이다. 우리는 이것을 전략적 경쟁의 관리라고 부른다.

이것은 이미 중국과 공유하고 있는 현실이다. 예를 들어 1996년 빌 클린턴 대통령이 그랬던 것처럼 중국과 대만 사이 중대한 위기가 발생했을 때 항공모함을 대만 해협으로 보낼 가능성은 낮다. 미 항공모함은 분쟁이 발생할 경우 중국 해안에서 1,000마일 이내에서는 운항조차 하지 않을 것이다. 마찬가지로, 러시아 군이 시리아에 개입한 후, 광범위한 해외 정책을 추진했던 매케인 같은 지도자조차 그러한 목표가 군사적으로나 정치적으로 위험하기 때문에 더이상 가능하지 않다는 것을 인정하기 시작했다. 이와 같은 어려움은 미국의 바람과 상관없고, 다른 강대국들이 미국이 하고자 하는 일을 부정하거나 저지할 수 있기 때문이다.

중국과 관련해서는 미국이 오랫동안 누려온 군사적 우위와 이를 통해 가능했던 안보상의 사치를 회복하지 못할지 모른다. 그러나 우리는 비록 최근 수십 년간 세계를 지휘했던 우리의 야망보다는 덜 광범위한 목표이기 하지만 미국 국민의 핵심 이익을 방어할 수 있는 목표는 달성할 수 있다. 중국은 미국의 우위를 부정할 수 있지만, 미국 역시 중국에 대해서도 똑같이 할 수 있다. 그리고 그것이 우리의 목표가 되어야 한다. 중국이 아시아에서 군사적 우위를 누리지 못하게 막는 것이다. 중국의 군사적 우위는 세계 무대에서 자기 주장을 더 고집스레 밀고 나가게 만들 것이며, 이는 미국과 가장 가까운 동맹국들에게 훨씬 해로운 결과를 초래할 수 있을 것이다.

이 위험한 일이 정확하게 현 상황이 진행되고 있는 방향이다. 미국이 지금까지 해온대로 한다면, 중국 공산당은 미국과 동맹국들을 포함한 아시아의 국가들에게 자신의 의지를 힘으로 밀어붙일 수 있을 것이며, 이는 미국인들의 일자리와 생계, 그리고 안전이 걸린 세계 경제의 중심부에 대해 통제력을 행사하게 될 것이다. 그 결과 중국 통치자들은 군사적이든 아니든 국제적 분쟁에 있어 강력한 지렛대를 확보할 수 있을 것이다. 그들은 미국 국민에게 결정적 중요성을 가진 사건마다 개입하면서 무력이나 강요를 통해 자신들이 바라던 것을 얻을 수 있고, 미국과 동맹국 사이를 이간질하며, 그리고 미국 정부가 이에 대해 할 수 있는 것이 거의 없다는 것을 알고 있다. 이것이 중국이 하드파워와 소프트파워를 연결하는 본질적 방식이다.

중국의 군사적 우위를 부정하는 방위 정책에 대한 우리의 사고는 또 다른 강대국 경쟁이라는 낡은 현실에 의해 제약을 받고 있다. 즉, 미래의 강대국, 특히 우리만큼 기술적으로 선진화된 군대를 보유한 중국과 같은 경쟁국과의 재래식 분쟁이 미국 본토까지 확대될 수 있다는 전망이다. 이것은 대부분의 미국인과 그들의 군대가 전혀 준비하지 않은 현실이다. 비록 미국의 도시들이 핵무기의 위협을 받으며 수십 년을 살아온 것은 사실이지만, 우리는 우리 자신의 핵무기로 그러한 위협을 억제해왔고 핵무기를 사용할 의지가 있음을 천명해왔다. 그러나 우리가 고려하지 않은 것은 외국 경쟁자가 대량의 재래식 무기를 가지고 미국 **대륙**을 공격할 의지와 능력을 갖출 수 있다는 점이다.

사실, 미군이 조국을 지키기 위해 싸운다는 생각은 대부분의 미국인과 우리 군인들에게는 생소한 개념이다. 그것은 미국이 다른 나라들에게 강요하지만 스스로에게는 불필요한 것으로 보았다. 확실히 국토 방위가 국방부의 최우선 과제였지만, 여기서 미군의 역할은 제한적인 미사일 방어나 국내 질서유지, 그리고 우리 해안에서 멀리 떨어진 곳에서 적과 대치하는 데 국한되어 있었다. 미국 지도자들은 국내에서 실질적인 군사적 방어의 필요성을 전혀 인식하지 못했고, 그렇기 때문에 그러한 노력을 기울이지 않았다. 우리는 해외 전력 투사용으로 미군을 최적화했다. 두 개의 바다로 둘러싸여 있고 세계에서 가장 크고 강력한 군대를 거느리고 있는 입장에서 이러한 추정이 그리 불합리한 것은 아니다. 그러나 다른 나라들이 미국의 방위에 도전하기 위해 자체적인 장거리 정밀 타격 무기와 전력 투사 능력을 구축함에 따라, 대부분의 미국 영토가 재래식 군사 공격에 취약해지는 결과를 초래했다.

이런 종류의 위협이 가능하게 된 것은 신흥 기술 때문이다. 강대국 경쟁자들은 군사 지휘·통제 시설과 같은 미국 영토에서 가장 중요한 목표물이 어디에 있는지 잘 알고 있으며, 그러한 목표물을 타격할 수 있는 더 정확하고 더 강력한 장거리 무기를 개발해 왔다. 미래의 분쟁에서는 끊임없는 사이버 공격, 첨단 순항미사일, 극초음속 무기, 그리고 지능형 기계들에 의해 미국의 목표물들이 공격받게 될 것이다.

그것들은 경쟁자들의 영토에서 발사될 수도 있고, 미국 영토 가까이에 접근한 잠수함이나 항공기에서 발사될 수도 있다. 그 결과 19세기 이후 처음으로 실질적인 본토 방위가 우리의 국방예산을 훨씬 더 많이 배정하는 미국의 진짜 정책 목표로 설정되어야 할 것이다.

재래식 무기로 미 본토를 타격할 수 있는 중국의 능력이 커지면서, 향후 분쟁에서 우리가 특정 군사적 목표를 추구하는 것이 억제될 것이다. 동급의 군대가 우리가 보유하고 있는 것과 유사하거나 더 나은 무기로 미국 영토의 목표물을 타격할 수 있게 됨에 따라 미국 영토에 대한 공격 가능성을 새롭고, 보다 본능적인 관점에서 바라보게 된다. 미국의 지도자들은 여전히 국제 문제에 있어 행동의 자유를 누리고 있지만, 그러한 행동은 미국인들이 결코 생각해보지 못했던 방식으로 전쟁을 현실화할 수 있는 직접적이고 보복적인 결과를 초래할 수도 있다. 미국과 중국이 재래식 전쟁에서 서로의 영토를 공격 대상에서 배제하는 상호 억제를 추구할 가능성이 더 클 것이다. 이는 국내에 있는 국민에게 직접적인 군사적 영향을 거의 주지 않으면서 적국의 땅에서 전쟁을 벌일 수 있을 거라고 오랫동안 가정해왔던 미국 정치 지도자들과 미군에게는 완전히 새로운 상황이다. 기존의 가정은 중국과 관련해서는 거의 맞지 않기 때문에 미래의 미국 국방정책은 크게 제약될 수밖에 없다.

중국의 군사적 우위를 거부하기 위해서는 이것을 단순히 다른 국방 의제보다 좀 더 중요한 것으로 생각해서는 안 된다. 모든 것 가운데 가장 중요한 것으로 인식해야 한다. 그렇다고 새로운 냉전이 시작되었다는 뜻은 아니다. 냉전은 중국과의 경쟁이 보여주는 현실이 아니다. 아시아는 냉전 시대 유럽이 그랬던 것처럼 경쟁적인 영토 블록으로 나누어져 있는 것도 아니고, 아시아 국가들은 미국과 중국 사이에서 한쪽 편을 들도록 강요받는 상황도 아니다. 그러나 이것이 의미하는 바는 미국이 중국에 대한 군사적 우위를 부정하기 위해서는 뭔가 해야 한다면, 다른 곳에서의 일이나 예산을 줄여야 한다는 것이다.

최근 수십 년 동안, 미국 지도자들은 우리 군에 너무 많은 임무를 맡겨왔다. 그리 중요하지 않은 일 때문에 전 세계 너무 많은 장소에 미군을 배치하는 일에 우선순위를 부여했다. 미국의 지도자들은 우리 군에게 더이상 그렇게 해서는 안 된다고 알려 주어야 한다. 그리고 이란과의 전쟁, 베네수엘라 개입, 북한에 대한 선제 군사 행동 등 같이 비용이 많이 들고 불필요한 새로운 임무를 우리 군에 떠안기는 일은 확실히 피해야 한다. 제한적인 대테러 작전과 같은 임무는 계속될 수 있지만, 미국 지도자들은 특정 문제에 대한 무관심이 더 크고 심각한 위협으로 전이될 수 있다는 것을 깨달아야 한다. 그러나 전반적으로 보면 미군의 역할을 줄여야 할 것이다. 이 것은 실질적인 결과를 가져오는 어려운 선택을 요구하겠지만, 우리는 그렇게 해야만 한다.

간단히 말해, 군사력뿐만 아니라 예산, 지도자의 시간, 동맹국의 호의 등 미국의 전략적 자원을 절약하는 것이 미국 국방 전략의 목표가 되어야 한다. 이는 미국의 지도자들이 다른 외교 정책 목표에 대해 다소 바람직하지 않고 좀 위험한 결과가 나오더라도 이에 만족함으로써 중국의 군사력에 대응하면서 우리의 군사력을 강화해야 하는 보다 중요한 목표에 집중할 수 있을 것이다. 예를 들어, 트럼프가 이란과의 핵 협정에서 탈퇴하기로 결정한 것은 실수였다. 이 합의가 '좋아서'가 아니라, 궁극적으로 덜 중요한 일에 군사력을 덜 쓸 수 있게 해주었기 때문이다. 미국 지도자들은 이런 종류의 결정에 기뻐할 필요는 없지만, 우선순위에 입각해 훨씬 더 많은 결정을 내릴 준비가 되어 있어야 한다.

미국은 군사적 차원에서 중국에 관련한 모든 불만에 대해 이의를 제기할 수도, 해서도 안 된다. 반대로, 미국의 지도자들은 우리나라의 핵심 이익이 무엇인지 판단해야 할 것이다. 미국은 지난 수년 동안 모든 종류의 팽창적이고 불확실한 목표를 위해 싸울 준비가 되어 있다고 언급해 왔다. 하지만, 이제 우리는 군사력에 있어 우리에 필적하거나 능가할 수 있는 동급 경쟁국과의 미래 전쟁을 감안하여 우리가 진짜 무엇을 위해 싸울 준비가 되어 있는지 결정해야 할 것이다. 어떤 핵심 이익은 여전히 싸울 가치가 있지만, 우리는 그 목록을 본질적인 것으로 좁혀야 한다.

변해야 하는 것은 미국이 무엇을 위해 싸울 준비가 되어 있느냐 하는 것뿐만 아니라, 미군이 **어떻게** 싸울 계획인가 하는 것도 변해야 한다. 이러한 것은 중국의 군사적 우위를 부정하려는 목표에서부터 도출되어야 한다. 그리고 이는 공격적 전략이 아니라 방어적 전략이 되어야 한다. 군사력은 뭔가 좋은 일을 할 수 있는 능력으로서 보다 나쁜 일을 막기 위해 필요하다. 그 결과 미국은 군사력을 운용하는 방식을 바꿔야 하고 《국가 방위 전략》의 입안을 도운 국방전문가 크리스 더허티Chris Dougherty가 '새로운 미국식 전쟁방식'이라고 불렀던 것을 만들어내야 한다.[3] 미국의 전쟁방식way of war은4) 공세적 사고방식에서 방어적인 것으로 전환해야 한다. 간단히 말해 미국은 우리의 방위 전략에 '방어' 개념을 다시 되돌려 놓아야 한다는 것이다.5)

　　이것은 근본적인 변화일 것이다. 냉전이 끝난 이후, 그리고 제2차 세계대전까지 거슬러 올라가면, 미국의 전쟁 방식은 근본적으로 공격적이었다. 이것은 우리가 **왜** 전쟁을 했는지에 대한 것이 아니라 **어떻게** 싸웠는지에 대한 언급이다. 우리는 공격적으로 싸워왔다. 우리는 막대한 전투력을 본토에서 멀리 떨어진 적진 깊숙이 침투시키고, 첨단 기술을 사용하여 상대방을 회피하고 장악했다. 그들의 물리적 공간을 점령하고, 미국이 원하는 만큼 그곳에 머무는 방식을 추구했다. 그리고 미국의 적들이 그것에 대해 할 수 있는 일은 거의 없었다. 심지어 중국과 같은 경쟁국이 적대적인 군사력 강화를 개시했을 때도, 미국의 계획은, 1990년 이라크가 쿠웨이트를 침공했을 때와 2001년 9월 11일 이후 탈레반과 알카에다에 맞서서 했던 것처럼, 항상 신속하게 공세를 펼치는 것이었다.

　　나쁜 소식은 미군이 수십 년 동안 큰 비용을 들여 계획해온 작전 방식(전력 투사와 공격적 전투)이 중국에 대해 적용하기는 매우 어려워졌고 앞으로도 더욱 어려워질 것이라는 점이다. 미국은 이미 중국이 첨단 정밀 타격 무기의 대규모 개발로 딜레마에 빠져 있는데, 이들 무기들은 미군이 군사력을 투사하는데 이용하는 대규모 기지와 플랫폼을 찾아 공격할 수 있기 때문이다. 물론 이 문제를 해결할 수 없는 것은 아니다. 미군이 현재 가용한 기술을 가지고 이 문제를 더 효과적으로 다루기 위해 할 수 있는 일이 많이 남아 있다. 그렇긴 하지만 중국이 군사력 강화를 위해 신흥 기술을 활용하려고 절박한 노력을 계속 기울인다면, 이 문제는 더욱 심각해질 것이

---

3) Christopher M. Dougherty, *Why America Needs a New Way of War* (Washington, DC: Center for a New American Security, 2019), https://s3.amazonaws.com/files. cnas.org/CNAS＋Report＋＋ANAWOW＋－FINAL2.pdf.

4) [역주] '전쟁 방식(way of war)'은 특정 국가가 전쟁을 수행하는데 선호하는 특정한 방식을 의미하는 것은 '미국의 전쟁 방식(American way of war)'과 같은 용어가 사용된다. 이에 비해 '전쟁수행방식(warfare)'은 전쟁을 실제 수행하는 방법으로 '사이버전(cyber warfare)'이나 '정보전(information warfare)'과 같이 특정 영역이나 방식을 지칭할 때 사용하는 개념으로 구분이 필요하다.

5) [역주] 'defense'는 전략적 차원에서 사용될 때는 '방위'로, 공격과 대비되는 개념으로 사용될 때는 '방어'로 옮겼다. '방위 전략(defense strategy)'과 '공격과 방어(attack and defense)'가 그 예이다.

다. 미국이 전통적이고 공격적인 전쟁 방식에 집착한다면, 새로운 기술만으로는 우리를 구할 수 없을 것이다.

이것이 의미하는 바는 우리가 미래를 거꾸로 향하고 있다는 점이다. 미국과 중국이 유사한 종류의 군사력, 특히 지능형 기계의 대규모 전투 네트워크를 구축하기 위해 비슷한 가정 위에서 새로운 기술을 사용한다면, 기술적으로 앞선 경쟁국들이 벌이는 강대국 전쟁은 제1차 세계대전의 잔인하고 용서할 수 없는 논리에 의해 지배될 것이다. 방어적인 참호에 자리잡은 군대는 살아남고 효과적으로 싸울 수 있는 충분한 기회를 가질 수 있다. 그러나 그들이 진지에서 벗어나 적에게 진격하려는 순간, 그들은 유비쿼터스 센서, 지능형 기계, 그리고 첨단 무기로 가득한 새로운 '무인지대'로 들어갈 것이다. 이러한 장비들은 해저에서 우주까지 작동하면서 공격자들이 살아남기 힘들 정도의 규모와 속도로 킬 체인을 완료할 수 있다. 그리고 제1차 세계대전과 마찬가지로, 지극히 전부는 아닐지라도, 비슷한 무기를 들고 싸우는 경쟁자들 사이의 분쟁은 결국 소모적인 교착 상태로 빠져들 것이다.

이것이 모두 미국에게 나쁜 소식만은 아니다. 군사력을 투사하고 공격적으로 싸우는 것은 우리뿐만 아니라 재래식 군사력을 투사하기 위한 대규모 선박과 기타 전통적 플랫폼에 상당한 투자를 하고 있는 중국을 포함한 여러 경쟁국 **모두에게** 어려운 일이 될 것이다. 만약 미국이 군사력을 투사하는 것보다 다른 나라가 그렇게 하는 것에 대응하는 데 초점을 맞추는 새롭고 방어적인 전쟁 방식을 모색한다면, 경쟁국들에게도 똑같은 딜레마를 야기할 수 있을 것이다. 이런 식으로 작전 개념을 바꾼다면 신기술은 역풍이 아니라 순풍이 될 수 있다. 우리는 중국이 우리에게 했던 것처럼 같은 종류의 반접근 및 지역 거부(A2/AD) 전력을 구축함으로써 중국이 군사적 우위를 차지하는 것을 거부하고 보다 제한적이고 방어적인 목표를 달성할 수 있을 것이다.

이러한 전쟁수행방식은 공격적으로 상대방의 공간에 침투하고, 그들의 영토에서 상대를 공격하고 지배하는 것과는 거리가 멀다. 이런 방식은 동급 경쟁국에 있어서는 실현 불가능하다. 대신 중국 공산당이 미국의 영토와 미국에게 소중한 사람과 장소, 그리고 물건에 대해 군사적으로 자신들의 의지를 강요할 수 있는 능력을 부인하는 것이 될 것이다. 이러한 전쟁수행방식의 목표는, 미군이 공세를 취하는 어떤 군대든 궤멸시킬 수 있으며, 상대가 그들의 영토를 넘어 군사력을 투사하는 것을 막고, 우리의 손실을 그들보다 더 빠르고 저렴하게 보충할 수 있으며, 필요한 만큼 오래 전투를 지속하면서 그들의 공격 지속 능력을 차단할 수 있다는 것을 잠재적 침략자들에게 보여줌으로써 공격이나 전쟁을 감행하지 못하게 하는 것이다. 이것이 '싸우지 않고 이기는' 미국식 버전일 것이다.

그러나 미국이 지난 수십 년 동안 해왔던 방식으로 전쟁을 위한 동원 계획을 계속한다면 이는 불가능할 것이다. 그것은 대부분의 병력이 미군기지에서 싸워야 할 곳으로 이동하여 전투 준비가 완료되기까지 수 주나 수 개월에 걸리는 방식이다. 그 부대는 미국에서 동원을 시작하자마자 공격받을 것이다. 물류 작전은 해킹되면서 어려움을 겪을 것이고, 통신이 제대로 작동하지 않을 것이다. 인공위성도 교란되어 기능을 상실할 것이다. 바다 가로질러 전쟁터로 가는 길의 모든 단계에서 공격을 받을 것이다. 그리고 미군이 실제로 필요한 곳에 도착할 때면 중요한 역할을 수행하기에는 너무 늦을 것이다.

사실, 이것이 정확하게 중국이 아시아에서의 미래 전쟁에서 이기기 위해 계획하고 있는 것이고, 러시아가 유럽에서 승리하기 위한 계획이다. 즉, 빠르게 공격하고, 미군이 효과적으로 대응하기 전에 그들의 이익을 공고히 해서 그들의 승리를 기정사실화a fait accompli하는 것이다. 그렇게 해서 미국이 그들의 군대를 몰아내려면 분쟁을 격화시켜야 하는 부담을 지도록 만드는 것이다. 이런 식의 신속한 공격은 미래 전쟁이 극초음속 무기와 지능형 기계의 속도로 진행될 때 더욱 쉬워질 것이다.

이런 종류의 분쟁을 막기 위해, 미국은 전쟁이 일어날 수 있는 바로 그곳에서 강대국의 침략을 막는데 필요한 거의 모든 군사력을 보유하도록 해야 한다. 이를 위해서는 유럽과 아시아에 필요한 수준의 신규 군사력, 특히 자율 시스템, 첨단 미사일, 전자 공격 시스템을 배치해야 한다. 또한, 분쟁이 발생하여 상당한 손실이 발생할 경우를 대비해서 이를 보충할 수 있는 첨단 가공법을 비롯한 생산 수단의 전진 배치가 궁극적으로 필요할 것이다. 만약 미군이 이런 식으로 싸울 계획이 없다면, 점점 전쟁의 미래에서 멀어질 것이다. 결국 미래의 분쟁을 막지 못하거나 심지어 효과적으로 방어할 시점에 제때 모습을 드러내지 못함으로써 전쟁에 패할 위험도 커질 것이다.

이런 식으로 전쟁을 준비하는 목적은 전쟁을 치르지 않아도 되기 때문이다. 그러나 미국이 재래식 분쟁을 억제하는 능력을 다시 확립한다고 해도 군사적 경쟁이 사라진다거나 분쟁의 종식을 의미하지는 않는다. 반대로, 경쟁은 전쟁과 평화 사이에서 확대되고 있는 '회색 지대gray zone'로 더욱 공격적으로 전이될 것이다.[6] 이러한 새로운 그림자 전쟁은 이미 사이버 공간, 우주 공간, 공공 정보 영역, 그리고 리틀 그린맨과 같은 비밀 특수부대원 사이에서 벌어지고 있다. 우리의 경쟁국들, 특히 중국이 미국과 이런 비대칭적 전투를 벌이고 있는 것은 전통적인 전쟁 방식과 수단을 통해서는 우리에게 이기는 것이 어렵기 때문이다. 문제는 우리의 재래식 전쟁 억제력이 약화되고 있다는 점이다. 만약 우리가 우리의 방어 전략을 다시 구상하고 기존의 억제력을 회복한다면, 그 성공의 대가는 회색 지대에서의 전투가 점점 더 격화될 것이라는 점이다. 하지만 중국이 재래식 전쟁에서 미국을 이길 수 있다고 믿게 된다면 중국 공산당이 우리와 직접 맞서려고 덤벼들지 모른다. 그럼 회색 지대는 줄어들지만 더 큰 위협에 직면하게 될 것이다.

미국이 앞으로 어떻게, 무엇을 위해 싸울 것인지 바꾸는 것은 필요하지만, 그것으로 충분하지 않다. 우리 군대가 무엇을 **가지고** 싸울지도 달라져야 한다. 미국이 수십 년 동안 군대를 건설해온 방식은 전투가 요구될 때 우리가 어떻게 싸울 것인지에 대한 가정의 직접적인 결과이다. 우리는, 전쟁이 전 세계에 가로지르며 거대한 군사력을 멀리 떨어진 전장에 투사하기 위한 장기적인 동원으로 이루어질 것으로 가정했다. 이 전쟁에서 미군은 뛰어난 기술을 사용하여 약한 상대들을 압도하지만, 그 과정에서 거의 전투 손실을 입지 않을 것으로 생각했다. 그 결과, 오늘날 미군은 비교적 적은 수의 크고 정교한 무기체계로 구성되어 있으며, 이들은 무척이나 비싸

---

6) 다음 사례 참조. Kathleen Hicks and Alice Hunt Friend, *By Other Means: Part 1: Campaigning in the Gray Zone* (Washington, DC: Center for Strategic and International Studies, 2019), https://csisprod.s3.amazonaws.com/s3fspublic/publication/Hicks_GrayZone_interior_v4_FULL_WEB_0.pdf; and Melissa Dalton, Kathleen Hicks, Alice Hunt Friend, Lindsey Shepherd, and Joseph Federici, *By Other Means: Part 2: Adapting to Compete in the Gray Zone* (Washington, DC: Center for Strategic and International Studies, 2019), https://csis-prod.s3.amazonaws.com/s3fspublic/publication/Hicks_GrayZone_II_interior_v8_PAGES.pdf.

고 많은 사람들이 투입되어 운영되기 때문에 거의 대체하기 어려운 물건들이다.

더욱이, 이 모든 전투 시스템은 일단의 통신 센터, 정보 네트워크, 인공위성, 그리고 화물선이나 공중급유기와 같은 물류 장비에 의존하고 있는데, 이들 역시 크고, 비싸고, 많은 인력을 필요로 하고, 교체하기 힘들 뿐만 아니라, 거의 무방비 상태에 가깝다. 미국의 적들이 결코 우리를 공격할 수 없을 것이라는 가정 아래 만들어졌기 때문이다. 미국 정부는 매년 7,300억 달러 이상을 국방비로 지출하고 있는데, 이러한 재래식 군사 시스템의 개발, 조달, 운영, 유지 및 제작에 대부분의 자금이 투입되고 있다.

문제는 이러한 소수의 수십억 달러 짜리 시스템들이 중국이 이미 획득한 많은 양의 수백만 달러짜리 정밀 무기들에 맞서 살아남을 가능성이 매우 낮다는 것이다. 중국의 무기들은 미군의 전투 계획을 뒤흔들고 킬 체인을 완료할 능력을 분쇄하기 위해 만들어진 것이다. 워싱턴의 어떤 사람들은 이러한 도전을 미연에 방지하기 위해 뭔가 마술처럼 할 수 있는 일이 있을 것이라고 암시한다. 인공지능과 같은 신기술이 미국의 기존 군사력을 더 오래 유지하는 데 도움이 될 수 있다는 의견도 있다. 부분적으로 사실이다. 시간을 좀 더 벌 수 있을 것이다. 하지만 지는 게임은 결국 패배로 끝나기 마련이다.

미국은 다른 종류의 군대를 건설할 필요가 있다. 그리고 우리는 최근의 실수를 반복할 여유가 없다. 우리는 개별 플랫폼과 시스템이 아닌 킬 체인의 통합 네트워크를 구축하고 구매하는 데 초점을 맞춰야 한다. 우리는 물건이 아니라 실질적인 결과를 가져다 주는 것을 확보할 필요가 있다. 군사력 자체보다 군사적 효과를 강화시킬 수 있는 광범위한 전투 네트워크와 인간의 이해, 결정, 행동을 용이하게 하는 능력이 훨씬 더 중요할 것이다. 이러한 방식으로 고민하면 올바른 질문을 할 수 있다. 미군을 어떻게 다르게 만들 것인가? 미군은 어떤 특성을 가지고 있어야 할까?

첫째, 소수의 대형 시스템보다 더 많은 수의 소형 시스템을 중심으로 미래의 군사력이 구축되어야 한다. 이것은 미군이 더 넓은 지역에 더 많은 병력을 분산시킬 수 있게 해줄 것이다. 우리의 경쟁자들은 더 이상 그들의 감지장치와 발사장치를 몇 개의 대형 표적에 집중할 수 없을 것이다. 대신, 그들은 더 넓은 공간에 분산되어 있는 많은 표적들을 찾아 공격해야 할 것이다. 이런 식으로 미국은 경쟁국들에게 군비 지출을 강요할 수 있을 것이다. 지금까지 경쟁국들이 우리에게 했던 것과 같은 방식이다. 경쟁국들이 더 많은 미군 시스템을 목표로 더 많은 감지장치와 더 많은 무기에 지출하게 함으로써 새로운 공격 능력을 확보하기 어렵게 만드는 것이다. 이는 미국이 오랫동안 시달려온 패배 게임과 같은 종류의 역전극이 될 것이다.

마찬가지로, 실질적으로 대체할 수 없는 고가의 시스템보다는, 미래의 군사력은 효과적으로 소모할 수 있는 저비용 시스템을 중심으로 구축되어야 한다. 만약 미국 시스템의 구축, 운영, 보충 비용이 저렴하다면, 우리는 그것을 상실한다고 해도 큰 부담이 없을 것이다. 게다가 이러한 접근 방식은 경쟁국의 추가적인 군비 부담을 강요할 것이다. 만약 그들이 우리 시스템을 파괴하는 데 우리의 구축 비용보다 더 많이 든다면, 우리는 경쟁자들에게 또 다른 패배 게임을 강요할 수 있다. 그들은 더 비싼 무기로 우리의 값싼 시스템을 공격해야 하는데, 이는 시간이 갈수록 지속 가능하지 않을 것이다. 그리고 그들에게 지속적인 위협을 가하면서 우리의 군사 시스템을 자유롭게 운영할 수 있는 여유를 갖게 될 것이다.

이러한 생각은 확실히 저가의 드론 네트워크와 같은 새로운 전력을 구축하자는 주장에 찬성하는 것이다. 그리고 이는 또한 많은 미사일을 확보하자는 주장에 동조하는 것이다. 사실 이들 미사일의 상당수는 현재도 운용 가능한 데 예산 경쟁에서 값비싼 대형 플랫폼에 늘 밀린다. 이들 대형 플랫폼은 미군이 선호하고 지역구 유권자의 눈치를 봐야 하는 의회 의원들이 좋아하기 때문이다. 예를 들어 미 육군과 해병대가 적 전함을 요격할 수 있는 지대함 미사일을 더 많이 보유했다면, 미 해군이 더 적은 전함이 필요할 것이며 해상에서 더 효과적으로 미국의 이익을 방어할 수 있을 것이다. 미국은 이런 점에서 수십 년 동안 공격적으로 미사일 무기고를 확장해온 중국으로부터 배울 게 있다.

이것은 미래의 미군이 가져야 할 또 다른 특성을 말해준다. 미래 전력은 다수의 사람을 필요로 하는 소수의 플랫폼보다 훨씬 더 많은 수의 고도의 지능형 무인 기계들을 운용하는 소수의 사람들로 구성되어야 한다. 사람은 값비싼 존재이다. 그런 사람이 들어가는 무기는 훨씬 더 비싸기 마련이다. 아무도 사람의 목숨을 앗아가는 극단적인 대가를 치르고 싶어하지 않는다. 유인 무기체계는 교전 양측에 엄청난 살상을 강요할, 극단적으로 파괴적인 미래의 전장에서 제대로 작동하지 않을 것이다. 그러나 저가의 지능형 기계는 대량으로 운용할 수 있으며, 또 대량으로 분실 및 교체가 가능하다. 위험한 곳에 더 적은 사람을 투입하는 것이 군사적으로 더 효과적이며 더 나은 윤리적 결과를 가져다 줄 것이다.

미래의 군사력은 오늘날 많은 데이터를 이동시켜야 하는 고도로 중앙 집중화된 네트워크보다는 제한된 양의 데이터를 주고받는 고도로 분산된 네트워크 중심으로 구축되어야 한다. 현재의 미군 네트워크가 공격에 취약한 이유는 상대편이 쉽게 공격할 수 있는 소수의 중앙집중식 거점을 중심으로 구성되어 있기 때문이다. 스스로 수집한 데이터를 해석할 수 있는 기계를 보유하게 된다면, 네트워크 주변에서 정보를 훨씬 적게 이동시킬 수 있고 주요 네트워크 기능을 다수의 지능형 기계에 분산시킬 수 있다. 네트워크가 공격에 취약한 거대한 거점을 갖고 있지 않고 물리적으로 재구성과 복구가 가능하도록 분산되어 있다면 경쟁국이 이를 공격하는데 어려움을 겪을 것이다. 이러한 종류의 네트워크가 미래의 전장에서 살아남을 가능성이 더 높으며, 인간 운영자가 지능형 기계와 더 나은 통신 상태를 유지할 수 있도록 도와줄 것이다.

마지막으로, 미래의 군사력은 하드웨어보다 소프트웨어에 의해 정의되어야 한다. 그것은 모든 면에서 디지털 군사력이 되어야 한다는 것을 의미한다. 이것은 지금까지 군사력이 운영되어온 방식을 완전히 뒤집는 것이다. 전통적으로 전쟁에서 이기는 것은 하드웨어였다. 쇠와 강철로 만들어진 것이다. 하드웨어가 여전히 중요하겠지만, 미래의 전쟁에서 승리를 가능하게 할 것은 정보information다. 그것은 모든 군사 시스템이 다른 시스템과 연결되고 협력할 수 있는 전투 네트워크를 구축할 수 있는 능력에 의해 확보된다. 그리고 성공에 가장 필수적인 역량은 인공지능, 기계 자율성, 사이버 전쟁, 전자 전쟁, 그리고 소프트웨어 정의 기술7)일 것이다. 이것은 전투 중인 인간이 경쟁자보다 더 빠르고 효과적으로 킬 체인을 완료할 수 있게 도와줄 것이다. 이러한 방식으로 미래의 군사 하드웨어는 우리가 모바일 기기를 보는 방식과 비슷하게 고급 소프트웨어를 위한 운송체로서 평가되어야 한다. 내 아이폰을 특별하게 만드는 것은 아무도 볼 수 없는 소프트웨어인 반면, 하드웨어는 일상적으로 소비되고 교체되는 저렴한 플랫폼에 불과하다.

미래의 군사력이 절대 저렴하지 않을 것이라는 점도 강조되어야 한다. 획기적으

---

7) [역주] 소프트웨어 정의 기술(Software–Defined Everything; SDE)은 소프트웨어 정의 네트워킹에서 시작되어 소프트웨어 정의 스토리지, 소프트웨어 정의 컴퓨팅, 소프트웨어 정의 데이터 센터 등을 포함한다. 컴퓨터, 통신망, 데이터 센터 등이 소프트웨어 정의 기술을 통하여 가상화됨에 따라 지능화된 소프트웨어로 제어가 가능하고, 또한 서비스로서 제공된다. 소프트웨어 정의 기술을 사용하여 통신 설비, 네트워크 운용 등에 소요되는 비용을 절감하고, 프로그래밍을 할 수 있는 유연성과 상호 운용성 등 효율적인 운영 관리를 할 수 있다. 반면 높은 수준의 보안이 필요하다.

로 삭감된 국방예산으로는 구입하기 어렵다. 그것은 하나의 비싼 시스템을 다른 저렴한 시스템으로 대체하는 것이 아니라, **다수의** 저가 시스템의 네트워크로 대체하는 것이 목표이기 때문이다. 시간이 지남에 따라 전통적 플랫폼은 많은 자율적 시스템을 구성된 거대한 네트워크, 즉 군사용 사물인터넷으로 대체되어야 한다. 그것은 또한 서로 다른 군사 영역을 넘나드는 변화가 있어야 하는데, 대형 군함을 다수의 대함미사일을 보유한 지상 기지로 대체하거나 지상 시스템을 무인 전투기 네트워크로 대체하는 것과 같은 것이다. 목표는 스마트 시스템을 어떻게 결합하든지 간에 인간이 이해하고, 결정하고, 행동할 수 있는 탁월한 역량을 발휘할 수 있도록 하는 것이다. 늘 그렇듯이 초점은 킬 체인에 맞춰져야 한다.

☙❧

우리가 우위 없는 방위 전략을 추구하려면, 미국인들이 알고 있어야 할 또 하나의 통찰이 있다. 우리 혼자서 할 수 없다는 것이다. 중국과 같은 첨단기술로 무장한 경쟁자가 계속 등장하는 상황에서는 미군의 목적과 방식, 그리고 수단을 바꾼다고 해도 힘의 균형을 유리하게 유지하기에는 충분하지 않을 것이다. 미국이 세계에서 성공하기 위해, 특히 중국에 대응하기 위해서는 유능한 동맹국과 협조자가 필요하다.

트럼프가, 미국의 부유한 동맹국들이 공동방위를 위해 더 많이 기여해야 한다고 요구한 것은 틀린 말이 아니다. 실제로, 우방국이 공격을 당했을 때 미국이 자신들을 돕기 원한다면 그들 자신을 더 잘 방어하기 위해 노력해야 할 특별한 의무가 있다. 그리고 그들이 그렇게 하지 않는다면, 그들은 승리의 가망이 거의 없는 전쟁에서 자신들을 대신해 미국이 싸워주기를 기대해서는 안 된다.

그러나 동맹국에 대한 기대가 높아졌다고 해서 동맹국의 가치를 비웃는 것과 혼동해서는 안 된다. 이것이 트럼프의 세계관에 있어서 가장 근본적인 문제 중 하나이다. 2019년 6월 그는 "세계의 거의 모든 국가가 미국을 엄청나게 이용하고 있다"고 불평을 늘어놓았다.[8] 트럼프는 미국의 동맹국들을 오로지 무임승차자로만 보고 있

8) Anne Gearan, Damian Paletta, and John Wagner, "Trump Takes Aim at Foreign Leaders and Critics Before Heading to Economic Summit in Japan," *Washington Post*, June 26, 2019, https://www.washingtonpost.com/politics/as－he－heads

으며, 불행하게도 그는 미국의 가장 가까운 동맹국들과의 관계를 훼손했다. 우리의 적들이 하려고 했던 것 이상으로 동맹국과의 관계에 쐐기를 박았다.

트럼프가 잘못 생각하는 것은 우리가 어리바리하기 때문에 동맹국들이 제대로 기여하지 않는다는 것이다. 미국이 동맹국 관계를 맺는 것은 우리에게 이득이 되기 때문이다. 우리는 혼자 있는 것보다 함께 하는 것이 더 좋기 때문에 동맹을 원한다. 우리는 동맹국이 필요하다. 동맹국 없이는 유리한 힘의 균형을 유지할 수 없다.

우리가, 동맹국들이 더 많은 역량을 갖추기를 원하고 집단 방위에 대한 부담도 더 많이 나누기를 바란다면, 미국이 동맹국들의 군사적 능력을 떨어뜨리는 데 얼마나 의도적으로 기여했는지부터 인식해야 한다. 예를 들어, 우리는 공격용 무기와 첨단 방어 자산을 아시아와 유럽의 최전방 동맹국들에게 파는 것을 종종 거부해 왔다. 그렇게 하는 것은 상황을 불안정하게 만들고 도발적인 일이 될 것으로 믿었기 때문이다. 우리는 또한 동맹국들의 작전적 효용성을 크게 믿지 않았다. 일본 등 동맹국들이 역내 분쟁 발생 시 무엇을 해야 할지를 검토했을 때, 대부분의 미국 지도자들은 우리 군이 공세를 펼치기 위해 전진하는 사이, 그들은 후방에 남아 자국의 이익을 챙기고 있거나 미국의 외투나 들고 있는 존재로 격하시켰다.

미국이 동맹국들의 군사력을 제한하는 데는 충분한 이유가 있다. 특히 야심 많은 동맹국들이 우리를 잘못된 갈등에 연루시킬 수 있는 싸움을 시작하거나 격화시킬 수 있기 때문이며, 있을 수 있는 위험이다. 그러나 지금 더 큰 위험은 미국의 최전방 동맹국들이 군사적으로 너무 강력해서가 아니라 충분한 군사력을 보유하지 못하고 있으며 미군의 작전 계획에 의미 있는 역할로 충분히 통합되지 못하고 있다는 데 있다. 워싱턴 지도자들은 동맹국들의 중요성에 대해 입에 발린 말을 한다. 그러나 우리가 행동을 통해 보여주는 모습은, 막상 어려운 일이 발생하면 우리 혼자서 힘든 일을 감당하는 것을 선호한다는 점이다. 미국이 중국의 군사적 우위를 부정하기 위해서는 이런 점이 바뀌어야 한다.

이러한 목표는 동맹국들의 작전적·정치적 차원의 지원 없이는 도저히 달성할 수 없다. 우리는 동맹국들과 우리 자신 모두에게 더 많은 것을 요구해야 한다. 미래의 전쟁이 얼마나 빨리 시작되고 확대될 수 있는지를 고려할 때, 미국은 동맹국들이

−to−japan−trumpcomplains−of−lopsided−military−obligations/2019/06/26/e faa5870−97fb11e9−830a−21b9b36b64ad_story.html?noredirect=on.

어떤 공격 행위로부터도 자신과 우리를 즉각 방어할 수 있어야 한다. 미국은 더 이상 몇 달씩의 배치 일정에 따라 본토의 기지에서 미래의 분쟁지역으로 출퇴근할 수 있는 사치를 누릴 수 없다. 때문에, 우리 동맹국들은 지금보다 훨씬 큰 규모의 미군 전력을 보유하는 것이 필요하다. 동맹국에 대한 이러한 기대는 훨씬 더 큰 정치적·외교적 부담을 수반하며, 동맹국들은 그들 자신뿐만 아니라 우리를 위해서도 그러한 부담을 감당해야 할 것이다. 왜냐하면, 미군이 그들의 지원과 그들 영토에 대한 접근 없이는 효과적으로 동맹국을 방어할 수 없기 때문이다.

미국이 낯설고 불안한 미래로 향하고 있지만 두려워할 필요는 없다. 우리는 여전히 우리가 가장 아끼는 사람과, 장소, 그리고 물건을 지킬 수 있다. 우리의 군사적 우위가 침식되는 가운데서도 미국의 경쟁국이 군사적 우위를 차지하고 자신들의 위치를 공고히 할 수 있는 미래를 피할 수 있다. 이러한 제한적이고 방어적인 목표를 달성하려면 미국의 국방 전략을 폭넓게 재상상해야 한다. 이는 가능한 일이며, 선택적인 것이 아니다. 중요한 문제는 미군이 변화**해야** 하는지가 아니라 우리가 변화**할 수 있는가** 하는 것이다. 그리고 충분히 빠르게 변화할 수 있느냐 하는 것이다.

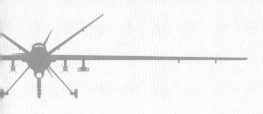

관료제의 문제

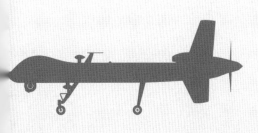

제11장

관료제의 문제

2019년에는 제임스 매티스 국방부 장관과 리처드 스펜서 해군장관이 뭔가 옳은 일을 하려고 노력하고 있었다. 그들은 오르카와 같은 새로운 무기체계에 투자할 수 있는 해군 예산을 확보하고자 했다. 그들은 미국이 앞으로 얼마나 많은 항공모함을 필요로 할지는 모르지만, 현재보다는 적어야 한다고 믿었다.

매티스와 스펜서는 2020 회계연도에 해군이 의회에 제출한 항공모함 예산을 줄이려고 했다. 한 가지 생각은 해군이 새로운 항공모함 2척을 한꺼번에 구매하려는 계획을 축소하는 것이었다. 특히 해군이 증가하는 중국의 위협으로부터 이 거대한 함정을 어떻게 방어할 것인지에 대해 여전히 결론을 내리지 못하고 있다는 점이 고려되었다. 이러한 생각은 전략적으로 타당했지만 국방부 지도자들은 결국 이를 받아들이지 않았다. 두 개의 새로운 항공모함의 '일괄 구매block buy'를 취소하는 것은 이 선박을 건조하는 한 미국 조선소에 대규모 해고를 초래하게 될 것이기 때문이었다. 일단 기술자들이 사라지고 나면, 그들을 되찾을 수 없고, 그것은 미래에 해군이 다른 종류의 배를 건조할 수 있는 능력을 상실하게 만들 것이라는 이유였다. 조선업체들은 선박을 건조해야 했고, 그 결과 항공모함의 일괄 구매는 유지되었다.

매티스와 스펜서가 대신 합의한 것은 해리 트루먼Harry Truman 호라는 기존 항공모함 한 척을 사용 기간의 중간쯤에 퇴역시키는 계획이었다. 트루먼 호와 같은 항모에 동력을 공급하는 원자로는 50년을 버틸 수 있지만, 25년 후에는 연료를 재공급해야 한다. 트루먼 호를 퇴역시킴으로써, 국방부 지도자들은 연료 재급유에 들어가는 35억 달러를 절약하고, 수명이 다할 때까지 유지하는 데 들어가는 300억 달러를 더 아낄 수 있을 것으로 기대했다.

일이 갑자기 뒤틀렸다. 의회에서 허를 찔렸다. 누구도 트루먼 호를 퇴임시키는 어려운 선택이 왜 가치 있는 일인지 설명해주지 않았고, 의회가 그런 결정을 하도록 준비시키지 않았다. 국방부 지도자들이 투자하고 싶어 했던 새로운 무기체계는 눈앞에 보여주기 보다는 많은 경우 서류상으로 존재했다. 그렇기 때문에 이 일은 잘 알려진 플랫폼을 증명되지 않은 희망과 교환하는 것처럼 보였다. 국방부는 특히 총 250억 달러 이상의 가격에 두 개의 새로운 항공모함을 구매하려는 계획을 진행하고 있었기 때문에, 항공모함의 상대적 역량과 생존 능력을 이유로 트루먼 호를 조기전역시켜야 한다는 점을 설득할 수 없었다. 마침내 해군 소식통은 트루먼 호가 계속 유지될 것이라는 기쁜 소식을 전했다.

트루먼 호를 퇴역시킬 것이라는 소식이 전해졌을 때 반응은 빠르고 잔인했다. 이러한 결정으로 가장 큰 영향을 받을 주 의회 의원들은, 이로 인해 피해를 볼 회사, 노동자와 노조, 그리고 로비스트들과 컨설턴트들의 지원을 받으며 이 항공모함의 퇴역 계획을 좌절시키기 위한 전투에 참여했다. 결국 마이크 펜스 부통령은, 퇴역 계획이 발표된 지 불과 한 달 만에 항공모함이 건조되는 버지니아주 한 항구에 정박 중인 트루먼 호를 방문했다. 그는 선상 연설에서 트럼프 행정부는 항공모함의 퇴역 계획을 번복한다고 자랑스럽게 선언했다. 재선을 앞두고 버지니아 주의 중요성을 분명히 염두에 둔 결정이었다.

여기에 모인 청중들은 열광했다. 의회는 예산을 증액했다. 이는 많은 미래 역량의 희생으로 가능한 일이다. 그 결과, 항공모함에 대한 위협은 질적으로나 양적으로나 심각해지고 있고, 현재 미국의 항공모함이 어느 정도 방어할 수 있는지 불확실하지만, 미국은 25년 된 배를 2050년까지 유지하기 위해 300억 달러 이상을 투입할 것이다.

트루먼 호의 사례는 미군에게 중대한 변화를 주기가 얼마나 어려운지를 적나라하게 보여준다. 그것은 또한 늘 일어나는 일이다. 국방부와 의회의 이해 당사자들은 외부 집단의 강력한 지원을 받아 팀을 이루며 전통적인 함정, 전투기, 지상 차량, 그리고 기타 군사 플랫폼을 추가로 구입하고 있다. 그리고 이러한 시스템에 필요한 무기 및 탄약을 구입하고 운용과 유지 보수를 위해 미래 역량과 기술에 투자해야 할 예산을 빼앗아 간다.

이러한 싸움에서는 행정부와 입법부, 상원과 하원, 그리고 공화당과 민주당 사이에 전선이 명료하게 그려지는 경우는 드물다. 그들은 종종 이러한 제도적 · 당파적 분열을 초월해서 이해관계를 기반으로 강력한 연대를 구축한다. 나 역시 의회에 있을 때 이런 종류의 결정이 이루어지도록 돕곤 했다. 때로는 그것이 잘못된 일이었지만, 어쨌든 의회 의원이나 국방부의 유력 단체들이 원하는 일이었다. 그러나 때때로 국방부가 잘못된 예산을 요구하기도 했고, 의회가 이를 바로 잡기도 했다.

그 중심에 있는 모든 것이 워싱턴에서 예산편성과정budget process이라 알려진 것이다. 이러한 연례행사를 통해 국방부와 의회는 국방 산업계뿐만 아니라 각종 참전용사 조직, 노조, 환경 단체, 주 및 지방 정부 등 모든 이해 당사자들의 적극적인 개입과 함께 2020 회계연도에 사용할 총 7,000억 달러에 달하는 연간 국방비를 어떻게 배분할지를 결정한다. 예산편성과정은 킬 체인과 반대되는 것으로 생각하면 된다. 킬 체인은 빠르고, 세밀하며, 정확성이 손상되지 않아야 하는 반면, 예산편성과정은 느리고 지루하며, 임의적이고 지저분하며, 불완전한 타협에 의해 이루어진다. 하지만 둘 다 필수적인 과정이다.

옛말처럼 예산은 정책이기 때문에 예산편성과정이 중요하다. 심지어 7,000억 달러로도 모든 사람이 원하는 모든 것을 살 수는 없다. 지도자는 선택을 해야 하고, 그 선택은 균형을 유지해야 한다. 어떤 것을 산다는 것은 어떤 다른 것을 사지 않는다는 것을 의미한다. 미래를 위한 새로운 기능에 투자하는 것은 종종 그 대가를 치르기 위해 무언가를 포기해야 한다는 것을 의미한다. 둘러갈 방법은 없다. 워싱턴의 지도자들이 정말로 무엇을 중시하는지 알고 싶다면, 그들이 말하는 것보다 그들이 무엇을 위해 돈을 쓰는지 살펴보면 된다. 지출은 진정한 우선순위, 즉 가장 중요한 것을 드러내기 때문이다.

이런 미국인들이 멍청하고, 악랄하고, 부정직하다고 생각하지 말기 바란다. 그들 대부분은 자신들이 이해하는 대로 옳은 일을 하기 위해 최선을 다하고 있다. 그들은 유권자들을 대변하고자 노력하는 선출직 공무원이다. 그들은 미군을 위해 놀라운 역량을 구축하고 있으며, 동시에 자신의 일자리를 유지하고자 한다. 그들은 현재 시스템의 효용을 믿고 있으며, 이런 시스템을 더 많이 확보하는 것이 그들의 군대가 임무를 성공적으로 수행하고 안전하게 귀국할 수 있을 것이라고 믿는 군 장교들이다. 그들은 노동자를 올바르게 대하고 주주를 위해 돈을 벌어야 할 책임이 있는 기업인들이다. 이들 대부분이 평범한 미국인들이다.

문제는 여기에 관련된 사람들에게 있는 것이 아니다. 존 매케인이 '군부-산업-의회 복합체'라고 불렀고, 도널드 트럼프 등이 최근 '늪'이라고 지칭했던 것이 존재하기 때문만도 아니다. 문제는 시스템이 제대로 작동하지 않는다는 데 있다. 더 큰 문제는 미국의 국방 기관 내에서 수십 년 동안 권력과 유인책이 어떻게 구조화되었는가 하는 점이다. 그 구조는 미래를 희생하면서 현재를 압도적으로 선호한다. 대부분의 사람들은 내일의 요구가 아니라 현재의 요구를 얼마나 잘 반영하느냐에 따라 예산편성과정에서 보상과 처벌을 받는다. 그것이 의회에서의 투표, 군대에서의 승진, 기업의 상여금 획득을 결정하는 원인이 된다. 이런 식의 유인 구조는 다르게 일을 하고, 더 많은 위험을 감수하며, 더 긴박하게 움직이는 것을 주저하게 만든다.

　　이것이 미국이 수년 전부터 그렇게 심하게 미래로부터 매복공격을 받은 이유이다. 그리고 이러한 시스템의 실패를 가져온 대부분의 조건들은 여전히 존재하고 있다. 이러한 부정적 조건들은 △규모 있는 신속한 기술개발보다는 위험 회피와 비용 처리에 최적화된 국방 획득 시스템, △점점 더 경직되면서 새로운 기업의 진입을 막고 있는 폐쇄적 국방 산업계, △국가 안보와 기술 공동체 사이의 관계 단절, 그리고 △군사적 우위의 급속한 침식에도 불구하고 군사력을 새롭게 구축하고자 하는 상상력의 결여 등이다. 미국의 국방 공무원들은 특히 지금 필요한 만큼 전면적인 변화를 시행하기 위해 광범위한 합의를 필요로 하고 있지만, 아마도 이러한 합의는 오늘날 워싱턴과 미국 전체에서 일어나기 가장 어려운 일일 것이다. 이러한 전환이 실패하거나 전환 가능성이 불확실하다면 그 이유는 여러 가지가 있겠지만, 그 대부분은 예산편성과정에 결부된 것이다.

❧

　　예산편성과정은 실제로 미국이 군대를 건설하고 구입하는 데 필수적인 두 가지 다른 관료적 절차에 의해 마무리된다. 예산편성과정에 선행하는 것은 '요구 절차'이고 이어지는 것이 '획득 절차'이다. 이 모든 이야기가 지나치게 관료적으로 들리겠지만 사실이 그렇다.

　　요구 절차는 국방부가 개발 또는 구입을 원하는 무기에 '입증된validated' 군사적 역량을 결정하는 과정이다. 이러한 절차가 있는 이유는 분명하다. 예컨대 합동 전투기를 획득하려 할 때 일부의 개별적인 선호가 아니라 가장 중요한 요구에 대해서 예산을 배정하고 조달에 들어가는 것을 보장해주기 때문이다. 문제는 요구사항을 검증하는 과정이 몇 달, 심지어 몇 년 동안 지연된다는 것이다. 그러다 보니 최첨단은 고사하고 효과적인 역량조차 갖추지 못한 채 수년을 기다려야 하는 문제가 발생한다. 요구 절차는 합의에 의해서 이루어지는데, 아무도 반대하지 않는 합의에 이를 때까지 우선순위에 있어서 수많은 변화를 겪게 된다. 이것은 종종 '현존하지 않는 물건 unacquainium'에 대한 요구로 이어지는데, 결국 요구 상의 모순으로 인해 실패로 귀결되기도 한다.

더 큰 문제는 요구 절차가 일종의 블랙박스 같은 것이 될 수 있다는 점이다. 국방 관료들이 자신들이 알고 있는 무기에 대해서는 요구사항을 세밀하게 관리하는 과정에서 의도하지 않게 그들이 알지 못하는 새로운 기술의 도입을 차단하는 것이다. 요구 절차는 현재 운영상 필요한 것에 대한 현실적인 전망과 앞으로 기술적으로 가능한 것으로부터 분리될 수 있다. 최악의 경우, 군 운영자들이 실전배치는커녕 새로운 기술을 실험조차 할 수 없게 된다. 내가 상원에서 일할 때, 만약 어떤 기업이 눈에서 레이저를 발사하는 거대한 로봇을 개발한다면, 국방부는 이러한 슈퍼 무기를 거부하면서 그러한 것에 대한 입증된 요구사항이 없다고 주장할 것이라고 농담하곤 했다.

예산편성과정 다음에 이루어지는 것이 획득 절차이다. 이 과정에서 미 국방부는 요구조건을 설정하고 이에 따른 예산 배정을 결정한다. 우리의 무기획득 시스템에 대해서는 온전한 책 몇 권을 쓸 만큼 할 이야기가 많고, 이미 여러 권이 출판되었다. 미국에서 무기를 비롯한 군사적 물건을 구입하는 방식에 대한 비판과 그 시스템을 고치려는 시도는 1776년 대륙군이 전장에 뛰어든 직후부터 시작되었고, 지금까지 계속되고 있는데, 다 그럴 만한 이유가 있어서다.

무기획득이 얼마나 잘못 이루어지고 있는지를 보여주는 좋은 예가 몇 년 전 육군이 새 권총을 구입하려 했던 일이다. 육군에서는 거추장스러운 세부사항과 군인들이 새로운 권총을 갖추기 전에 수년간의 값비싼 개발과 시험을 포함하는 350쪽에 달하는 제안서를 제출했다. 심지어 육군 지휘부조차 놀랐다. 매케인과 내가 그들에게 말해주자, 그 일을 알게 된 이들은 우리만큼 격분했다. 당시 육군 참모총장이었던 마크 밀리Mark Milley 장군은 이렇게 말했다. "우리가 지금 다음의 달 착륙을 준비하는 게 아니지 않는가. 이건 권총이야. 테스트까지 2년 남았다고? 1700만 달러에? 나에게 그 돈을 주면 오늘 밤 카벨라스Cabela's 사에 전화해서 모든 군인이 권총을

찰 수 있도록 하겠어. 아마 대량 구매 시 할인도 받을 수 있을 거야."[1]

물론 무기는 의도적으로 개발하고 실험할 필요가 있다. 문제는 이 과정이 너무 관료적이고 위험 회피적인 게 되어버렸다는 점이다. 또 새로운 기술을 반대하는 사람들이 가득 차 있기 때문에 같은 방식으로 다른 것들을 개발하고 시험하고 구매하려는 경향이 많다. 그 결과는 종종 새로운 권총을 사는 것처럼 간단한 일을 어렵게 만들고 있다. 국방부의 지도자들은 우리 군이 가능한 최고의 기술을 더 빨리 얻을 수 있도록 필요한 모든 권한을 가지고 있다. 특히 내가 매케인을 도와 통과시킨 수백 쪽의 무기획득 개혁법안 이후에는 더욱 그렇다.

문제는 더 신속하게 처리하거나 더 많은 위험을 감수하는데 필요한 권위가 부족해서가 아니다. 오히려 그러한 권한을 행사하고, 그러한 위험을 감수하며, 결과에 대한 책임을 져야 할 사람들이 자신들의 권한을 거의 사용하지 않는다는 데 있다. 권총 사례는 위원회에 의해 이루어지는 전형적인 의사결정 과정을 보여준다. 관료제도의 모든 부분에서 그럴듯한 우려로 저울질하다 보면 실현 불가능한 결과에 이르게 된다. 밀리의 방식대로 하면 더 신속하게 새로운 무기를 살 수도 있겠지만 관료들은 위험하다고 생각할 것이다. 그는 고위 지도자로서 군인들이 필요할 때 그들이 필요한 무기로 무장시킬 궁극적 책임을 갖고 있었기 때문에 자신의 권위를 사용할 수 있을 것이다. 그러나 그는 결코 그런 결정을 내리지 않았는데, 그는 그런 일이 어떻게 진행되는지 전혀 몰랐기 때문이다. 이것은 무기획득 과정에 관련된 심각한 문제이다. 일을 다르게 처리할 권한을 갖고 있는 사람들이 그것을 거의 사용하지 않으며, 실제 의사결정 과정에 있는 사람들은 더 나은 결과를 내기 위해 다소 위험한 결정을 내릴 수 있는 권위나 유인이 없다. 일은 늘 그렇게 이루어진다.

이러한 요구 절차와 획득 절차로 인해 종종 좋지 않은 결과가 발생한다. 하지만 더 큰 문제는 우리가 잘못된 곳에 너무 많은 돈을 쓰고, 올바른 일에 충분한 돈을 쓰지 않는다는 데 있다. 그리고 그것은 예산편성과정과 더 깊은 관련이 있다.

우리가 돈을 어떻게 쓰느냐 하는 것은 국방부가 말하는 '국방기획programing'으로부터 시작되는데, 이는 세계 최대의 정부 관료들이 의회에 돈을 요청하고 싶은 것

---

1) Kyle Jahner, "Army Chief: You Want a New Pistol? Send Me to Cabela's with $17 Million," *Army Times*, March 27, 2016, https://www.armytimes.com/news/your−army/2016/03/28/army−chiefyou−want−a−new−pistol−send−me−to−cabela−s−with−17−million/.

을 정확히 결정하는 방식이다. 미 국방부는 소련에서 그랬던 것처럼 예산을 5개년 계획으로 편성한다. 이를 '국방기획'이라고 하며, 그 예산의 상당 부분이 첫해에서 다음 해로 이월된다. 군에 근무하는 사람들 가운데 대부분은 10년 이상 복무한다. 많은 조달 프로그램이 그만큼 오래 혹은 더 오래 지속된다. 일단 국방부가 사람, 장소, 물건에 대한 비용을 지급하기 시작하면, 계속해서 비용이 지출된다. 이는 국방부가 나중에 받게 될 예산의 상당 부분이 이미 과거의 결정에 의해 묶여 있다는 것을 의미한다. 그리고 일단 프로그램들이 시작되면, 그것을 멈추기는 매우 어렵다. 우리 정부 안팎에 있는 많은 이해 관계자들이 어떤 대가를 치르더라도 프로그램의 지속을 통해 이익을 얻고자 하기 때문이다.

항목이 정해져 있지 않은 제한된 예산 가운데 일부를 사용하려고 하면 그것을 어떻게 사용할지를 계획하는 절차는 의회로부터 실제 예산을 받기 전 거의 2년 전부터 시작해야 한다. 예를 들어, 국방부 기획자들이 내년 10월에 시작되는 회계연도에 예산을 받기 위해서는 올해 1월부터 예측하기 시작해야 한다. 그사이에 완전히 새로운 기술이 개발되고, 새로운 회사가 설립될 수 있다. 그리고 국방부는 그 어떤 것도 이용할 수 없기 때문에, 현재 알고 있는 역량과 기술로 미래 자금을 기획하게 된다. 따라서 예측하지 못한 상황에 역동적으로 적응하며 대응하기가 매우 어려워진다.

이러한 과정은 국방부의 미래 역량에 대한 투자 능력을 제약하고 있으며, 의회가 이를 더 쉽게 만드는 경우는 거의 없다. 수년 동안 의회는 예산을 쓸 수 있는 군부의 유연성을 지속적으로 규제해 왔는데, 종종 특별한 이유도 없다. 그 결과, 의회는 M1 에이브람스 주력 전차와 같이 이미 '기록을 갖고 있는 프로그램programs of record'과 그러한 프로그램의 각각을 구성하는 다수의 무기와 예비 부품 그리고 기타 하위 시스템에 얼마를, 어떻게 사용해야 할지를 세부적으로 지시할 정도이다. 게다가, 국방부가 다른 목적으로 예산을 전환하거나 '수정'하려면 종종 4개의 다른 의회 위원회의 동의를 얻어야 하며, 주어진 해에 국방부가 수정할 수 있는 총액은 예산의 0.009%에도 미치지 못한다. 국방예산에서 신흥 기술에 보다 유연하게 쓸 수 있도록 예산을 편성하자는 생각은 의회의 예산위원들에게 특히 인기가 없다. 그들은 이를 일종의 '투기 자금'으로 보고 있기 때문이다.

이 모든 것이 새로운 기술을 신속하게 군에 도입하는 것을 어렵게 만들고 있고, 이는 국방부의 권력 구조로 인해 더욱 악화되고 있다. 흔히 펜타곤은 최고위층의 지도자들이 모든 권력을 가지고 있고 모든 직원에게 자신들이 원하는 것을 하도록 지시할 수 있는 극단적인 위계 체계라고 가정한다. 그러나 실제로는 그렇지 않다. 국방부 권력 구조는 국방부가 지난 수십 년 동안 어떻게 세워져 왔는지, 즉 밑바닥에서부터 어떻게 만들어 왔는지를 반영하고 있다.

국방부가 만들어지기 전에는 육군과 해군 수장들이 권력을 쥐고 있었다.[2] 그 이전에 권력은 하위 단위로 분산되어 있었다. 육군의 경우 보병과 기병으로, 해군의 경우 해병대를 제외해도 해상 전투 요원과 항공대로, 그리고 공군에는 전투기와 폭격기 조종사들의 지휘부가 권한을 나누어 가지고 있었다. 여기에 날로 확대되는 방위산업을 관리하기 위해 각 층위의 관료제가 더해지면서 일부 권력이 최고위층으로 옮겨갔다. 하지만 이것은 대부분 서류상의 권력이었다. 현실에서 대부분의 권력은 여전히 낮은 층위에 머물러 있으며, 아이러니하게도 미국에서 가장 거대한 비민주적 기관 내에 있는 '이해 공동체communities of interest'로 알려진 곳에 집중되어 있다.

예를 들어, 국방부는 아래로부터 예산을 수립한다. 한때 전능했고 여전히 은밀한 방식으로 존재하는 핵심적인 군사 기구들이 국방부의 고위 지도자들이 채 보기도 전에 수천억 달러에 달하는 예산에 관련된 수천 번의 의사결정을 한다. 그리고 그러한 선택 중 많은 것들은 고위 지도자들이 다 처리할 수 없기 때문에 자동적으로 승인되는 것이다. 이는 실제로 막대한 국방비 지출에 영향을 미치는 수많은 결정들이 미국의 국방 프로그램을 과감하게 변화시킬 권한도, 유인도 없는 이들에 의해 국방부를 중심으로 퍼져있는 파당적 이해관계를 통해 이루어진다는 것을 의미한다. 이로 인해 국방부의 많은 이해 공동체는 수년마다 바뀌는 고위 공직자들을 시간제 근로자 정도로 간주하고 있다. 이들이 실제 중요한 일을 수행할 만큼 충분히 오랫동안 복무하지 않기 때문이다. 이해 공동체에 일했던 한 친구는 이들을 '크리스마스 도우미'라 표현한 적도 있다.

국방부의 관료제를 좌우하는 대부분의 유인은 미래보다 과거를 선호한다. 군인들은 대개 한 보직에서 불과 몇 년 동안 일하고 다른 보직으로 옮겨 간다. 그 짧은 시간 동안, 그들은 새로운 생각으로 평지풍파를 일으키거나 중요한 문제를 계속 제기한다고 해서 보상을 받는 게 아니다. 그들의 목소리는 자신의 조직이 새로운 일을

---

2) [역주] 미국에 국방부가 창설된 것은 1947년으로 이때 비로소 각 군을 통합하는 지휘체계가 구축되었다.

하지 않는다거나 소수의 사람만이 필요성을 인식하는 새로운 기술을 채택하지 않는다는 불평불만으로 간주된다. 이런 모습은 진급 심사를 담당하는 상관들로 하여금 그가 더 높은 계급으로 승진할만한 팀 플레이어인지를 의심케 하는 이유가 된다. 보상을 받는 사람들은 최대한 적은 변화로 예산편성과정을 통해 각자의 이해 공동체와 관련된 기존의 프로그램을 지키는 사람들이다. 미래의 지도자들이 그들이 필요한 것을 얻지 못한다고 해서 지금 그것에 대해 불평할 수 없다. 하지만 현재의 지도자들은 분명히 할 수 있고, 더 많이 해야 한다.

국방부의 바로 그러한 구조는 올바르게 사고하는 것을 어렵게 만들고 있다. 미군이 해야 할 가장 중요한 일은 킬 체인을 완료하는 것이지만, 국방부는 군별로 그들의 정체성을 정의하는 플랫폼을 중심으로 조직되어 있다. 해군은 '함정의 수'에 집착한다. 공군은 편대 수에 고정되어 있다. 육군은 '궁극적인 힘'인 장병들의 수를 강조한다. 그리고 해병대는 전통적으로 수륙양용 선박을 확보하는 데 혈안이 되어 왔다. 각 군별 구성원들은 이러한 생각이 후진적이라는 것을 인정하지만, 각 기관들은 여전히 여기에 집착하는 데는 이를 위한 유인이 강력하기 때문이다. 즉, 예산편성과정에서 사람과 사물, 특히 전통적인 플랫폼을 세는 것이 돈을 놓고 경쟁하는데 효과적인 방법이기 때문이다.

그러나 그 결과는 전반적으로 미군의 우선순위가 잘못 설정되고, 그리고 잘못된 결정을 내리게 한다는 점이다. 예를 들어 육군은 주로 육지에서 자체 지상군을 투입해 킬 체인을 완료하는 것을 생각하는 반면, 해군은 자체 해양력을 이용하여 그렇게 하는 것을 목표로 하고 있다. 그러나, 적 함선에 대한 킬 체인을 완료하는 가장 빠르고 효과적인 방법이, 육상 기반 역량과 함께 하는 것이거나, 여러 군의 역량을 혼합할 때 더 나은 결과가 나오는 것이라면, 이러한 종류의 해결방안은 펜타곤에서 쉽게 나오지 않는다. 왜냐하면, 국방부는 이러한 해결책을 만들어내기보다는 이에 저항하는 구조로 되어 있기 때문이다.

이 중 어느 것도 미군 기관들이 새로운 기술의 잠재력을 십분 활용하는 것을 용이하게 만들지 못한다. 대신, 이들 기관을 지배하는 유인은 새로운 종류의 역량이나 이를 운영할 새로운 방법을 창출하는 것이 아니라, 주로 전통적인 군사 시스템을 개선할 방법으로 새로운 기술의 가치를 인식한다. 예를 들어, 수십 년간 무인 항공이 발전했음에도 불구하고, 해군과 공군은 수년 후에나 공급될 것으로 예상되는 새로운 유인 전투기를 개발하기 위해 수십억 달러를 투자할 계획이다. 이들 모두 자율 항공기를 개발하고 있지만, 전통적인 유인 전투기 중심의 과업에 그 역할을 제한하고 있다. 해군의 경우 공중 급유에, 공군의 경우 방어 임무에 무인 항공기를 투입할 계획이다. 그런 역할도 중요하지만, 그러한 것은 가까운 미래는 말할 것도 없고, 지금 당장 자율 항공기가 수행할 수 있는 가장 강력한 역할이라고도 말하기 어렵다.

국방부 내부에는 미래를 위해 예산편성과정을 결정적으로 바꿀 수 있는 권한을 가진 사람은 소수에 불과한데 가장 중요한 인물은 국방부 장관과 차관이다. 문제는 이들 역시 현재의 일에 깊이 매몰되어 있다는 점이다. 국방부 장관은 말 그대로 매일 수십 명의 사람을 만나거나 통화하는데 거의 모든 사람들이 미래가 아니라 현재의 일에 대해 말한다. 백악관의 전화도 보통 현재 진행 중인 외교 정책의 위기나 군사 작전과 관련되어 있다. 외국군 수뇌부의 전화도 마찬가지다. 의원들이 전화할 때는 언제나 유권자와 관련된 현재의 문제에 긴급한 협조가 필요할 때이다. 그리고 다른 국방부 지도자들이 방문할 때도 새로운 기술이나 전쟁의 미래에 대해 논의하는 일은 드물다. 이런 종류의 눈앞의 문제들은 국방부 고위 공무원들이 일상적 차원에서 얼마나 효과적으로 일하고 있는지를 결정할 따름이다. 그러한 일들은 온통 마음을 다 빼앗아 가는 것이기 때문에 미래에 대해 생각하고 계획할 시간을 거의 남겨두지 않는다.

꧁꧂

국방부가 현상에 유리하도록 압박하는 그 모든 유인책은 의회에서도 강력하게 작용한다. 의원들은 표를 얻거나 잃을 가능성이 있는 사안들을 무시할 수 없다. 이것은 비난받을 일이 아니다. 민주주의 체제의 현실이다. 미군의 미래를 위해 이 문제를 제기하는 것은 미래는 결정권이 없고 현재에 의해 결정되기 때문이다. 그리고 예산편성과정 내내 의원들은 현재의 문제를 가진 유권자들 때문에 골머리를 앓고 있다.

의회 의원들이 무엇을 진정으로 신경 쓰고 있는지에 대한 분명한 지표는 돈을 어떻게 쓰느냐에 더해서 시간을 어떻게 사용하느냐 하는 것이다. 시간은 한번 사용하고 나면 돌이킬 수 없다. 미국의 선출된 대표들이 국방예산편성과정에서 정말로 신경 쓰는 것이 무엇인지 명확하게 알 수 있는 몇 안 되는 자리 가운데 하나에 4년 동안 근무한 적이 있다. 나는 과거에 의회 의원들이 미국과 미군을 위해 최선의 것을 해주려고 한다는 것을 의심해 본 적이 없다. 그리고 많은 이들이 집단 이익과 관련된 편협한 문제와 국익을 구별할 수 있었다.

그러나, 대부분의 의회 의원들이 예산편성과정에서 가장 민감하게 반응하는 일은 새로운 기술에 더 많은 돈을 쓰려고 하지 않는다거나 미래를 위한 군부의 변화를 강요하지 않는다는 것이 아니었다. 이는 거의 항상 자신들의 고향에 관련된 현안들이었다. 지역 방위군 부대가 직면하고 있는 문제이거나, 지역구민들을 위한 환경이나 군사 건설의 우선순위에 관련된 것이었다. 이는 그들의 주나 지역에서 건설되거나 기반을 둔 현재의 프로그램에 더 많은 돈을 배정하게 만든다. 그것은 불가피하게 다른 곳에 사용할 예산을 빼앗는 것을 의미했다.

사실, 내가 상원에서 보낸 몇 년 동안 가장 크고 시간을 많이 잡아 먹은 일 중 하나는 작은 뇌조와 송장벌레가 멸종위기에 처한 종으로 등재되는 것을 막는 것이었다.3) 여기에는 의회 의원들의 헌신적인 노력이 있었다. 그들이 왜 그렇게 하기를 원했는지 꼬치꼬치 얘기하지는 않겠지만 사실 정당한 우려에 근거한 것이었다. 그러나 소위 '생물' 문제를 해결하기 위해 매년 매케인을 비롯한 의회 국방 지도자들은 셀 수 없이 많은 시간을 할애했다고 말해두면 충분할 것이다. 이러한 시간은 미래를 위해 사용해야 할 시간이었다. 그리고 그런 것들은 단지 생물들만 아니었다. 그것들은 단지 우리의 시간을 소진시키는 급박해 보이지만 덜 중요한 많은 것들 가운데 하나일 뿐이었다.

의원들의 행동은 특수 이익단체, 특히 방위산업체들의 강도 높은 로비와 직결될 것으로 흔히 가정한다. 이것은 너무 단순한 견해이다. 국방 로비스트들이 찬반 양론으로 사람들을 동원하는 데 중요한 역할을 할 수 있는 것은 사실이다. 그리고 소수의 대형 방위산업체들이 분기별 수익에 더욱 집착하게 되면서, 매년 예산책정과정에서 가능한 한 많은 것을 얻으려고 노력하는 데 더욱 집중하게 되었다. 그러나 의회 의원들이 그들에게 군사 시스템을 계속 구축하기를 원하는 중요한 유권자들을 있다고 말해 줄 로비스트가 필요한 것은 아니다. 로비스트들이 요청했다고 해서 의회 의원들이 찬반 투쟁에 상당한 시간을 할애하는 것을 본 적은 거의 없다. 의원들은 그들 자신의 이익을 위해 그렇게 할 뿐이다.

---

3) [역주] 이 같은 새나 벌레가 멸종위기 종의 등재될 경우 이들을 보호하기 위해 각종 군사 훈련에 제약이 있을 것이고 건설이나 개발도 힘들어지기 때문에 이를 막기 위해 노력하는 것이다.

국방 로비스트들은 편리한 희생양이다. 그러나 진짜 문제는 소수의 대형 방위산업체들이 예산편성과정에서 큰 목소리를 낸다는 것이 아니다. 진짜 문제는 수십 년 동안 방위산업체들이 통합되면서 미국에 남아 있는 방위산업체들이 너무 적어졌고 남아 있는 기업들 가운데 신흥 기술의 선두주자가 거의 없다는 점, 그리고 미군을 위해 미래지향적인 것을 개발하고 있는 기업들은 예산편성과정에서 발언권이 거의 없다는 점이다. 이 중 어느 것도 국방 로비스트의 잘못은 아니다. 그러나 이 모든 것은 결국 미래에 패배할 가능성을 훨씬 더 높게 만든다.

사실 의회는 국방부와 방위산업체들이 실수하거나 간과한 부분을 바로잡을 수 있는 상당한 권한을 가지고 있지만, 우리 군대의 미래 효율성에 그다지 중요하지 않은 일에 막강한 권한을 너무 자주 사용한다는 점이다. 이는 군사 경험이 있는 의원의 수가 30년 전의 절반 수준으로 크게 줄어든 것과 어떤 면에서는 관련이 있다고 생각한다. 이는 감독 책임을 맡고 바로 의원들 사이에서 미군에 대한 생소함이 커지는 원인이 되고 있다. 이러한 거리두기는 모순적이지만 똑같이 해로운 두 가지 행동의 원인이 될 수 있다. 하나는 군대 문화의 불평등한 측면에 대한 적대감과 정화 요구이며, 다른 하나는 군대에 복무하지 않은 민간인들은 미국의 전문 군사 계급의 핵심 과업에 대해서 의문을 제기해서는 안 된다고 생각하게 만드는 일종의 무분별한 존경심이다.

군사적 경험 부족에 덧붙여서 의회 의원들과 많은 의회 직원들 또한 기술에 대한 지식과 경험이 부족하다. 국방부에 근무하는 대부분의 민간과 군사 지도자들도 마찬가지인데, 그곳에서 기술 관련 경력은 군 최고위급으로 승진하는데, 거의 도움이 되지 않는다. 의회에서 컴퓨터 공학을 공부한 의원은 1%도 채 안 되며 기술 산업에서 의미 있는 경험을 가진 의원도 거의 없다. 물론 의회 의원들의 배경 경험이 군대를 위한 신기술 투자를 우선하는데 전제조건은 아니지만, 더 많은 지도자가 기술적으로 복잡한 주제를 이해하고 있다면 도움이 되기 마련이다.

미국의 정치 및 군사 지도자들은, 이러한 기술들이 전통적인 시스템과 사업 수행 방식에 거의 위협이 되지 않기 때문에 신흥 기술에 매료되기 쉽다. 그러나 시간이 지나면, 새로운 기술은 더는 전통적인 군사 시스템을 강화하는 데서 끝나지 않을 것이다. 그들은 전통적 시스템을 전부 교체하겠다고 위협할 것이다. 실제로 인공지능이 미국 경제에서 45%의 업무를 자동화할 수 있을 것으로 추정된다.[4] 이 수치는 많은 현대 정보기술의 채택에서 상업계보다 10년 이상 뒤쳐진 미군에게는 더 높을 수 있다. 기존 시스템을 대체할 신흥 기술로의 전환은 대부분의 국방 기관 사람들이 인식하는 것보다 훨씬 빠르게 이뤄질 수 있고, 그에 대한 반발도 심할 것이다. 결국, 전투기 조종사들은 공장 노동자들만큼 기계에 일자리를 빼앗기려 하지 않을 것이다.

현재 군사분야의 혁명은 본질적으로 광범위한 경제적, 사회적, 정치적 격변을 초래할 것이며, 이는 아무리 군사적으로 필요하더라도 민주 사회가 관리하기에는 매우 어려운 과제가 될 것이다. 이러한 격변은 전통적 군사 장비를 건설하는 주요 기업들의 운명에 영향을 미칠 것이다. 이는 현재 군복 차림의 수십만 명의 미국인들이 하고 있는 일에 의문을 제기할 것이다. 그리고 그것은 오랫동안 국가 방위를 위해 그들이 수행하는 훌륭한 일로부터 자부심과 위엄을 이끌어낸 수백만 명의 미국인들의 생계를 위협할 것이다. 신기술로 인해 불만을 품거나 퇴직하는 사람들이 늘어나면, 그들은 미국의 국방예산편성과정에서 격변의 속도에 저항할 수 있는 기회를 갖기 위해 노력할 것이다. 우리는 그것에 내포된 도전을 인지하고 있어야 하듯이, 그들이 그렇게 하는 이유에 대해서도 공감해야 한다.

⸙

사회적, 경제적, 정치적 측면은 고사하고 군사적 측면에서도 이러한 규모의 변화를 꿰뚫어 보는 것은 정상적인 시기에는 매우 어렵다. 그리고 지금은 거의 정상적인 시기가 아니다. 미국 국방의 세대 교체와 연관된 정치적 위험과 좋지 못한 결과를 관리할 수 있는 지도력이 워싱턴에 필요하다. 그런데 지금 워싱턴이 보여주는 모습은 현대 미국 역사에서 보기 드문 수준의 정치적 기능 장애로 모든 일을 더 힘들게 만드는 방식으로 국방에 스며들어 있다. 이러한 문제는 도널드 트럼프 자신보다 훨씬 심각하지만, 그 중심에 그가 있다.

그렇다고 트럼프 대통령이 우리 군에 나쁘기만 한 것은 아니었다. 그러나 넓은 의미에서 생각하면 지난 4년간은 국방에 있어서 혼란스러운 시기였다. 트럼프는 상징적인 이유로 남부 국경 지역에 군대를 파병하고 국경 장벽 비용을 대기 위해 수십

---

4) John Dowdy and Chandru Krishnamurthy, "Defense in the 21st Century: How Artificial Intelligence Might Change the Character of Conflict," in *Technology and National Security: Maintaining America's Edge,* ed. Leah Bitounis and Jonathon Price (Washington, DC: Aspen Institute, 2019), 83.

억 달러의 국방예산을 뜯어내는 등 미군을 자신의 정치적 의제로 끌어들였다. 중국과의 전략적 경쟁에 우선순위를 둔 이후에도, 트럼프 대통령은 이란과 베네수엘라와의 긴장을 고조시키면서 군사 자금과 초점을 분산시키는 결과를 초래했다. 그가 아마존 최고경영자인 제프 베조스를 인신공격한 것은 미 국방부가 인공지능 개발의 중요한 전제조건인 기업식 클라우드 컴퓨팅 서비스를 조달하려는 시도를 방해했다. 이러저러한 현재의 부담으로 인해 우리 군대의 미래는 이미 희생당하고 있다.

동시에, 국방부 고위 민간인 직위는 오랫동안 채워지지 않고 있으며, 많은 자리가 비어 있다. 지도력이 부재한 상황에서 미군이 미래로 나아가는데 필요한 많은 어려운 선택들이 이루어지지 않고 있다. 직업 공무원과 하위직 군 장교들은 그럴 권한이 없다. 그 결과 국방부의 상당수 프로젝트가 제자리걸음하고 있는데, 이는 정말 뒤처지는 것을 의미한다.

불행하게도 트럼프 대통령은 이미 의회를 집어삼키고 있던 기능 장애와 산만함을 악화시킬 뿐이었다. 상원에서 일한 거의 10년 동안, 나는 정치 담론의 양극화가 놀라운 속도와 격렬함으로 이루어지는 것을 보았다. 공화당은 우파로 급선회했고, 민주당은 좌파로 돌아서면서 반격을 가하고 있다. 그 이유로 여러 가지를 들 수 있지만, 그 결과는 정치적 중심이 공동화되면서 여야 의원들이 함께 모여 뭔가를 할 수 없는 완전한 무능력 상태이다. 그리고 최고로 뛰어난 의원들이 그냥 손을 떼거나 의회를 떠나고 있는데 이런 경향이 점점 늘어나고 있다.

연방 예산을 통과시키는 것과 같은 의회의 기본적 업무조차 거의 불가능해졌다. 실제로, 지난 10년간 의회는 회계연도 초까지 국방부 지출 법안을 통과시키는데 단한 번만 성공했을 따름이다. 의회가 이런 식으로 제 역할을 다하지 못하면 군이 전년도에 지출한 금액에만 돈을 쓰도록 하는 '예산지속 결의안'을 통과시킨다. 이는 수십억 달러의 자원을 잘못 배분할 뿐만 아니라, 말 그대로 과거에 가둬두고 미래에 대한 계획을 실행하지 못하게 하는 것이다. 이것이 국방부가 지난 10년간 거의 천일을 보낸 방식이다.

미군은 이제 자금 지출 **없이** 매년 회계연도를 시작하려고 계획한다. 국방부 기획자들은 계약자와 힘든 협상을 통해 매 회계연도 1분기에 중요한 자금이 지급되지 않도록 프로그램을 구조화한다. 그렇게 해서 부득이하게 예산지속 결의안에 고착될 때 계약 위반으로 프로그램이 중단되는 일이 없도록 하는 것이다. 이럴 때도 문제는 생긴다. 예를 들어, 2018 회계연도 초에 의회가 6개월 동안 예산안을 통과시키지 못했다. 이때 해군은 약 1만 건의 계약을 재협상해야 했고, 이로 인해 약 58억 달러의 손해를 본 것으로 해군 지휘부는 추산했다. 이는 구축함 세 척을 살 수 있는 돈이다.

그리고 이것이 국방부가 2020 회계연도를 시작한 정확히 그 방식이다. 언제 끝날지도 분명치 않은 예산지속 결의안을 다시 한번 통과시켰다. 백악관과 의회의 남부 국경 장벽 자금 지원을 둘러싼 다툼이 그 이유였다. 하지만 이 싸움이 아니었더라도 지난 10년 동안 매년 그랬듯이 다른 일이 있었을 것이다. 이전에는 일탈적 행동으로 보였던 것이 이제 거의 정상으로 보일 정도다. 트럼프와 의회, 그리고 민주당과 공화당의 행태를 비난만 할 수 없다. 이는 단지 워싱턴의 지도력과 상상력의 더 깊은 결핍의 증상일 뿐이다. 미국은 중국과 전략적 경쟁에서 진정한 이해관계를 파악하지 못하고 있으며, 전형적인 정치적 놀음에 휘둘리며 미래의 성공을 위해 우리나라를 준비시켜야 할 더 강력한 필요성을 이끌어내지 못하고 있다는 것이다.

이러한 일은 고위 군지도자들이 미군에게 미칠 결과에 대해 명확히 경고하지 않았기 때문에 일어난 것은 아니다. 2019년 4월 10일, 해군 항공작전 책임자인 스콧 콘Scott Conn 제독은 내가 상원을 떠난 직후 매케인이 주관하는 위원회에서 다음과 같이 증언했다. "나는 톱건 편대장과 그의 참모인 두 명의 부관과 회의를 가졌습니다. 우리는 비밀리에 추격 위협pacing threat에[5] 관련된 사항을 검토했습니다. 우리는 이것을 2018년에 계획했고 2019년에 예산에 태웠으며, 2020년에 요청했는데, 이제 2021년으로 넘어가고 있습니다. 또다시 예산지속 결의안으로 돌아가 버린다면 우리 참모들은 폭발해버릴 겁니다. 우리가 지금 젊은 장교들에게 보여주고 있는 것은 우리가 승리를 위해 헌신하지 않고 있다는 것입니다."[6]

콘의 탄원을 들으면서, 상원에서 일할 때 자주 궁금했던 것이 생각났다. 우리의 정치 지도자들은, 행정부든 입법부든, 그들이 미국의 군사력과 국가방위를 위한 미

---

5) [역주] 현재 미국의 지위를 추격하는 위협으로, 미국이 뭔가를 하지 않으면 곧 추월당할 것이라는 우려를 담고 있다. 대개 중국에 의한 군사적 위협을 말한다.

6) Scott Conn, Testimony Before the Seapower Subcommittee, in *Statement of the Honorable James F. Geurts Assistant Secretary of the Navy for Research, Development and Acquisition ASN (RD&A), and Lieutenant General Steven Rudder Deputy Commandant for Aviation, and Rear Admiral Scott Conn Director Air Warfare Before the Seapower Subcommittee of the Senate Armed Services Committee on Department of the Navy Aviation Programs*, April 10, 2019, https://www.armed−services.senate.gov/hearings/19−04−10-marine corps−ground−modernization−and−naval−aviation−programs.

군의 미래 능력을 확보하는 데 있어 어떤 피해를 입히고 있는지에 대해 잘 알고 있다. 그럼에도 큰 변화가 없다. 무엇인 문제인가? 그들이 주의를 기울이지 않는 것이 문제인가? 아니면 그들이 챙기지 않아서인가?

어떻게 미래에 승리할 수 있는가

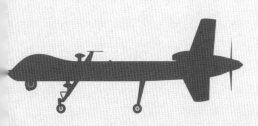

제12장

어떻게 미래에 승리할 수 있는가

2018년 2월 제임스 매티스 국방부 장관과 헤더 윌슨Heather Wilson 공군 장관은 뭔가 하려고 노력하고 있었다. 그들은 다가오는 회계연도 국방부의 예산에서 합동 감시 및 표적 공격 레이더 시스템JSTARS이라고[1] 불리는 30년 된 항공기의 새로운 버전을 구입하려는 이전 계획을 포기하자고 의회에 제안했다. 이 시스템은 1980년 대의 공격 차단 전략의 일부로 개발된 핵심 역량 중 하나였다. 이 항공기 자체는 일반적인 상업용 비행기를 변형한 것이지만 강력한 레이더를 탑재하고 있어 적의 전차나 차량 등 지상에서 움직이는 표적을 찾아 다른 시스템으로 표적 정보를 전달해서 킬 체인을 완료할 수 있도록 하는 것이다.

JSTARS는 1991년 걸프전에서부터 발칸반도 전역, 그리고 2003년 이라크 침공에 이르기까지 수십 년 동안의 모든 전쟁에서 중요한 전투 임무를 수행했으며, 공군은 수십억 달러를 쏟아부어 전 편대를 재구축할 계획을 세워왔다. 그러나 2018년이 되자 세상은 달라졌다. 공군 수뇌부는 뒤늦게나마 JSTARS이 중국이나 러시아와의 분쟁에서 살아남지 못할 것이라는 사실을 깨달았다. JSTARS는 원래 민간 제트기였기 때문에 스텔스 기능도 없고 스스로를 방어할 수단도 없었다. 심지어 새로운 버전

---

1) [역주] 항공기에 탑재한 레이더를 이용하여 지상의 전술 및 전략 목표물에 대한 레이더 영상을 획득한 후, 이를 지상에 있는 지휘통제 센터나 공격장치로 보내 공격을 가능하게 하는 목표 감시 공격 레이더 시스템을 말한다.

의 JSTARS도 중국이나 러시아 레이더에 의해 발견되고 그들의 첨단 미사일에 의해 하늘에서 격추될 것이라는 우려가 컸다.

새로운 계획은 JSTARS 임무의 세분화를 요구했다. 공군은 모든 달걀을 하나의 취약한 플랫폼에 넣는 대신 움직이는 목표물을 찾은 뒤 모든 정보를 융합하여 전장에서 공유할 수 있는 모습으로 전환할 수 있는 무인 항공기 및 위성 네트워크를 개발하고자 했다. 이 새로운 기능은 JSTARS보다 복원력이 더 뛰어나고 지속가능하다. 적은 한 대의 무방비 항공기가 아닌, 드넓은 하늘과 우주에 퍼져 있는 여러 개의 시스템을 찾아 공격해야 할 것이다. 이런 군사용 사물인터넷은 현명한 생각이었고, 나는 미 의회에서 이 새로운 계획을 강력히 지지하게 되었다.

하지만 이 모든 것에는 큰 문제가 있었다. 의회의 힘있는 의원들은 그들의 주에 기지를 둘 새로운 JSTARS에 기대를 걸고 있었다. 영향력 있는 기업들은 수십 년 동안 수십억 달러를 벌게 해줄 새로운 JSTARS 시스템의 구축과 유지를 지지했다. 그리고 이들 세력은 예산편성과정에서 공군의 JSTARS 계획 수정안을 없애기 위해 재빨리 동원되었다.

그럼에도 불구하고 공군은 새로운 프로그램으로 전환하는 데 성공했다. 그 이유는 몇 가지 핵심적인 일을 제대로 했기 때문이다. 해군이 트루먼 함을 퇴역시키려는 계획에서 실패한 것도 반면교사가 되었다. 공군은 정치적 전략을 고안했다. 그것은 의회의 주요 이해 당사자들과 솔직하게 논의하고 초기에 예산편성과정에 참여한 것이다. 이를 통해 JSTARS에 대한 위협과 새로운 프로그램이 어떻게 더 나아질지에 대한 자세한 정보를 제공했다. 방위산업에 대한 정보를 확실히 전달함으로써 새로운 계획에 따라 이익을 얻을 수 있을 것으로 생각되는 기업들이 미 의회를 대상으로 자체적인 로비를 벌일 수 있도록 했다. 공군은 또 JSTARS를 유치하려고 했던 주에 대해서는 미래 프로그램을 통해 이익을 볼 수 있을 것이라는 암시를 줌으로써 잠재적인 반대자들을 새로운 계획의 강력한 지지자로 만들었다.

이렇게 했음에도 불구하고 이 프로그램은 그해 예산안 처리 과정에서 가장 논쟁이 많았던 단일 쟁점 중 하나였다. 공군의 계획은 의회와 외부 모두에서 목소리를 높였던 강력한 반대자들에 직면했다. 실제로 그해 하원과 상원이 연례 국방입법에서 해결해야 했던 8000여 개의 개별 조항 중 JSTARS를 어떻게 할 것이냐가 말 그대로 마지막 결정이었고, 결국 4명의 초당적 국방위원장에 의해 결정되었다. 당시 나는 그 방에 있었는데, 이들 지도자 중 일부의 끈기가 없었다면 그 결정은 쉽게 다른 방향으로 갈 수 있었고, 의회는 공군에게 미래 전쟁에서 살아남지 못할 구닥다리 무기를 구입하는데 수십억 달러를 투입하도록 했을 것이다.

JSTARS의 이야기를 바라보는 한 가지 방법은 '군부-산업-의회 복합체'나 '늪'으로 이해하는 것이다. 여기서는 모든 것이 절망스럽고 심지어 썩어가는 것처럼 보인다. 현실적으로 좋은 생각이 장점만 가지고 이기는 경우는 드물다. 대신 성공은 호의의 거래와 어두운 정치적 타협을 통해 주로 이루어진다.

나는 JSTARS의 경험에 대해 다른 견해를 가지고 있다. 미래가 승리하려면 현재의 시스템 **안에서** 승리해야 한다. 각 군의 조직 이기주의, 기업의 사리사욕, 그리고 매우 산만한 정치 지도자로 구성된 시스템 안에서 승리해야 한다. 이들은 모두 미래의 문제보다 현재의 문제에 매몰되어 있다. 여기서 중요한 것은 유권자, 이해관계, 정치적 현실이며, 그 어느 것도 손사래를 칠 수 없다. 이 시스템은 미국의 군대가 빠르게 변화하는 것을 매우 어렵게 한다. 하지만, 처음부터 말했듯이 모든 희망이 사라졌다고 생각했다면 이 책을 쓰려고 하지 않았을 것이다.

여기에 좋은 소식과 나쁜 소식이 있다. 나쁜 소식은 미군의 변화를 원하는 사람들이 거대한 장애물과 반대에 직면해 있다는 것이다. 하지만 좋은 소식은 다음과 같다. 미국은 이러한 규모의 변화에 필요한 어떤 핵심 요소에도 부족함이 없다는 점이다. 우리는 돈이 많다. 우리는 세계 최고 수준의 놀라운 기술을 가지고 있다. 우리에게는 창의적이고 재능 있는 사람들이 있다. 만일 미국이, 외국의 경쟁자들 중 대부분이 그렇듯이, 이러한 요소들을 결여하고 있다면, 우리가 미래에 적응할 가능성은 훨씬 희박해질 것이다.

미국의 주요 문제는 워싱턴에 있다. 미국의 정치권은 우리가 내린 선택과 결정으로 만들어졌다. 그것은 지금 당장 해야 할 더 야심차고 필수적인 업무는 고사하고, 해야 할 기본적인 기능조차 하지 못하고 있는 것처럼 보이는 기능 불능의 정치 체제를 포함하고 있다. 그리고 그것은 우리의 국방이 어떻게 변화할 수 있고 변화해야 하는지 상상하지 못하고 있으며, 사태가 이렇게 된 것은 문제의 긴급함을 인식하지 못하기 때문이다. 이 문제들 중 어느 것도 우리가 통제할 수 없는 것은 아니다. 궁극적으로 유인 구조와 상상력, 이 두 가지 문제로 귀결된다.

미국의 국방 문제는 수십 년 동안 미국이 창출한 유인 구조에서 비롯되었다. 이러한 유인은 더 빠른 킬 체인의 통합 네트워크보다 전통적 플랫폼의 개량을, 새로운 전쟁 방식보다는 친숙한 방식을, 방어보다는 공격을, 미래의 필요성보다는 현재의 요구를, 소프트웨어보다는 하드웨어를, 새로운 역량의 신속한 개발보다는 획득 규정 준수와 회계처리를, 새로운 기술개발보다는 전통적인 방위산업체를, 방산 기술의 분산적 생태계보다는 산업계의 통합을 선호하는 것이었다. 이것이 미국의 국방 기관이 우선순위를 정의하고, 돈과 시간을 지출하며, 관련된 이들에게 보상과 불이익을 부여해 왔던 방식의 직접적 결과이다. 그리고 우리가 다른 결과를 원한다면, 우리는 다른 유인 구조를 만들어야 한다.

이것은 빠르거나 쉽게 일어나지 않을 것이다. 이는 우리 국방 기관의 전면적인 구조조정에 해당한다. 그러나 이 일은 우리가 할 수 있는 일이다. 문제는 어떻게 하느냐 하는 것이다.

✺

미래를 위해 우리 군대를 준비시키기 위해서는, 우리가 변화를 원해야 하고, 이 일이 격려받을 만한 이유가 있어야 한다. 지금 그 어느 때 보다 국방 지도자들 사이에서 변화의 열망이 강하다. 더 많은 '독불장군'들이 전면에 부상하고 있으며, 그들은 자신들의 독특한 권위와 정당성을 미군의 제도를 바꾸기 위해 사용하고 싶어한다. 예를 들어, JSTARS에 관련된 결정은 공군 장교들에 의해 추진되었고 그들의 민간 지도자들에게 받아들여졌다. 최근에는, 육군 최고위급 장성들이 2명의 고위 민간 지도자들과 함께 '심야 법정'으로 알려진 정기 회의를 근무 시간 이후에 가졌다. 이 회의에서 그들은 새로운 국방 전략에 맞지 않는 모든 초기 단계 개발 프로그램을 확인하고 삭감했다. 그 결과, 육군은 의회에 우선순위가 높은 프로그램으로의 전환을 요청하면서 5년간 250억 달러를 절감했다.[2]

해병대 사령관으로 확정된 지 불과 한 달 만인 2019년 7월 데이비드 버거 장군은 한 세대 만에 그 어떤 것보다도 대담하게 해병대를 변화시킬 비전을 제시했다.[3]

---

2) Jen Judson, "Army's 'Night Court' Finds $25 Million to Reinvest in Modernization Priorities," *Defense News*, October 8, 2018, https://www.defensenews.com/digital — showdailies/ausa/2018/10/08/armys — night — court — finds — 25 — billion — to — reinvestin — modernization — priorities/.

3) General David H. Berger, *Commandant's Planning Guidance* (Washington, DC: United States Marine Corps, 2019), https://www.hqmc.marines.mil/Portals/142/Docs/%2038th%20Comma ndant%27s%20Planning%20Guidance_2019.pdf?ver=2019 — 07

수십 년 동안 해병대는 1950년 한국 전쟁이 시작될 때 그들이 사용했던 플랫폼의 개량형인 38척의 수륙양용함이 필요하다는 것을 성서의 어구처럼 중시해 왔다. 버거는 수십억 달러 규모의 대형 함정들이 기술적으로 진보된 군대를 상대로 살아남지 못할 수도 있다는 것을 인식하고 이러한 요구를 포기했다. 그 대신 그는 해병대를 재설계하고, 전력 투사보다는 경쟁국들의 역량에 대응하기 위해 노력했다. 미래 군대는 더 작고, 더 저렴하며, 더 소모적이고, 더 자율적인 시스템을 중심으로 건설해야 한다는 의견을 제시했다.

이와 같은 발전은 고무적이지만 길고 힘든 여정의 초기 단계에 불과하다. 워싱턴은 지금 가지고 있는 기회조차 낭비할 가능성이 높다. 이전에도 경험했던 일이다. 현재 시작된 일을 지속적인 변화로 이끌어 가기 위해, 미국의 지도자들은 현재의 필요에 의해 지배되고 있는 정치 체제와 예산편성과정 속에서도 미래의 승리를 가능하게 할 새로운 유인 구조를 만들어내야 한다.

이러한 규모의 변화를 이끌어가는 것은 고위 지도자들이 반드시 해야 할 일이다. 그들만이 할 수 있고 해야 하는 일이다. 많은 하위직 공무원과 참모들도 미국의 국방 정책에 전면적인 변화가 시작되기를 원하고 있고, 그들은 종종 그들의 지도자들보다 무엇이 필요한지를 더 잘 알고 있다. 그러나 국방부 공무원들과 의회 참모들은 지금 요구되는 종류의 변화를 시작할 권한도 합법성도 가지고 있지 못하다. 이러한 변화는 많은 근로자들과 미군의 생계를 뒤흔들게 될 것이다. 이런 변화를 주도할 권력과 책임은 국민들이 선출한 지도자들이나 상원에서 인준을 받은 고위 공직자들에게 있다.

미 국방부의 유인 구조를 조정하는 일은 국방부나 의회의 고위 지도자들이 혼자서 할 수 있는 일은 아니다. 둘이 함께 해야 가능한 일이다. 양쪽의 지도자들은 헌법상 평등하며 서로를 그 자체로서 인정하고 상대해야 한다. 그들은 필연적으로 서로 견제하고 균형을 맞출 터이지만, 지금 미국에 필요한 것은 적대적 견제와 균형을 줄이고 공동의 대의명분을 더 많이 만들어 가는 것이다. 이는 국방부 지도자들이 국회 의사당에서 의원들을 어린아이처럼 대하고 싶은 유혹을 이겨내야 한다는 것을 의미한다. 그들이 의원들과 대화를 하는 동안 경청하는 척하면서 고개를 끄덕이지만, 미래에 관한 중요한 심의에서는 그들을 어른으로 대우하지 않으려는 경향이 있기 때

－16200152－700.

문이다. 이는 또한 의회 지도자들이 어린아이처럼 행동하고 싶은 유혹을 이겨내야 한다는 것을 의미하기도 한다. 정치인들은 실질적인 정치적 위험과 고통을 수반하는 어려운 결정을 회피하면서 필요할 때에는 인기영합적으로 행동하는 경향이 있기 때문이다. 그리고 단순히 그럴 수 있다는 이유만으로 국방예산의 소소한 것까지 일일이 감독하려는 욕망을 삼가야 한다는 것을 의미한다.

미래에 승리하기 위해 미 국방부와 의회의 고위 지도자들은 서로를 매우 불편하게 만들어도 될 정도로 친밀함과 투명한 관계를 구축해야 한다. 그러나 대부분의 경우 이런 종류의 협력관계를 갖지 못한 상황에서 민간 국방 지도자들 사이에 큰 균열이 생기게 되면, 각 군과 방위산업체에서부터 특정 이익단체와 외국의 협력자에 이르기까지 각기 다른 이익을 대표하는 행위자들이 상대편을 속여 넘기기가 더욱 쉬워 진다. 서로 간의 간극을 좁힘으로써, 국방부와 의사당의 고위 민간 지도자들은 다른 모든 이해 관계자들에게 통일된 입장을 제시하고 미래에 무엇이 필요한지에 대한 공동의 기대를 불러일으킬 수 있어야 한다.

이러한 협력관계는 시간상의 이유로도 필요하다. 국방부 고위 지도자는 기껏해야 몇 년 동안만 직책을 수행하며, 최근에는 더 짧아 지기도 한다. 국방부의 이해 공동체들이 이들을 크리스마스 도우미로 보는 것도 이 때문이다. 그러나 의회 의원들은 수십 년 동안 직무를 유지할 수도 있다. 존 매케인이 세상을 떠났을 때, 그는 31년 동안 상원에 복무했다. 이러한 정치적 장수에는 분명 단점도 있지만, 이점도 크다. 국방부의 민간과 군사 지도자들이 들락거리는 동안, 의회 의원들은 미군에게 다년간에 걸친 큰 변화를 지속할 수 있는 제도적 연속성과 추진력을 제공할 수 있다.

이것이 바로 지금 필요한 일이다. 우리가 가지고 있는 군대에서 우리가 필요한 군대로 가는 데는 오랜 시간이 걸릴 것이다. 한 번에 이루어질 수 없다. 우리를 구할 기술적 기적이나 데우스 엑스 마키나deus ex machina[4] 같은 건 없다. 이러한 즉각적인 해결에 의존했던 것이 바로 지난 20년 동안 수많은 '변혁적' 조달이 큰 낭패를 보게 된 정확한 이유이다. 성공하는 유일한 방법은 윌리엄 모펫 제독이 세계대전 사이에 해군이 항공모함을 포용하게 한 것이나 버나드 슈리버 장군이 냉전 초기 대륙간탄도미사일을 개발했던 방법에서 찾을 수 있다. 그것은 변혁적 목표의 신속하지만

---

4) [역주] 특히 극이나 소설에서 가망 없어 보이는 상황을 해결하기 위해 동원되는 불가사의한 힘이나 사건을 말한다. 갑자기 신의 계시를 통해 갈등이 해소되는 것과 같은 것이다.

점진적인 추구였다.

　나는 모펫이나 슈리버 같은 이들이 현재 미군에 많이 있다고 확신한다. 그리고 고위 지도자들은 그들에게 힘을 실어줄 유인 구조를 제시해야 한다. 이 일은 해결해야 할 문제를 보다 정확하고 상세하게 정의하는 것에서부터 시작된다. 슈리버는 자신의 지도자들이 어떤 문제를 해결하길 원하는지 정확히 알고 있었기 때문에 성공했다. 즉, 핵무기를 실은 미사일을 지구 반대편까지 몇 분 안에 날려 보내는 것이었다. 국방 개혁이 막연한 유행어에 불과할 때 실패하는 경향이 있다. 한때 그 유행어는 **변혁**과 **군사분야의 혁명**이었다. 이제는 **강대국 간의 경쟁**, **국방 혁신**, **다영역 작전**, **전영역 합동 지휘통제**와 같은 개념이 그렇게 되었다. 군대에 있는 독불장군들이라 해도 이런 막연한 생각으로는 많은 것을 할 수 없다. 고위 지도자들이 자신들의 주요 문제를 보다 명확하게 정의하지 않는다면, 국방 유행어는 오히려 실질적인 변화의 장애물이 된다. 왜냐하면 관료들은 이러한 새로운 용어를 이용해서 지금까지 오랫동안 해왔던 모든 것을 간단히 재포장할 수 있기 때문이다.

　이런 함정에 빠지지 않으려면 미 국방부와 의회의 고위 지도자들이 강대국 경쟁과 같은 일반적 내용을 독불장군과 공학자들이 이해하고 해결할 수 있는 구체적인 작전 문제로 전환하고, 그 내용에 있어 일치된 입장을 보여야 한다. 또한, 이러한 문제는 육군이나 해군과 같은 특정 군의 독점적 역량을 중심으로 구성되어서는 안 된다. 항공기나 전투 차량 같은 특정 군사 플랫폼이나 항공, 육지, 바다와 같은 특정 영역을 중심으로 구축되어서도 안 된다. 우리의 군사적 경쟁국보다 더욱 신속하게 더 잘 이해하고, 더 나은 결정을 내리고, 더 빠른 조치를 취할 수 있도록 킬 체인을 중심으로 설정되어야 한다.

　중국의 군사적 우위를 부정하는 것은 미군의 가장 시급한 문제에 대한 명확한 정의이지만, 우리는 더욱 명확히 해야 한다. 로버트 워크 전 국방부 차관은 아태 지역에서 미국이 가장 중요하게 여기는 사람과 장소, 물건을 방어하려면 중국의 전력 투사 수단과 침략 행위를 감행할 수단을 거부할 수 있는 역량이 필요하다고 제안했다. 좀 더 구체적으로 말하면, 워크는 미국과 연합군이 충돌 후 처음 3일 동안 350척의 중국 선박에 대한 킬 체인을 완료해야 할 것이라고 판단한다.[5] 그렇게 한다는

---

5) Sydney J. Freedberg Jr., "US 'Gets Its Ass Handed to It' in Wargames: Here's a $24 Billion Fix," *Breaking Defense*, March 7, 2019, https://breakingdefense.com/2019/03/us−gets−its−ass−handed−to−it−inwargames−heres−a−24−billion−fi.

제12장 어떻게 미래에 승리할 수 있는가　247

것은 그 모든 배들이 광대한 바다를 통해 이동할 때 그들이 어디에 있는지 파악하고, 그 정보를 실시간으로 의사결정자들과 공유해야 하며, 군사력의 은폐, 통신, 투사가 매우 어려운 환경에서 수천 가지의 조치를 취할 수 있어야 한다는 것을 의미한다.

이것은 해결하기 극단적으로 어려운 작전적 문제이며, 이와 같은 문제가 잔뜩 쌓여 있다. 이러한 문제들 대부분이 중국과 관련된 것이지만, 많은 문제는 미국이 해결해야 할 다른 과제들과 연관된 것이다. 일반적인 과제와 목표를 명확한 작전적 문제로 전환하는 것은 미군이 방어해야 하는 모든 위협에 대해 꼭 필요한 일이다. 이렇게 구체화해야 군대의 독불장군과 공학자들이 실질적인 해결책을 고안할 수 있기 때문이다. 그런 다음 경쟁자들에 대해서 이런 해결책들을 입증해 보여야 한다. 이렇게 하는 것이 실제로 우리가 전쟁을 억제하는 방법이기 때문이다. 적대국들이 전쟁과 침략을 통해 이익을 얻기 어려울 것이라고 생각하게 함으로써 그러한 시도를 감행하려는 욕망을 줄일 수 있을 것이다.

❧

막연하고 유행어로 뒤섞인 목표를 명확한 작전적 문제로 전환하는 것은 미국 지도자들이 미군을 위해 더 유능하고, 더 적절한 능력을 더 빨리 구축할 수 있는 유인을 창출하기 위해 꼭 필요한 일이다. 내가 상원에서 일할 때 민간 기업들은 국방부가 무엇을 원하는지 모르겠다고 자주 불만을 토로했다. 오늘은 이것을 요구했다가, 다음 날에는 다른 것을 요구한다. 군의 불확실성으로 인해 많은 시간을 소진한 후, 주요 방위산업체들은 새로운 기술을 개발하기 위해 많은 돈을 투자하는 것을 꺼리게 된다. 그리고 정부가 원하고 건설 비용을 지불할 용의가 있는 것만 개발하는 일을 택하게 된다.

이것은 불합리한 태도가 아니다. 그러나 실제로 군 관련 개발에 참여하고 있는 사람들은 요기 베라Yogi Berra가 잘 요약했듯이 "특히 미래에 대해 예측하기가 어렵다"고 말했던 것과 같은 문제에 직면해 있다. 내가 필요한 기술만을 요구했다면, 오늘날 나는 아이폰을 가질 수 없었을 것이다. 그런 점에서 말하자면, 그것 없이는 생활할 수 없는 대부분의 다른 상업용 제품들도 마찬가지다. 미군이 미래에 무엇이 필요한지는 정확히 알 수 없다. 그러나 새로운 역량의 개발을 자극하고 가장 시급한 군사적 문제에 대한 새로운 해결책을 도출하는 데 필요한 더 나은 유인 구조를 만드는 것은 가능하다.

전통적인 획득 절차나 아래로부터의 예산편성과정과 같이 우선순위가 낮은 일에 돈을 먼저 배정하고 마지막 남아 있는 예산을 두고 우선순위가 높은 과제들이 싸우게 만드는 방식으로는 보다 효과적인 유인 구조를 확립할 수 없다. 대신, 고위급 지도자들이 최신 기술을 군대 운영자에게 신속하게 제공하고 실험할 수 있도록 유인 구조를 만들어야 한다. 그래서 그들이 시행착오를 통해 무엇이 작동하는지, 그들이 어떤 역량을 가질 수 있는지, 새로운 방식으로 작전하는데 새로운 기술들을 어떻게 사용할 수 있을는지, 그리고 새로운 역량과 개념들 가운데 어느 것이 더욱 효과적으로 킬 체인을 완료할 수 있을 것인지 알게 해야 한다. 이를 위한 가장 좋은 방법은 핵심적인 이해 관계자들이 서로 경쟁할 수 있도록 하는 것이다.

지금까지 국방부는 과업 중심의 경쟁을 거의 사용하지 않았다. 이는 상업 세계에서 최고의 해결책을 파악하기 위한 가장 효과적인 것으로 입증된 방식이다. 실제로 최근 컴퓨터 비전 분야에서[6] 기계학습이 크게 발전한 것은 연구진과 개발자들이 이미지에서 사람과 사물을 보다 정확하고 일상적으로 식별할 수 있는 알고리즘을 찾기 위해 계속 경쟁해 왔기 때문이다. 이들은 모두 최고가 되기 위해 필사적으로 경쟁했다. 국방에서도 이 같은 일이 일어날 수 있고, 일어나야 한다.

미 국방부와 의회의 고위 지도자들은 매년 예산편성과정이 시작될 때 적정의 자금을 확보한 뒤, 누가 미군의 최우선 작전적 문제에 대한 최선의 해결책을 갖고 있는지를 겨루는 대회를 열어야 한다. 이러한 대회는 비록 규모가 작지만 350척의 함정을 실시간 목표로 하는 워크 차관의 시나리오와 같이 작전상 연관성이 있는 실제 경기가 되어야 한다. 이러한 경쟁은 각 군, 국방 산업, 기술 기업, 정부 연구소를 비롯하여 실질적인 해결책을 제시할 수 있다면 누구에게나 개방되어야 한다. 해결책은 단순히 파워포인트 발표가 아니라 예컨대 통합 전투 네트워크의 작동과 같은 실질적인 내용을 포함해야 한다. 고도로 역동적인 조건에서 어떤 역량이 탁월한 이해와 결정, 행동을 이끌어 내는지 평가하고, 그 모든 것을 오늘날의 미군보다 더 빠르고, 보다 짧은 주기로 수행하는 것이 목표가 된다. 그리고 여기서 가장 중요한 부분은,

---

6) [역주] 컴퓨터 비전은 기계의 시각에 해당하는 부분을 연구하는 컴퓨터 과학의 최신 연구 분야 중 하나로, 공학적인 관점에서 인간의 시각이 할 수 있는 몇 가지 일을 수행하는 자율적인 시스템을 만드는 것을 목표로 한다.

수상자들에게 정말로 자금을 지원하고 그러한 역량을 적정 규모로 실전 배치할 수 있게 해야 한다는 점이다.

이러한 군사적 경쟁에서 누가 이겼는지는 중요하지 않다. 가장 좋은 해결책들이 하나의 군에서 모두 나올는지 모른다. 그들은 모두가 아는 유명한 회사 출신일수도 있고 아무도 들어본 적이 없는 스타트업 출신일 수도 있다. 최상의 해결책이 거의 전적으로 사이버 영역에 의존할 수 있으며 기존 플랫폼을 거의 필요로 하지 않거나 기존 플랫폼에서는 실패하는 것일 수 있다. 승자는 전혀 새로운 역량이 아니라 **전격 전**과 같이 기존 기능을 보다 효과적으로 사용할 수 있는 새로운 개념일 수도 있다. 그런 건 중요하지 않다. 목표는 가장 많은 킬 체인을 가장 빨리 완료하는 것으로 결정하는 것이 되어야 한다. 어떤 군대가 최고인지, 어떤 플랫폼이나 어떤 영역이 더 중요한지를 결정하는 것이 아니다. 그리고 승리자에게는 전리품이 돌아가야 한다.

가장 효과적인 군사적 역량을 개발하는 데 지원하고 배치하는 데 사용할 수 있는 자금은 현실적으로 국방예산의 극히 일부에 불과할 수도 있다. 그러나 그 예산의 5%만 해도 300억 달러이다. 그것은 최고 수준의 실행가들을 끌어모으고 그들이 경쟁에서 이기려고 달려든 만큼 강력한 유인이 될 것이다.

국방 기관들 간의 뿌리 깊은 경쟁심을 이용하는 것도 좋은 방법이다. 이러한 경쟁은 각 군과 기업 간에 내재되어 있는데, 공동의 국가적 해법을 능가하는 파당적 해법으로 이어질 때 문제가 될 수 있다. 그러나 이러한 경쟁을 완화시키고자 하는 욕망 때문에, 고위 국방 지도자들은 너무 흔히 이들 간의 긴장감을 제거함으로써 오히려 문제를 더 악화시킨다. 예를 들어, 각 군이 서로 싸우는 것을 막기 위해, 각 군의 공로나 그들이 해결해야 할 문제의 성격과 무관하게 동일한 예산을 배정한다. 이와 비슷하게, 그들은 새로운 기술개발 비용을 소액으로 나누어 많은 소기업들에게 배정하고 천 송이의 꽃이 피어나길 기대한다. 하지만, 소수의 대기업들이 미국 방위 산업계를 콘크리트로 포장해 두었기 때문에 단지 소수의 작은 꽃들만이 콘크리트 틈새에서 겨우 살아남는다는 것을 알고는 실망하게 된다.

여기서도 고위 지도자들은 유인 구조를 바꿔야 한다. 국방 기관에 내재된 경쟁 심리를 억압하기보다는 풀어줘야 한다. 누가 킬 체인을 완료하는 데 가장 유능한지를 보여주기 위해 격투장 수준의 경쟁에서 이해 당사자들이 끝까지 싸우게 해야 한다. 그리하여 그들의 경쟁심리를 걸림돌에서 변화의 촉진제로 변화시켜야 한다. 각 군이 서로를 능가하도록 노력하자. 작은 스타트업들이 대기업들을 능가하도록 하고,

그 반대의 경우도 마찬가지이다. 각자 할 수 있는 것보다 더 잘 할 수 있도록 각 군이 함께 참여하는 팀을 만들자. 마찬가지로 크고 작은 회사, 오래된 회사와 새로운 회사, 하드웨어 중심과 소프트웨어 중심의 회사들 간에 새로운 협력관계가 형성되도록 하자. 새로운 역량이 전통적인 것을 능가할 수 있도록 하자. 모든 이들이 서로를 능가하기 위해 끊임없이 노력하도록 하자. 고위 지도자들이 이러한 모든 이기적인 행위자들이 더 효과적이고, 더 빠른 킬 체인을 구축하기 위해 경쟁할 수 있도록 하고 승리자들에게는 그들의 능력에 걸맞는 대규모 계약을 맺도록 보상해 준다면, 많은 긍정적인 결과들이 보다 유기적으로 나타날 수 있다.

　이것이 우리가 가진 군대에서 우리가 필요로 하는 군대로 전환하는 데 가장 좋은 방법이기도 하다. 이는 길고 점진적인 과정이 될 것이다. 우선, 새로운 역량이 전통적 군사 플랫폼을 강화시킬 것이다. 자율 항공기는 유인 전투기의 생존성과 능력을 높여줄 것이다. 대형 수륙양용 선박들은 해병대를 잘 방어된 해안에 교두보를 확보하는 데 큰 도움이 안 될 수 있지만, 창조적인 지휘관들은 이들 수륙양용 함정에게 무인 수중 차량을 위한 이동식 해상 기지와 같은 새롭고도 중요한 역할을 부여할 수 있을 것이다. 영악한 군사 기획자들은 B-52 폭격기가 65년의 복무 기간을 거친 후에도 미국의 다른 시스템보다 킬 체인을 완료하는 데 도움이 될 수 있는 새로운 방법을 고안하고 있으며, 이러한 계획은 의심할 여지 없이 계속될 것이다. 신형과 구형, 현재와 미래를 아우르는 이러저러한 조합은 앞으로 수 년 동안 우수한 해결책을 제공할는지 모른다. 그리고 가장 중요한 작전적 문제를 해결하기 위해서는 실제 경쟁과 실험을 통해 무엇이 가장 효과적인지를 결정할 수 있는 유인책이 존재한다면, 군대의 독불장군들과 공학자들이 이를 개발할 가능성은 더욱 높아질 것이다.

　시간이 가면서 올바른 문제를 해결할 수 있는 능력에 따라 경쟁할 수 있는 공정한 기회가 주어진다면, 지능형 기계 등 신기술이 기존의 플랫폼을 강화하는 데서 벗어나 이를 대체하는 것으로 진화할 수 있을 것이다. 이와 같은 점진적인 실험은 또한 우리의 전통적인 시스템에 중요한 역할과 임무를 새롭게 부여하는데 도움이 될 것이다. 우선 두드러지는 것이 본토 방위이다. 예를 들어, 단거리 유인 항공기들은 중국과의 잠재적인 전쟁에 직접 참여하기 어려울 수 있다. 하지만 그 항공기들은 본토 방위를 강화할 필요성이 커짐에 따라 본국에서 중요한 새로운 역할을 찾을 수 있을 것이다. 이 항공기를 설계할 때 부여한 전력 투사 임무는 아니지만, 필수적이고 지속적인 과업이 될 것이다. 이와 유사하게 본토 방위나 우선순위가 높은 다른 역할로의 전환이 다수의 다른 전통적 플랫폼에서 일어날 수 있다.

공개 경쟁을 통해 수상자를 선정함으로써 얻을 수 있는 혜택은 군대 못지않게 정치권이나 관료들에게 돌아간다. 우리의 보수적이고 위험 회피적인 국방 기관이 서로 다른 종류의 군사적 역량을 채택하도록 설득하는 유일한 방법은 이러한 새로운 기술을 구축하고 사람들에게 실제 상황에서 무엇을 할 수 있는지 보여주는 것이다. 우리가 그렇게 할 수 있다는 것을 보여줌으로써 경쟁자들을 억제할 수 있듯이, 새로운 군사 개념과 역량에 대한 국내의 정치적 지지를 구축하기 위해서도 스스로 그것을 입증해야 한다.

회의적인 군 지휘부나 정치 지도자들은 결코 잘 될 것 같지 않은 미래의 더 나은 것에 대한 약속 때문에 오늘날 그들에게 이익이 되는 현재의 역량을 포기하도록 설득되지 않을 것이다. 그들은 그것을 직접 눈으로 봐야 한다. 현재 구매하고 사용하는 시스템보다 성능이 우수하고 제대로 작동하는지 확인해야 한다. 그들이 익숙한 것에 계속 투자함으로써 국가의 필요보다 자신의 이익을 우선시하고 있으며, 이러한 전통적 시스템으로 인해 미래의 전쟁에서 미군이 패배하게 된다면, 그 결과에 대한 책임을 감당해야 할 것이라는 것을 본능적으로 느끼도록 해야 한다. 요컨대, 정치 지도자들이 현재의 시스템이 패배할 것이라는 것을 확신하게 될 때 미래가 승리할 것이다.

～～✥～～

미국 정부가 국방 투자에 우선순위를 매기는 방식에 있어 유인 구조를 바꾼다면 외부의 투자자와 공학자들 사이에서 큰 효과를 볼 수 있을 것이다. 나는 워싱턴과 실리콘 밸리, 국방 기관과 기술계 간의 균열을 메우기 위한 많은 회의와 만찬, 그리고 워킹 그룹에 참석해 왔다. 그리고 나는 우리가 이 문제를 과도하리만큼 많이 숙고하고 있다고 생각하게 되었다. 해결책의 대부분은 기본적인 공급과 수요에 달려있다. 다시 말하지만, 그것은 유인책에 대한 문제이다.

어느 날 수십억 달러의 민간 자본이 미국에서 큰 수익을 낼 수 있는 유망한 새로운 모험을 찾고 있다고 하자. 그 돈의 대부분은 국방 분야로 유입되지 않을 것이다. 대부분의 모험적인 투자자들은 국방에 대한 투자는 형편없는 결과를 가져올 것이라 믿고 있으며, 수많은 경험적 증거들이 그러한 생각을 지지하고 있기 때문이다.

수십 년 동안 너무 많은 국방 기술이 유망한 연구개발 노력에서 규모에 맞는 성공적인 군사 프로그램으로 전환되지 못했다. 국방 관련 일을 하던 너무나 많은 소기업들이 수십억 달러짜리 유니콘이 되지 못하고 '죽음의 계곡'에서 희생자가 되었다. 성공신화가 없는 이유도 더이상 미스터리가 아니다. 미국 정부가 필요한 유인 구조를 만들어내지 못했기 때문이다. 미국 정부는 가장 효과 좋은 것을 대량으로 사들이지 않았다.

민간 투자자들 사이에 새로운 방위 기술 기업들의 활기찬 생태계를 조성할 자금이나 의지가 부족한 것은 아니다. 투자자들은 그들의 투자에 대해 좋은 수익을 내는회사가 있으면 끌리게 마련이다. 그러나 미국 국방 수뇌부가 계약을 따낼 수상자 선정을 제대로 하지 않는다면 투자자들이 수십억 달러의 자금을 투자할 이유가 없다.그리고 투자를 결정하는 데 있어 가장 중요한 요소는 기업이 정부로부터 얼마나 많은 수익을 얻을 수 있느냐 하는 것이다. 그것이 국방부와 의회가 새로운 기술에 가치를 부여하는 방법이다. 즉 그들이 새로운 기술을 많이 사는 것이다.

이것은 경제학의 기본이다. 고객이 무언가를 더 많이 구입하면 공급자는 증가하는 수요를 충족시키기 위해 생산을 늘린다. 국가 방위는 자유시장이 아니다. 정부가유일한 고객이다. 하지만 원칙은 같다. 미국의 미래 군사 경쟁력을 위해 인공지능이나 자율 시스템 등 신흥 핵심 기술이 필수적이라고 판단되면 규모에 맞게 사들여야한다. 더이상 큰소리치지 말고 진짜 돈을 뿌려야 한다. 더이상 예산을 조각내어 수많은 소기업에 나누어 주는 식으로 자금을 분산시켜서는 안 된다. 정부는 수상자를선정하기 시작해야 한다. 몇 개의 큰 사업에 투자를 집중해야 한다. 이것이 냉전 초기 아이젠하워와 다른 미국 지도자들이 했던 방식이다. 최근 수십 년간 미국 정부가하지 못했던 일이다. 이것이 미국 방위산업들이 합병으로 줄어들고, 신규 진출자들이 치고 들어오지 못했으며, 왜 다른 세계에서 더 큰 성공을 거두었는지를 부분적으로 설명해 준다. 그리고 기업들이 자신들의 미래지향적인 해결책의 장점을 가지고경쟁할 수 있는 정기적인 시합을 통하는 것만큼 가장 큰 투자를 받을 자격이 있는수상자를 가려낼 수 있는 더 좋은 방법은 없다.

만약 미국 국방 지도자들이 자신들이 중요하다고 말하는 신흥 기술과 군사적 역량을 실제 더 많이 구입한다면 민간 투자자들은 성공을 배가시킬 분명한 유인을 갖게 될 것이다. 최고의 스타트업들은 정기적으로 현재 수익보다 몇 배나 많은 민간자본을 끌어들인다. 개인 투자자들은 기업들이 지금 무엇을 하고 있는지에 따라 돈을 거는 것이 아니라 더 큰 자원을 가지고 앞으로 무엇을 할 수 있고 무엇이 될 수 있을지를 보고 돈을 건다. 그러한 투자 가운데 대부분은 제대로 풀리지 않고, 회사들도 성공하지 못한다. 그러나 잘 풀리는 기업들은 엄청난 성공을 거두게 되고, 그들의 투자가들을 큰 부자로 만든다.

국방 분야에 관한 한 민간 자본을 움직이는 유인도 대체로 같다. 예를 들어, 미국의 지도자들이 지금 그들이 제대로 말하고 있듯이, 인공지능이 미래의 우리 군사력에 필수적이라고 믿는다면, 이러한 기술을 축적하고 있는 기업들 중에서 가장 나은 곳을 골라 그들의 역량을 대량으로 구입해야 한다. 이렇게 하면 민간 투자자들은 새로운 돈벌이 사업을 창출하려는 희망에서 이러한 기업에게 엄청나게 많은 돈을 쏟아부을 것이다. 이러한 신생 기업 가운데 상당수는 살아남지 못하겠지만, 살아남는 기업은 엄청난 성공을 거둘 수 있다. 그리고 그들의 성공은 더 큰 성공으로 이어질 것이다.

미래의 창업자들도 방위산업 시장에서의 성공이 가능하다고 보고 방위산업체를 설립하거나 국가 안보에 관련된 일을 하려고 할지 모른다. 미국의 최고 수준의 공학자들이 이러한 새로운 기업들에 이끌려 국방 분야를 그들의 재능을 배출할 수 있는 곳이라 생각하게 될 것이다. 더 많은 기업이 성공할수록 더 많은 기업이 만들어질 것이다. 이것이 미국 지도자들이 그토록 원했던 활기차고 다각화된 국방 산업의 토대를 구축하는 방법이다. 이것은 고도의 지능을 요구하는 일이 아니다. 그것은 본질적으로 적절한 유인 구조를 만드는 문제이다.

이런 조치는 국방 기관과 기술계, 워싱턴과 실리콘 밸리의 관계를 개선하는 데 큰 도움이 될 것이다. 일부 미국의 공학자들은 양심상의 이유로 군사와 관련된 일을 하고 싶어하지 않을 것인데, 그럴 수 있다고 본다. 동시에 실리콘 밸리는 워싱턴처럼 이념적으로 단일화된 곳이 아니다. 내 경험상, 많은 젊은 공학자들은 국방 업무에 개방적이고, 더 흥미로운 기회가 주어진다면 기꺼이 일하려고 한다. 그들은 이 작업에 끌리는 이유는 여러 가지가 있겠지만 애국심도 있고 이 분야에 성공해서 자신들을 돋보이고자 하는 열망도 있을 것이다. 어쩌면 가장 큰 요인은 그들이 가장 어려운 문제를 해결하려는 도전에 흥분하는 공학자들이기 때문인지 모른다. 우리 군의 특징 가운데 하나는 세상에서 가장 어렵고 흥미로운 문제들로 가득하다는 것이다.

많은 실리콘 밸리 공학자들이 워싱턴에 좌절하는 큰 이유는 미국의 국방 지도자들이 너무 자주 위선자처럼 행동한다고 생각하기 때문이다. 이런 생각이 그리 틀린 것은 아니다. 국방부와 의회의 고위 지도자들은 미군에게 새로운 기술이 필요하다고 큰소리치지만, 막상 결정적 순간이 되면 가장 큰 계약의 대부분은 전통적 군사 플랫폼과 이를 제조하는 기존 방위산업체로 흘러 들어간다. 만약 워싱턴의 지도자들이 자신들이 말한 대로 예산을 편성한다면, 미국의 주요 공학자들과 혁신가들이 군사 문제에 대해 더 큰 노력을 기울이도록 유인할 수 있을 것이다.

워싱턴의 국방 지도자들이 지금 필요한 다양한 새로운 유인책들을 쉽게 만들어 내기 위해서는 의회에서 특수 목적으로 예산을 배정하는 관행을 되살릴 필요가 있다. 존 매케인이 내가 이런 말을 하는 것을 알면 호통을 칠 것이다. 그는 이것이 부패의 한 형태가 되었다고 믿었기 때문에 2011년 특수 목적으로 예산을 배정하는 것을 금지하는 일을 주도했다. 과거 의원들은 국방부가 요청하지 않은 프로그램과 프로젝트에 투명하지 않은 방법으로 예산을 배정했으며 이는 종종 선거운동 기부자들에 대한 혜택으로 주어졌다. 그러나 의회는 특수 목적 예산 배정 관행을 정화하고 국민에게 완전히 투명하게 공개하기보다는, 이를 아예 금지시켜 버렸다. 그것의 의도하지 않은 결과는 정부의 투자를 받을 가치가 있는 국방 프로그램에 대한 독자적인 결정을 내릴 수 있는 입법부의 권한이 사라졌다는 것이다. 이는 의회가 행정부에 대해 가지고 있었던 가장 중요한 특권 중 하나였다. 그 대신 의회는 국방부가 가치가 있다고 생각하는 프로그램에만 예산을 배정하는 것으로 스스로의 역할을 축소시켰다.

문제는 국방부가 의회 못지않게 많은 것을 놓치거나 잘못하고 있다는 것이다. 과거에 특수 목적으로 배정된 예산은 의원들이 국방부의 오류를 바로잡는 데 많은 도움을 주었다. 예를 들어 프레데터 드론은, 미 공군이 지속적으로 무인 항공기에 대한 투자를 거부하자, 의회가 독자적으로 배정한 예산으로 만들어졌다. 특수 목적 예산 배정 절차가 개선된다면, 의원들은 우리 군에 필요한 신흥 기술에 투자할 수 있는 강력한 수단을 갖게 될 것이고, 특히 국방부가 그렇게 하지 못할 때, 그러한 역할을 수행할 수 있을 것이다. 부패를 막기 위해서는 모든 과정이 투명해야 한다. 국민은 어떤 의원이 어떤 지출에 책임이 있고, 누가 이득을 보는지 알 수 있어야 한다. 책임성에 대한 개방적 절차야말로 옹호할 만한 특수 목적 예산 배정을 격려하는 동시에 옹호할 수 없는 예산 배정을 좌절시키는 효과를 가져올 것이다.

특수 목적 예산 배정 제도의 부활과 무관하게, 새로운 종류의 군사적 역량을 만들어보려는 기업들은 그들의 새로운 기술이 엄밀히 말해 성능만 좋다고 해서 채택

될 것으로 기대해서는 안 된다. 국방부 관리들이 상원에 있던 내 사무실을 번질나게 드나들었지만, 그들의 부서가 신흥 기술을 가지고 무엇을 하고 있는지에 대해 이야기하고 싶어하거나 더 많은 일을 더 빨리 하려고 추가적인 지원이나 자금을 요청한 적은 거의 없다. 사실 국방부로부터 받은 신기술개발에 대한 브리핑이나 이런 일에 참여하는 젊은 기업들과의 미팅은 대부분 내가 요청해서 이루어졌다. 내가 그러지 않았다면, 그들은 아무런 관심을 끌지 못하고 숲속에 쓰러져 있는 나무들처럼 지냈을 것이다.

내가 깨달은 분명한 교훈은 우리의 미래 군사력 건설을 돕고자 하는 미국인들은 그들 스스로 로비를 해야 한다는 것이다. 비유적인 의미에서 로비를 말하는 게 아니다. 말 그대로 로비스트들을 고용하는 것이다. 로비스트는 워싱턴의 정치 시스템과 예산편성과정에 대한 정통한 지식과 경험을 가진 사람들로, 국방부와 의사당에서 자신들의 운명을 결정할 수 있는 지도자들과 참모들의 관심과 지지를 받을 수 있도록 도울 수 있다. 로비스트들이 많은 사람들이 생각하는 것처럼 전능한 힘을 가진 것은 아니지만, 첫발을 내딛으려 노력하는 사람들에게는 큰 도움을 줄 수 있다. 사실, 내가 스페이스X의 놀라운 일에 대해 처음 알게 된 것은 공군이 내게 와서 얘기해준 것이 아니라 그 회사를 위해 로비를 담당한 친구로부터였다.

이는 또한 방위산업 시장에서 성공하고자 하는 소규모 신생 기업들이 더 넓은 차원의 정치적 사고를 해야 한다는 것을 의미한다. F-35의 각 부분이 미국의 모든 주에 제작되는 데는 이유가 있다. 작업상의 효율성 때문이 아니라 정치적 편의를 봐주기 위한 것이었다. 우리가 이러한 사실에 대해 아무리 깊이 탄식한다고 해도, 이러한 현실은 변하지 않을 것이다. 미래지향적인 군사적 역량을 개발하고자 하는 기업은 자신의 프로그램에 대한 정치적 지지를 얻을 수 있는 유인 구조를 만들 필요가 있다. 이것은 무인 항공기 발키리를 개발한 중견 기업이 했던 일이다. 현재 상원 군사위원장인 제임스 인호프James Inhofe 의원의 고향인 오클라호마에 무인 항공기 생산시설을 건설하면서 그의 지지를 이끌어 냈다. 어떤 사람들은 이것을 미국의 방위체계에 어떤 문제가 있는지를 보여주는 사례로 간주할지 모른다. 그러나 나는 그것을 미군에게 더 나은 기술을 갖게 하고 미래의 승리를 가져올 수 있는 기민한 정치적 행보로 본다.

내가 정부에서 일할 때, 국방계에는 '문화적 문제'가 있다는 말을 늘 듣곤 했다. 비판론자들이 이 말을 통해 의미하는 것은, 국방 기관 전체, 특히 획득 절차와 관행이 너무 무기력하고, 소송에 의존하고, 위험 회피적이며, 경쟁적이지도 않고, 성능과 무관하며, 그리고 심각한 관료주의로 화석화되었다는 것이다. 그렇기 때문에 체계적 차원에서 더 나은 결과를 낼 수 없다는 것이다. 종잡을 수 없는 문제의 특성이야말로 매케인을 좌절시킨 것이고 더 나아가 밀리 장군이 권총 구매를 두고 분노했던 일이다. 무언가가 잘못되어 있는데, 그런 일이 일어나게 만드는 사람이나 절차, 혹은 이유를 알아내기가 힘들다. 사람들이 문화의 개념으로 눈을 돌린 이유도 여기에 있다.

국가 방위는 우리가 민간과 상업 세계에서 하는 일과는 근본적으로 다를 것이라 생각한다. 하지만 그리 다르지 않다. 미군 장병들은 그들의 일을 **이렇게** 힘들게 해야 할까, 그리고 더 나은 기술에 더 빨리 접근할 수는 없을까, 그런 기술의 대부분은 미군들이 일상생활에서 사용하는 것이 아닌가? 좀 더 나아질 수 없을까?

그렇다. 더 나아질 수 있다. 구조적으로나 문화적으로 그렇게 못할 이유가 없다. 우리는 돈, 기술적 기반, 인재 모두를 보유하고 있다. 그리고 우리의 지도자들은 법과 정책 모두에서 우리가 가진 군대에서 우리가 필요로 하는 군대로의 전환을 수행하는 데 필요한 모든 유연성과 권한을 가지고 있다. 내가 말했듯이, 그것은 결국 유인책으로 귀결된다. 우리가 이전과 다르고 더 나은 결과를 원한다면, 우리는 그것들을 얻기 위해 이전과 다른, 더 나은 유인 구조를 만들어 내야 한다. 우리 능력 밖의 일도 아니다. 그것은 우리 국방 기관 내의 많은 사람들이 매일 하는 상식적인 일들과 크게 다르지 않다. 즉 문제를 정확하고 명확하게 정의하고, 최선의 해결책을 놓고 경쟁(비교)하며, 수상자(최고의 방안)를 선정하는 일이다. 그리고 우리 군대를 가장 효과적으로 만들 수 있는 가장 중요한 일에 실제 돈을 쓰는 것이다.

나는 이것이 얼마나 어려운 일인지 누구보다 잘 알고 있지만, 누구도 그것이 불가능하다고 믿어서는 안 된다. 할 수 있는 일이다. 하지만 그것이 반드시 이루어질 것이라고는 말할 수 없다. 변화는 어렵고, 지금 요구되는 규모의 변화는 더욱 어려울 것이다. 이는 미국의 고위 지도자들로부터 더 많은 시간과 상상력, 결의와 협력 의지를 요구하게 될 것이다. 그리고 이 모든 것은 결국 재앙과 전쟁이 없는 상황에서 국가가 변화할 수 있는지를 결정해 온 단 하나의 기본적인 질문에 대한 대답에 달려있다. 즉, 우리는 지금, 변화하지 않으면 안 되는 더 나쁜 일이 본능적으로, 그리고 실제로 있다고 믿는가? 하는 것이다.

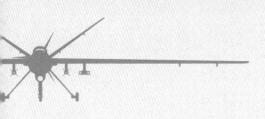

결론

상상력의 빈곤

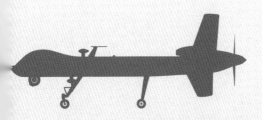

결 론

상상력의 빈곤

　존 매케인이 죽은 후 세 차례에 걸쳐 나는 그를 생각하며 마음의 평정을 잃었다. 첫 번째는 그가 죽었다는 연락을 받은 날 밤이었다. 나를 덮친 감정의 분출에 나스스로 놀랄 정도였다. 왜냐하면, 우리는 이 순간이 올 것을 너무나 오랫동안 알고 있었기 때문이다. 나는 준비되어 있는 줄 알았다. 내가 그때 깨달은 것은 상원에서의 나의 일에 너무 몰두해 있었다는 것이다. 당시에 나는 매케인의 동료 의원들이 연례적인 국방예산법안을 끝내는 일을 도와주고 있었다. 이 법안은 매케인에 대한 경의의 표시로 그의 이름이 붙여졌지만, 나 자신은 매케인에 대해 생각하는데 그렇게 많은 시간을 할애하지 못했다.

　그 순간 나를 덮친 것은 그 사람과 함께할 수 있었던 시간에 대한 헤아릴 수 없는 감사함이었다. 그것은 결코 상상할 수 없었던 모험의 일부였다. 내가 본 적도 없고 다시는 볼 수 없을지 모를 세계 곳곳을 다니며, 인간 경험의 절정에 서 있는 사람들을 만났고, 우리 시대의 가장 중요한 국가적 논쟁과 국제적 사건의 국가적 토론과 국제 행사의 중심에 서 있었다. 나는 그동안 오랫동안 그렇게 열심히 달려왔기 때문에 이것이 얼마나 놀랍고 잊을 수 없는 경험인지를 전혀 이해하지 못했다. 내가 중요한 일에 부분적으로나마 참여할 수 있었던 것은 모두 매케인 덕분이었다.

　두 번째는 워싱턴의 국립 대성당에서 열린 그의 추도식에서였다. 대통령과 다른 국가 지도자들의 말을 냉정하게 듣고 있다가 아일랜드 발라드인 '대니 보이Danny Boy' 연주 중간 고음부에서 갑자기 감정이 북받쳐 오르면서 거의 반쯤 정신을 잃어

버렸다. 그러나 내가 그곳에 앉아서, 내 마음속에서 넘실대던 매케인에 대한 기억을 넘어 생각하고 있었던 것은, 지금 이 순간이 워싱턴의 상황이 바뀔 수 있는 모멘트일까, 그리고 나와 함께 그 성당에 앉아 있던 미국의 지도자들이 언제쯤 나라의 통합과 안보에 대해 더 큰 질문을 되새기면서, **이렇게 가서는 안 된다**는 결론 내릴 것인가 하는 점이었다. 그렇게 되면 우리의 바짓가랑이를 붙잡고 미래를 대비해야 할 우리의 능력을 해쳐왔던 그 모든 정치적 분열과 비열한 마음가짐, 그리고 불신이 마침내 사라지기 시작할지도 모른다.

하지만 내가 알고 있고, 나를 더욱 낙담하게 만든 것은, 이런 일이 일어나지 않을 거라는 점이다. 지금이 좋은 순간이라 생각했지만 단지 그 순간일 뿐이었다. 그리고 그 순간 많은 미국인들과 그들의 지도자들은 우리에게 최선이라고 믿었던 것을 그렇게 많이 대변했던 누군가의 삶을 되돌아보며 잠시 멈추어 있었지만, 우리는 곧 적대적인 관계로 되돌아갈 것이다. 중요한 일을 함께 하기보다는 더 분노하고, 더 비열하고, 더 소심해지고, 더 심한 교착과 무능한 상태로 말이다. 일주일도 안 돼서, 우리는 늘 그렇듯이 정치에 복귀했다.

매케인에 대한 감정이 나를 압도했던 세 번째 경우에서도 이 같은 비관적 생각이 나를 사로잡았다. 그날은 흐렸고 계절에 맞지 않게 추운 10월의 아침이었다. 매케인의 마지막 안식처는 미 해군사관학교가 있는 체서피크 만 해안의 작은 공동묘지로 메릴랜드주 애나폴리스에 위치해 있었다. 그가 죽은 후 처음으로 그의 무덤을 찾았을 때, 그 모든 옛 기억과 감정, 감사하는 마음이 다시 밀려오는 데 그리 오랜 시간이 걸리지 않았다. 그러나 이전과 다른 점은 매케인이 세상을 떠난 이후에도 워싱턴의 상황이 조금도 나아지지 않았다는 것에 대한 주체할 수 없는 슬픔이었다. 실제로, 워싱턴의 상황은 더 나빠졌다.

우리가 오래간만에 국방의 모습을 새롭게 상상할 수 있는 최고의 기회를 갖게 된 것은 사실이다. 왜냐하면 국방 기관 내의 많은 사람들이 새로운 위협과 새로운 기술에 의해 변화하고 있는 미래의 국제 안보 환경에 대비하기 위해 더욱 동기부여 되고 있는 것 같았기 때문이다. 일부 좋은 일들이 일어나고 있었다. 그리고 이것은 우리 미국인들이 아직도 얼마나 많은 전략적 이점을 가지고 있는지를 보여주는 증거들이다. 우리에겐 점잖고, 성실하고, 헌신적인 사람들이 많이 있다. 우리는 정말로 놀라운 기술을 보유하고 있다. 우리는 필요한 돈을 갖고 있다. 그러나 더 큰 문제는 여전히 남아 있다. 우리가 우리 자신의 방식에서 벗어나지 못하고 있다는 점이다.

나는 상황이 달라질 수 있다는 것을 알고 있고, 내가 워싱턴 국립 대성당에 앉아 있을 때만큼 모든 것이 달라졌으면 한다. 하지만 어떤 일이 일어나고 있는지 알게되면 상황이 바뀔 것이라고는 진심으로 **믿기**는커녕 상상조차 할 수 없다. 예를 들어, 트럼프 대통령은 거의 매일 이미 분열된 나라를 더 분열시키고 국제 사회에서의 우리의 위상을 떨어뜨리는 일을 하고 있다. 의회가 또다시 적시에 우리 군에 예산을 제공하지 못하고, 우리 국방 기관은 계속 실패하는 똑같은 일에 수십억 달러를 지출하고 있다. 우리 군에 근무하는 미국인들은 종종 정치와 관료주의 문제로 좌절하면서 우리 군에 제공해야 할 최고의 기술을 얻기 위해 고군분투하고 있다. 특히 믿기 어려운 일은 우리 역사상 가장 심각한 국가 안보상의 도전에 직면해 있으면서 미국은 집단적으로, 그리고 비극적이게도, 우리의 경쟁자들의 일을 더 쉽게 만들어주기 위해 뭔가를 하고 있는 것처럼 보인다는 것이다. 이에 비해 첨단 기술로 무장한 동급 경쟁국인 중국은 우리를 대체하는 세계의 패권국이 되기 위해 국가적 동원 체제를 이루며 긴박하게 움직이고 있다.

미국이 직면하고 있는 위협이 심화되고 있다는 것을 정말 진지하게 받아들인다면, 이런 종류 자기 패배적인 행동들이 어떻게 가능할까? 그럼에도 불구하고, 이러한 일들이 일어나고 **있다**. 그렇기 때문에 미국은 여전히 중국의 위협을 심각하게 생각하지 않고 있다는 결론을 내릴 수밖에 없다. 현재의 국방 위기를 초래해온 근본적인 문제들 대부분이 여전히 존재하고 있다. 이런 문제의 어느 것도 이렇게 지속되면서 우리를 괴롭혀야 할 이유는 없다. 우리는 그들을 다룰 수 있는 모든 이점을 가지고 있다. 그렇다면 우리가 직면하는 어려움을 그리 심각하게 생각하지 않는다는 사실을 어떻게 설명해야 할까? 문제는 줄곧 그래 왔던 것이다. 바로 상상력의 빈곤이다.

나는 특히 비정상적이고 고도의 기능 장애로 앓고 있는 미국의 정치 환경에서 국방에 필요한 변화를 만드는 것이 정치적으로나 관료적으로 얼마나 어려운 일인지 잘 알고 있다. 그러나 이러한 변화와 관련된 정치적 고통보다 훨씬 더 나쁜 일이 있다. 그리고 워싱턴에 있는 우리 지도자들의 상당수가 현실적이고 본능적인 방식으로 변화의 절실함을 인식하지 못하거나 추진할 의지가 없는 것이 우리의 상상력의 빈곤이 얼마나 심각한지를 보여준다. 만약 미국인들이 여전히 변화보다 더 나쁜 것을 상상할 수 없다면, 변화에 대한 이야기는 넘쳐나겠지만, 실제 어떤 변화도 만들어내지 못할 것이다.

워싱턴에는 어쨌든 미국을 위해 모든 일이 잘 풀릴 것이라는 믿음이 팽배해 있다. 이러한 믿음은 우리가 부상했던 예외적인 역사의 결과이다. 오래된 압도적 우위가 우리 상상력에 긴 그림자를 드리우고 있기 때문에 그렇지 않은 세상을 우리는 상상할 수 없다. 만약 이러한 생각이 지속된다면, 상황은 충분히 빠르게 바뀌지 않을 것이다. 그리고 우리는 우리가 처한 위험에 대해 어떤 환상도 갖지 말아야 한다.

우리가 적응에 실패한다고 해서 다른 나라도 그럴 거라 생각할 수 없다. 만약 미국이 스스로 변하지 않는다고 해도, 변화는 여전히 일어날 것이다. 군사분야의 새로운 혁명은 여전히 펼쳐지겠지만, 주로 다른 나라가 혜택을 볼 것이다. 그리고 혁명적 변화가 도래할 때, 그것은 미국이 주도하고 통제해 온 계획의 일부로서가 아니라, 억제의 실패나 전쟁에서의 패배와 같은 방식으로 다가올 것이다. 그것은 우리가 예방할 수 있었고, 우리의 이익을 위해 주조할 수 있었으며, 우리가 상상할 수 있었던 어떤 일이 될 것이다. 그때는 어쩔 수 없이 변화해야 하겠지만, 그때는 이미 너무 늦을 것이다. 우리는 우리의 운명을 통제할 수 있는 능력을 많이 잃어버릴 것이다. 우리는 경쟁자의 자비에 따라 살게 될지 모른다. 피해도 적지 않을 것이다.

이 중 어느 것도 불가피한 것은 아니다. 여전히 희망은 있다. 그러나 매케인이 즐겨 말했듯이, 희망은 전략이 아니다. 미국을 지킬 책임은 우리에게 있다. 그리고 시간이 얼마 남지 않았다.

감사의 글

이 책은 긴 여정의 정점에서 나온 것이다. 분명 힘든 여정이지만, 친구들과 함께 하는 배움의 과정이었기에 더욱 즐겁고 유쾌한 일이었다. 이 책에 담긴 모든 생각들은 나만의 것이 아니다. 정부에서 일하면서 만났던 친구들이나 팀원들과 함께 나눠온 대화와 토론, 그리고 여러 번의 논쟁에서 나온 것이다. 그것만도 큰 행운이었다.

존 매케인 상원의원의 우정과 후견이 없었다면 여기에 있는 그 어떤 것도 가능하지 않았을 것이다. 그는 거의 10년 동안 나에게 일할 기회를 주었고 그의 신뢰 속에서 일할 수 있었다. 흔히 하인에게 영웅은 없다는 말이 있지만, 내가 진정한 영웅을 위해 일하고 있다는 사실을 고맙게 생각하지 않고 보낸 날은 단 하루도 없었다. 그동안 나는 매케인의 상원 사무실과 군사위원회의 직원들과 함께 지냈다. 나는 그들 모두와의 우정과 협업을 통해 (그리고 약간의 고통의 분담을 통해) 배우고 은혜를 입었다. 그것은 일생일대의 모험이었고, 나랏일을 하면서 보낸 모든 날을 대단히 소중히 여기고 있다.

이 책은 2018년 8월 닉 번즈, 조 나이, 콘돌리자 라이스가 아스펜Aspen 전략그룹에 발표하라고 부탁한 논문에서 시작됐다. 나는 이러한 기회를 준 분들과 이 책에 담긴 생각에 대해 사려 깊은 견해로 큰 도움을 준 전략그룹의 동료들에게 고마움을 전한다.

카네기Carnegie 국제평화기금의 빌 번즈 회장에게 특별한 감사를 전한다. 그는 나의 집필계획을 믿고 카네기에서 이를 추진할 수 있도록 소중한 보금자리를 마련해 주었다. 빌은 10년 이상 친구이자 후견인이였으며, 그의 지혜로운 조언은 이 책을 내는데 큰 도움이 되었다. 또한 톰 캐러더스, 마탄 초레브, 에반 파이겐바움, 젠

프사키, 더그 패러, 그리고 나머지 카네기 동료들로부터 받은 지원과 도움에 감사드린다. 특히 애슐리 텔리스와 살만 아흐메드가 이 책의 초안을 읽고 귀중한 의견을 보태준 데 대해 고마움을 전한다.

다른 친구들도 이 책의 많은 부분을 읽고 비판적인 조언으로 내용을 발전시켜 주었다. 잭 미어스, 라이언 에반스, 다이엠 샐먼, 맷 와스먼, 폴 스칼라, 댄 패트, 스콧 쿠오모, 제이슨 매테니, 앤드류 메이, 톰 맨켄, 트루먼 앤더슨, 폴린 생크스 카우린 등이 그들이다. 또 다른 친구들, 브릿지 콜비, 마라 칼린, 클린트 히노테, 존 리처드슨, 크리스찬 위트먼, 밥 워크, 로저 자크하임, 코리 샤크, 밴스 서척, 앤드류 크네피네비치, 마이크 갤러거, 짐 베이커, 캐슬린 힉스, 마크 몽고메리, 제임스 히키, 데이브 오크매넥, 브라이언 클라크, 마이크 브라운, 프레드 케네디, 마이클 호로위츠, 매켄지 이글렌, 러시 도시 등도 이 책에 담긴 생각을 구상하고 정리하는데 많이 도와주었다.

이 책은 내가 상원을 떠나 안두릴Anduril 산업에 입사한 이후 새로운 여정의 시작을 상징하는 것이기도 하다. 팔머 럭키, 트레이 스티븐스, 브라이언 쉬프, 맷 그림, 조 첸 등 안두릴의 창립자들에게 경이로운 팀에 받아준데 대해 감사드린다. 그들과 다른 많은 동료들은 지난 1년 동안 나에게 기술, 공학, 사업과 투자에 대해 무척 많은 것을 가르쳐 주었다. 특히 맷 스테크먼과 엘리엇 펜스에게 감사드리며, 그들은 매일 함께 일하면서 뛰어난 동료로서 이 책의 초안을 읽고 귀중한 의견을 제공해 주었다.

나의 대리인인 앤드류 와일리와 와일리 에이전시의 팀원들에게 이 책의 출판을 위해 끈기있게 일해 준 것에 대해 감사를 드리고 싶다. 여기에는 하쳇Hachette 출판사 편집자인 데이비드 램의 공이 크다. 그는 이번 작업의 귀중한 동반자였고 내 책을 굉장히 많이 발전시켜 주었다. 크리스티나 팔라이아와 나머지 하쳇 동료들 역시 이 책이 탄생하는 데 많은 도움을 주었다. 앰버 모리스, 맨디 케인, 마이크 지아라타노, 마이클 바스가 그들이다. 폴 휘틀락에게도 감사를 표하고 싶은데, 그는 처음 이 책을 출판할 것을 제안하였고 초기 작업을 도와주었다.

나는 나의 부모님 에릭과 크리스틴에게 이루 헤아릴 수 없는 은혜를 입었다. 그들은 나의 형인 디터와 나에게 언제나 무조건인 사랑과 지원을 베풀어 주었다. 그리고 부모님은 작가로 새로운 여정을 시작할 수 있도록 격려를 아끼지 않았다. 그분들은 지난 수년 동안 편집자요, 교열자요, 그리고 주도적인 비판자로서 헌신적으로 도와주었다. 이 모든 것이 그분들의 덕택으로 가능했다.

오랫동안 아빠가 없는 것을 참아준 내 아이들 샘과 올리버에게 고마움을 전한다. 그들은 집필하는 동안 나를 이해하고 격려하며 지지해 주었다. 무엇보다도, 내 아내 몰리, 내 인생의 사랑, 그리고 모든 것에 있어 내 동료인 그녀에게는 고맙다는 말로도 부족하다. 그 어떤 누구도 그녀만큼 나를 도와주고, 조언과 상담을 아끼지 않았으며, 나를 지탱하며, 나의 생각을 발전시켜 준 사람은 없다. 그녀는 모든 짐을 감당했고 집필기간 내내 가족들의 삶을 지켜주었다. 이 책을 몰리에게 바친 이유는 그녀가 없었다면 불가능한 일이었기 때문이다.

참고문헌

Allen, Gregory. *Understanding China's AI Strategy: Clues to Chinese Strategic Thinking on Artificial Intelligence and National Security* (Washington, DC: Center for a New American Security, 2019).

Allison, Graham. *Destined for War: Can America and China Escape Thucydides's Trap?* (New York: Houghton Mifflin Harcourt, 2017).

Anderson, Cory T., David Blair, Mike Byrnes, Joe Chapa, Amanda Callazzo, Scott Cuomo, Olivia Garard, Ariel M. Schuetz, and Scott Vanoort. "Trust, Troops, and Reapers: Getting 'Drone' Research Right." *War on the Rocks*, April 3, 2018, https://warontherocks.com/2018/04/trust－troops－and－reapers－gettingdrone－r esearch－right.

Anderson, Kenneth, with Daniel Reisner and Matthew Waxman. "Adapting the Law of Armed Conflict to Autonomous Weapon Systems." *International Law Studies* 90:386 (2014).

Anderson, Kenneth, and Matthew C. Waxman. "Law and Ethics for Autonomous Weapon Systems: Why a Ban Won't Work and How the Laws of War Can." Jean Perkins Task Force on National Security and Law Essay Series, WCL Research Paper 2013－11, Columbia Public Law Research Paper 13－351, Stanford University, Hoover Institution, American University, April 10, 2013.

Arkin, Ronald. "The Case for Ethical Autonomy in Unmanned Systems." *Journal of Military Ethics* 9, no. 4 (2010): 332‒341.

＿＿＿. "Lethal Autonomous Systems and the Plight of the Non－combatant." In *The Political Economy of Robots*, edited by Ryan Kiggins (London: Palgrave Macmillan, 2017).

Berger, David H. *Commandant's Planning Guidance* (Washington, DC: United States Marine

Corps, 2019).

https://www.hqmc.marines.mil/Portals/142/Docs/%2038th%20Comman
dant%27s%20Planning%20Guidance_2019.pdf?ver＝2019−07−16200152−700.

Bitounis, Leah, and Jonathon Price, eds. *Technology and National Security: Maintaining America's Edge* (Washington, DC: The Aspen Institute, 2019).

Blair, Dennis, and Robert D. Atkinson. "Overcoming the China Challenge." *American Interest* 14, no. 4 (2018).

Blanchette, Jude. *China's New Red Guards: The Return of Radicalism and the Rebirth of Mao Zedong* (New York: Oxford University Press, 2019).

Bloch, Jan. *The Future of War* (Boston: World Peace Foundation, 1898).

Bostrom, Nick. *Superintelligence: Paths, Dangers, Strategies* (Oxford: Oxford University Press, 2014).

Brands, Hal, and Zack Cooper. "After the Responsible Stakeholder, What? Debating America's China Strategy." *Texas National Security Review* 2, no. 2 (February 2019).

Brecher, Joseph, Heath Niemi, and Andrew Hill. "My Droneski Just Ate Your Ethics," *War on the Rocks*, August 10, 2016,

https://warontherocks.com/2016/08/my−droneski−just−ate−your−ethics.

Brunstetter, Daniel, and Megan Braun. "The Implications of Drones on the Just War Tradition." *Ethics and International Affairs* 25, no. 3 (Fall 2011).

Campbell, Kurt, and Ely Ratner. "The China Reckoning: How Beijing Defied American Expectations." *Foreign Affairs*, March/April 2018.

Chapa, Joe. "Drone Ethics and the Civil−Military Gap." *War on the Rocks*, June 28, 2017, https://warontherocks.com/2017/06/drone−ethics−andthe−civil−military −gap.

_____. "The Sunset of the Predator: Reflections on the End of an Era." *War on the Rocks*, March 9, 2018, https://warontherocks.com/2018/03/thesunset−of−the− predator−reflections−on−the−end−of−an−era.

Clark, Bryan, Daniel Patt, and Harrison Schramm. "Decision Maneuver: The Next Revolution in Military Affairs." *Over the Horizon Journal*, April 29, 2019, https://othjournal.com/2019/04/29/decision−maneuverthe−next−revolution−in −military−affairs/.

Cohen, Eliot A., and Thomas A. Keaney. *Gulf War Air Power Survey Summary Report* (Washington, DC: Department of the Air Force, 1993).

Colby, Elbridge. "How to Win America's Next War." *Foreign Policy*, Spring 2019.

_____. Testimony Before the Senate Armed Services Committee. January 29, 2019, https://www.armed-services.senate.gov/download/colby_01-2919.

Cuomo, Scott, Olivia Garard, Jeff Cummings, and Noah Spataro. "Not Yet Openly at War, but Still Mostly at Peace." *Marine Corps Gazette*, February 2019.

Deptula, Lt. Gen. David A., Heather Penney, Maj. Gen. Lawrence A. Stutzriem, and Mark Gunzinger. Restoring *America's Military Competitiveness: Mosaic Warfare* (Arlington, VA: Mitchell Institute for Aerospace Studies, 2019).

Dixon, Norman. *The Psychology of Military Incompetence* (New York: Basic Books, 1976).

Domingos, Pedro. *The Master Algorithm: How the Quest for the Ultimate Learning Machine Will Remake Our World* (New York: Basic Books, 2015).

Dougherty, Christopher M. *Why America Needs a New Way of War* (Washington, DC: Center for a New American Security, 2019). https://s3.amazonaws.com/files.cnas.org/CNAS+Report++ANAWOW+-+FINAL2.pdf.

Dunlap, Charles. "The Moral Hazard of Inaction in War." *War on the Rocks*, August 19, 2016, https://warontherocks.com/2016/08/the-moral-hazardof-inaction-in-war/.

Eaglen, Mackenzie. "Just Say No: The Pentagon Needs to Drop the Distractions and Move Great Power Competition Beyond Lip Service." *War on the Rocks*, October 28, 2019, https://warontherocks.com/2019/10/just-say-no-the-pentagon-needs-todrop-the-distractions-and-move-great-power-competition-beyond-lipservice.

Economy, Elizabeth C. *The Third Revolution: Xi Jinping and the New Chinese State* (New York: Oxford University Press, 2018).

Edelman, Eric, and Gary Roughead. *Providing for the Common Defense: The Assessment and Recommendations of the National Defense Strategy Commission* (Washington, DC: United States Institute of Peace, 2018). https://www.usip.org/sites/default/files/2018-11/providing-for-thecommon-defense.pdf.

Engstrom, Jeffrey. *Systems Confrontation and Systems Destruction Warfare* (Santa Monica, CA: RAND Corporation, 2018).

Fravel, M. Taylor. *Active Defense: China's Military Strategy Since 1945* (Princeton, NJ: Princeton University Press, 2019).

Freedman, Lawrence. *The Future of War: A History* (New York: PublicAffairs, 2017).

Gallagher, Mike. "State of (Deterrence by) Denial." *Washington Quarterly* 42, no. 2 (Summer 2019).

Gompert, David C., Astrid Struth Cevallos, and Cristina L. Garafola. *War with China: Thinking Through the Unthinkable* (Santa Monica, CA: RAND Corporation, 2016).

Hammes, T. X. *The Melians Revenge*. Atlantic Council Issue Brief (Washington, DC: Atlantic Council, 2019).

_____. "Technological Change and the Fourth Industrial Revolution." In *Beyond Disruption: Technology's Challenge to Governance*, edited by George P. Shultz, Jim Hoagland, and James Timbie (Palo Alto, CA: Hoover Press, 2018).

Hannas, Wm. C., and Huey－meei Chang. *China's Access to Foreign AI Technology: An Assessment* (Washington, DC: Center for Security and Emerging Technology, 2019).

Harold, Scott W. *Defeat, Not Merely Compete: China's Views of Its Military Aerospace Goals and Requirements in Relation to the United States* (Santa Monica, CA: RAND Corporation, 2018).

Harrison, Todd. *Defense Modernization Plans Through the 2020s: Addressing the Bow Wave* (Washington, DC: Center for Strategic and International Studies, 2016).

Heginbotham, Eric, and Jacob L. Heim. "Deterring Without Dominance: Dis-couraging Chinese Adventurism under Austerity." *Washington Quarterly*, Spring 2015, 185－199.

Hicks, Kathleen, Melissa Dalton, Alice Hunt Friend, Lindsey Shepherd, and Joseph Federici. *By Other Means: Part 2: Adapting to Compete in the Gray Zone* (Washington, DC: Center for Strategic and International Studies, 2019). https://csis－prod.s3.amazon aws.com/s3fspublic/publication/Hicks_GrayZone_II_interior_v8_PAGES.pdf.

Hicks, Kathleen, and Alice Hunt Friend. *By Other Means: Part 1: Campaigning in the Gray Zone* (Washington, DC: Center for Strategic and International Studies, 2019). https://csisprod.s3.amazonaws.com/s3fspublic/publication/Hicks_GrayZone_interio r_v4_FULL_WEB_0.pdf.

Hoffman, Frank. "The Hypocrisy of the Techno－Moralists in the Coming Age of Autonomy." *War on the Rocks*, March 6, 2019, https://warontherocks.com/2019/03/ the－hypocrisy－of－the－technomoralists－in－the－coming－age－of－autonomy.

_____. "Squaring Clausewitz's Trinity in the Age of Autonomous Weapons." *Orbis*, Winter 2019, 44－63.

Horowitz, Michael. "The Algorithms of August." *Foreign Policy*, September 12, 2018, https://foreignpolicy.com/2018/09/12/will－theunited－states－lose－the－artificial －intelligence－arms－race.

_____. "Artificial Intelligence, International Competition, and the Balance of Power." *Texas National Security Review* 1, no. 3 (May 2018).

Horowitz, Michael, Gregory C. Allen, Elsa B. Kania, and Paul Scharre. *Strategic Competition in an Era of Artificial Intelligence* (Washington, DC: Center for a New American Security, 2018).

Hunter, Andrew P., Samantha Cohen, Gregory Sanders, Samuel Mooney, and Marielle Roth. *New Entrants and Small Business Graduation in the Market for Federal Contracts* (Washington, DC: Center for Strategic and International Studies, 2018). https://csisprod.s3.amazonaws.com/s3fspublic/publication/181120_NewEntrantsand SmallBusiness_WEB.pdf?GoT2hzpdiSBJXUyX.lMMoHHerBrzzoEf.

Jackson, Van. "Competition with China Isn't a Strategy." *War on the Rocks*, October 5, 2018, https://warontherocks.com/2018/10/competition−withchina−isnt−a−strate gy/.

_____. "Toward a Progressive Theory of Security." *War on the Rocks*, December 6, 2018, https://warontherocks.com/2018/12/toward−aprogressive−theory−of−se curity/.

Johnson, Aaron M., and Sidney Axinn. "The Morality of Autonomous Robots." *Journal of Military Ethics* 12, no. 2 (2013).

Kania, Elsa B. "The AI Titans Security Dilemmas." Governance in an Emerging New World, Hoover Institution. October 29, 2018. https://www.hoover.org/research/ai−titans.

_____. *Battlefield Singularity: Artificial Intelligence, Military Revolution, and China's Future Military Power* (Washington, DC: Center for a New American Security, 2017).

Kania, Elsa B., and John K. Costello. *Quantum Supremacy? China's Ambitions and the Challenge to U.S. Innovation Leadership* (Washington, DC: Center for a New American Security, 2018).

Karlin, Mara. "How to Read the 2018 National Defense Strategy." Brookings Institution. January 21, 2018. https://www.brookings.edu/blog/order−from −chaos/2018/01/21/how−toread−the−2018−national−defense−strategy.

Knox, MacGregor, and Williamson Murray. *The Dynamics of Military Revolution, 1300−2050* (Cambridge: Cambridge University Press, 2001).

Krepinevich, Andrew F. *The Military-Technical Revolution: A Preliminary Assessment* (Washington, DC: Center for Strategic and Budgetary Assessments, 2002).

_____. *Preserving the Balance: A U.S. Eurasia Defense Strategy* (Washington, DC: Center for Strategic and Budgetary Assessments, 2017).

Krepinevich, Andrew F., and Barry Watts. *The Last Warrior: Andrew Marshall and the Shaping of Modern American Defense Strategy* (New York: Basic Books, 2015).

Lee, Kai-Fu. *AI Superpowers: China, Silicon Valley, and the New World Order* (New York:

Houghton Mifflin Harcourt, 2018).

Luttwak, Edward N. "Breaking the Bank." *American Interest* 3, no. 1 (2007).

MacDonald, Julia, and Jacquelyn Schneider. "Trust, Confidence, and the Future of War." *War on the Rocks*, February 5, 2018, https://warontherocks.com/2018/02/trust−confidence−future−warfare.

Mahnken, Thomas. *Technology and the American Way of War Since 1945* (Ithaca, NY: Cornell University Press, 2008).

_____. "Weapons: The Growth & Spread of the Precision−Strike Regime." *Daedalus* 140, no. 3 (2011): 45–57, https://doi.org/10.1162/DAED_a_00097.

Manyika, James, and William H. McRaven. *Innovation and National Security: Keeping Our Edge.* Council on Foreign Relations Independent Task Force No. 77 (New York: Council on Foreign Relations, 2019).

McFate, Sean. *The New Rules of War: Victory in the Age of Durable Disorder* (New York: William Morrow, 2019).

Mitre, Jim. "A Eulogy for the Two−War Construct." *Washington Quarterly* 41, no. 4 (2018).

Montgomery, Mark, and Eric Sayers. "Addressing America's Operational Shortfall in the Pacific." *War on the Rocks*, June 18, 2019, https://warontherocks.com/2019/06/addressing−americas−operationalshortfall−in−the−pacific.

Murray, Williamson, and Allan R. Millet, eds. *Military Innovation in the Interwar Period* (New York: Cambridge University Press, 1996).

National Security Commission on Artificial Intelligence. *Interim Report* (Washington, DC: National Security Commission on Artificial Intelligence, November 2019). https://drive.google.com/file/d/153OrxnuGEjsUvlxWsFYauslwNeCEkv Ub/view.

Ochmanek, David, Peter Wilson, Brenna Allen, John Speed Meyers, and Carter C. Price. *U.S. Military Capabilities and Forces for a Dangerous World* (Santa Monica, CA: RAND Corporation, 2017).

O'Hanlon, Michael. *A Retrospective on the So-Called Revolution in Military Affairs* (Washington, DC: Brookings Institution, 2018).

_____. *Technological Change and the Future of Warfare* (Washington, DC: Brookings Institution, 2000).

O'Mara, Margaret. *The Code: Silicon Valley and the Remaking of America* (New York: Penguin Press, 2019).

Owens, William A., with Ed Offley. *Lifting the Fog of War* (Baltimore: Johns Hopkins University Press, 2001).

Pillsbury, Michael. T*he Hundred-Year Marathon: China's Secret Strategy to Replace America as the Global Superpower* (New York: Griffin, 2016).

Posen, Barry. *The Sources of Military Doctrine: France, Britain, and Germany Between the World Wars* (Ithaca, NY: Cornell University Press, 1984).

Roff, Heather, with David Danks. "The Necessity and Limits of Trust in Autonomous Weapons System." *Journal of Military Ethics*, 2018.

Rosen, Stephen Peter. *Winning the Next War: Innovation and the Modern Military* (Ithaca, NY: Cornell University Press, 1991).

Sanger, David. *The Perfect Weapon: War, Sabotage, and Fear in the Cyber Age* (New York: Crown, 2018).

Scales, Robert. "The Great Duality and the Future of the Army: Does Technology Favor the Offensive or Defensive?" *War on the Rocks*, September 3, 2019. https://warontherocks.com/2019/09/the−greatduality−and−the−future−of−the −army−does−technology−favor−theoffensive−or−defensive.

Scharre, Paul. *Army of None: Autonomous Weapons and the Future of War* (New York: W. W. Norton, 2018).

――――. "The Real Dangers of an AI Arms Race." *Foreign Affairs*, May/June 2019, https://www.foreignaffairs.com/articles/2019−04−16/killer−apps.

Schneider, Jacquelyn, with Julia Macdonald. "Why Troops Don't Trust Drones." *Foreign Affairs*, December 20, 2017, https://www.foreignaffairs.com/articles/united− states/2017−12−20/whytroops−dont−trust−drones.

Sheehan, Neil. *A Fiery Peace in a Cold War* (New York: Vintage Books, 2009).

Sherman, Justin. "Reframing the U.S.−China AI 'Arms Race.'" *New America*, March 6, 2019, https://www.newamerica.org/cybersecurityinitiative/reports/essay−reframing −the−us−china−ai−arms−race.

Shlapak, David A., and Michael Johnson. *Reinforcing Deterrence on NATO's Eastern Flank: Wargaming the Defense of the Baltics* (Santa Monica, CA: RAND Corporation, 2016). https://www.rand.org/pubs/research_reports/RR1253.html.

Singer, P. W. *Wired for War: The Robotics Revolution and Conflict in the 21st Century* (New York: Penguin, 2009).

Singer, P. W., and August Cole. *Ghost Fleet: A Novel of the Next War* (New York: Mariner Books, 2015).

Swaine, Michael. "The Deepening U.S.−China Crisis: Origins and Solutions." Carnegie Endowment for International Peace, February 21, 2019. https://carnegiee ndowment.org/2019/02/21/deepening−u.s.−chinacrisis−origins−and−solutions

－pub－78429.

Tellis, Ashley J. "Pursuing Global Reach: China's Not So Long March Toward Preeminence." In *Strategic Asia 2019: China's Expanding Strategic Ambitions*, edited by Ashley J. Tellis, Alison Szalwinski, and Michael Wills (Washington, DC: National Bureau of Asian Research, 2019).

Townshend, Ashley, Brendan Thomas－Noone, with Matilda Steward. *Averting Crisis: American Strategy, Military Spending and Collective Defence in the Indo-Pacific* (Sydney: US Studies Centre at the University of Sydney, 2019).

United States Department of Defense. *Indo-Pacific Strategy Report* (Washington, DC: Department of Defense, 2019). https://media.defense.gov/2019/Jul/01/20021523 11/－1/－1/1/DEPARTMENT－OF－DEFENSE－INDO－PACIFIC－STRATEGY－REPORT－2019.PDF.

_____. *Report of the Quadrennial Defense Review* (Washington, DC: Department of Defense, 1997).

_____. *Report of the Quadrennial Defense Review* (Washington, DC: Department of Defense, 2001).

_____. *Summary of the 2018 National Defense Strategy of the United States of America* (Washington, DC: Department of Defense, 2018). https://dod.defense.gov/Portals/1/Documents/pubs/2018－NationalDefense－Strategy－Summary.pdf.

United States Department of Defense, Defense Innovation Board. *AI Principles: Recommendations of the Ethical Use of Artificial Intelligence by the Department of Defense* (Washington, DC: Department of Defense, 2019). https://media.defense.gov/2019/Oct/31/2002204458/－1/－1/0/DIB_AI_PRINCIPLES_PRIMARY_DOCUMENT.PDF.

Vickers, Michael, and Robert Martinage. *Future Warfare 20XX Wargame Series: Lessons Learned Report* (Washington, DC: Center for Strategic and Budgetary Assessments, December 2001).

Work, Robert O., and Greg Grant. *Beating the Americans at Their Own Game: An Offset Strategy with Chinese Characteristics* (Washington, DC: Center for a New American Security, 2019).

Zupan, Daniel S. *War, Morality, and Autonomy: An Investigation of Just War Theory* (London: Routledge, 2017).

중국과 경쟁시대, 미국은 어떻게 대비해야 하나?[1]

Christian Brose. 2020. The Kill Chain: Defending America in the Future of
High-Tech Warfare. Hachette Book Group.

1. 지는 전쟁을 하다

이 책의 저자 크리스찬 브로스Christian Brose는 존 매케인John McCain 미국 상원
의원의 국가 안보 및 군사 문제 수석 참모로서 일했다. 매케인이 죽기 전까지 고민
했던 문제가 중국의 위협에 어떻게 대처할 것인가였다고 한다. 중국의 위협은 새로
운 밀레니엄이 시작되기 전부터 거론되기 시작했다. 하지만, 9·11 테러가 발생하면
서 미국의 지도자와 국민들의 시야에서 멀어졌다. 그리고 지난 20년간 아프가니스
탄 전쟁으로 대표되는 테러와의 전쟁에 모든 관심이 집중되었다.

2021년 5월 당혹스러운 미군의 철수에서 알 수 있듯이 아프간 전쟁은 사실상
실패로 종결되었다. 20년간 거의 6천 명에 달하는 미군과 민간군사기업의 계약군인
들이 목숨을 잃었고 1조억 달러에 달하는 예산을 투입했지만, 제2의 베트남 사태로
귀결되었다. 더 심각한 문제는 미국이 테러와의 전쟁에 몰입해 있는 사이, 중국과
러시아가 심각한 안보위협으로 등장한 것이다. 흔히 '강대국 간의 경쟁competition of
super power'으로 귀환한 것이다.

2017년부터 중국의 군사적 위협에 대한 우려가 도처에서 터져 나오기 시작했

---

1) 《군사》지 2021년 12월호(통권 121호)에 게재된 것을 수정한 것임.

다. 합참의장이었던 조셉 던포드Joseph Dunford 장군은 "우리의 궤도를 바꾸지 않으면, 우리는 질적, 양적 경쟁에서 우위를 잃게 될 것이다." 다른 말로 하면, 미국의 군사력은 더 이상 최고가 아니라는 것이다. 그리고 랜드 연구소에서 그해 발간한 한 보고서에서는 "그럴듯한 가정 아래 생각할 때 미군은 그들이 싸워야 할 다음 전쟁에서 패배할 것"이라는 결론을 내렸다. 이러한 주장을 객관적으로 확인해 주는 것은 중국과 워게임 결과였다. 지난 10년 동안 중국과의 워게임에서 미국은 거의 모든 경우 패배했다. 이러한 사실은 국방부에서는 너무나 잘 알려진 일이다. 하지만 미국 국민은 말할 것없고 미 의회 의원들도 잘 모르고 있는 것이 현실이다.

저자는 10여 년간 매케인과 함께 미국의 국방 문제를 다루면서 미국의 군사력이 어떻게 구축되었으며, 중국의 위협에 얼마나 취약한지를 절감했다. 그와 매케인이 마지막까지 고민했던 문제도 이것이었다. 이들의 결론은 지금 미국은 '지는 경기를 하고 있다playing a losing game'는 것이다. 지금 당장은 아닐지 모르지만, 가까운 미래에 미국은 중국과 분쟁에서 패배할지 모른다는 심각한 상황에 놓여있다고 주장한다.

저자가 토해내는 절박한 위기감이 단순히 경고로 끝난다면 좋은 책이라 할 수 없다. 이 책의 장점은 현재 미국이 직면한 위기의 실체가 무엇이며, 미국이 무엇을, 어떻게 해야 할지에 대해 상세하게 제시하고 있다는 점이다. 미 의회에서의 오랜 경험을 통해 중국과 같은 동급 국가와의 경쟁에서 어떻게 승리할 수 있는지를 구체적으로 논하고 있다. 특히 전쟁에서 승리하기 위해 무엇을 중시해야 할지에 대한 깊이 있는 통찰이다. 이 책의 제목이 '킬 체인kill chain'이 된 것도 저자의 이러한 생각을 보여주는 가장 핵심적인 단어이기 때문이다.

2. 플랫폼에서 킬 체인으로

저자가 제시하고 있는 중국과의 전쟁 시나리오는 완벽하지 않다. 하지만 중국의 군대가 빠른 속도로 현대화하고 있으며, 많은 무기체계에 있어 미국과 비슷한 수준이거나 경우에 따라 앞서가기도 한다. 대표적인 것이 극초음속hypersonic 미사일이다. 음속 5배로 돌진하는 극초음속 미사일에 미국의 항공모함과 기지들이 무력화될 것이라는 예측에 대해서는 많은 전문가들이 동의하는 부분이다. 즉 미국의 공격력에 대응하기 위해 중국이 추구해왔던 접근거부Anti Access/Aerial Denial(A2/AD) 전략이 성공적으로 추진되었다는 것을 의미한다. 다른 말로 하면 동아시아에서 분쟁이 발생했을 때 미국이 효과적으로 개입하기 어려울 것이라는 전망이다.

2030년이면 중국의 국민총생산량이 미국을 넘어설 전망이다. 강력한 경제력으로 군대를 현대화한다면, 미국의 군사력을 추월할 것이다. 단순히 규모의 문제만이 아니다. 무기체계가 더욱 첨단화되고 더욱 고도화되고 있다는 점이 더 중요하다. 자율 무인 무기체계는 말할 것도 없고 이미 우주 경쟁 시대가 열렸다. 중국 2007년에 인공위성 요격 실험을 자랑스럽게 과시했다. 사이버 전력 역시 막강하다. 전쟁이 시작되면, 사이버와 우주에서 먼저 공격이 시작될 것이다. 누가 먼저 적의 신경망과 감지장치를 차단하느냐에 따라 승패는 갈라지게 될 것이다. 중국의 위협이 현실화되는 부분도 바로 이 지점이다. 말 그대로 중국은 동급 전력을 가진, 진정한 위협으로 등장한 것이다.

왜 이런 일이 일어난 걸까? 미국은 매년 국방비로 1조 달러의 4분의 3에 가까운 돈을 지출한다.[2] 그것은 국방비 지출순위 다음 10개국의 것을 합친 것보다 많다. 전세계 국방비 지출의 38%다. 중국은 2위로 전세계 국방비 지출의 14%인 2,610억 달러를 지출했다. 미국의 3분의 1 수준이다. 이러한 현격한 국방비 차이가 있음에도 중국이 미국의 동급 국가로 부상하게 된 이유는 무엇일까?

저자는 미국의 국방 기관이 미래 위협에 대비한 군사력의 건설과 대비에 실패했다고 지적한다. 실제로 무슨 일이 일어나고 있는지 제대로 이해하지 못했고, 이로 인해 미국의 방위산업을 오판하고 있으며 잘못 관리해 왔다고 지적한다.

국방에 있어 우리는 흔히 군사력의 지표가 '플랫폼platform'이라고 생각한다. 여기서 플랫폼은 항공모함, 비행기, 전차와 같이 개별 차량이나 특정 선진화된 군사장비 그리고 시스템을 말한다. 군대에서 군사력의 요구사항을 플랫폼의 측면에서 제출한다. 예산을 책정하거나 지출에 있어서도 기준은 플랫폼이다. 군사적 역량에 대한 국가의 목표도 플랫폼에 기반해서 설정한다. 그러나 이렇게 생각하는 것은 투입요소를 결과물로 착각하게 만든다. 쉽게 말해서 무기만 많으면 이길거라 생각하지만 전쟁의 현실은 그렇지 않다는 것을 전쟁사가 보여주고 있다. 장비가 많다고 잘 싸운다고 생각해서는 안 된다는 것이다.

---

2) 2020년 미국의 국방비 지출은 7,320억 달러로 세계 1위다. 이는 전 세계 국방비 지출의 38%로 2~11위 국가의 국방비 지출 총액보다 큰 금액인 것으로 조사됐다. 중국은 2위로 전세계 국방비 지출의 14%인 2,610억 달러를 지출했다. 자료: 《2020 세계 방산시장 연감》(국방기술품질원).

지도자들 역시 더 큰 목표를 간과하는 경우가 많다고 지적한다. 처음에 우리가 왜 그러한 플랫폼을 원하게 되었는지 이유를 생각하지 않고, 플랫폼 확보에 몰입하는 경향이 많다. 그러나 플랫폼을 구입하는 것이 군대의 목표가 되어서는 안 된다. 그 목표는 전쟁 방지책, 즉 억제력을 확보하는 것이다. 그리고 전쟁을 억제하는 유일한 방법은 어떤 경쟁자들에 대해서도 승리할 수 있는 분명한 역량을 갖춤으로써 그들이 폭력을 통해 자신들의 목표를 결코 추구하지 못하도록 인식시키는 것이다.

그렇다면 무엇이 전쟁에서 승리를 가능하게 하는가? 플랫폼은 유용한 도구일 수 있지만, 궁극적인 답은 아니다. 오히려 전쟁에서 승리할 능력은 단 한 가지로 귀결되는데, 그것은 바로 '킬 체인'이다. 킬 체인은 일반인에게 낯선 용어지만 군대에서는 늘 있는 일이다. 여기에는 세 개의 단계가 포함된다. 첫 번째는 무슨 일이 일어나고 있는지에 대해 이해하는 것understanding이다. 두 번째는 무엇을 할지 결정하는 것 making a decision이다. 그리고 세 번째는 목표 달성에 필요한 효과를 창출하기 위해 조치를 취하는 것taking an action이다. 비록 그 효과가 살상과 관련될 수 있지만, 훨씬 많은 경우 전쟁이나 전쟁 이전 단계의 군사적 대립에서 승리하는 데 필수적인 모든 종류의 비폭력적이고 비살상적인 행동을 포함한다. 실제로, 더 나은 이해와 결정 그리고 행동은 군대로 하여금 불필요한 인명 손실을 예방할 수 있게 해준다. 그렇게 해야 그들 자신의 국민과 무고한 시민 모두의 희생을 줄일 수 있는 것이다.

저자는 미국이 플랫폼 중심의 군사력에 집중하면서 근본적으로 중요한 킬 체인이 얼마나 효과적으로 작동하는지에 유념하지 않았다고 지적한다. 중요한 것은 무기 자체가 아니라 적의 전력을 효과적으로 파괴할 수 있는 역량에 있기 때문이다.

개별 무기체계에서 강조되었던 킬 체인이 전쟁의 성격과 수행방식을 바꾸게 된 것은 정보 혁명에 의해서다. 새로운 정보통신기술은 정보의 수집, 처리 및 배포를 혁신했고 킬 체인을 분산시키는 것이 가능해졌다. 한 군사 시스템은 이해를 촉진하고, 다른 군사 시스템이 의사 결정을 한다면, 또 다른 군사 시스템에서는 의도된 조치를 취할 수 있다. 이러한 모든 기능을 하나의 플랫폼에 집중시키는 대신, 군은 여러 가지 다양한 군사 체제로 이루어진 '전투 네트워크'를 통해 이러한 기능을 분산시킬 수 있게 된 것이다. 그렇게 되면 킬 체인은 전체적인 과정과 목표를 훨씬 더 정확하게 묘사하게 된다. 왜냐하면 킬 체인은 정보 수집에서 출발하여 상황에 대한 이해와 의사 결정 그리고 행동으로 순차적으로 연결되는 실제적인 계기들의 사슬이기 때문이다.

이는 일종의 '군사분야의 혁명revolution in military affairs'이다. 무기체계뿐만 아니라 전쟁수행방식에서의 혁신적인 변화를 가져오기 때문이다. 지금의 군사분야의 혁명은 전투 네트워크에 함께 수행되는 일종의 전투 인터넷과 같은 것을 의미하며, 그 중심에 킬 체인이 있는 것이다.

문제는 지난 수년 동안 킬 체인이나 군사 혁신의 언어를 주창하면서도 미국의 국방 기관들은 결코 자신들의 사고방식을 바꾸지 않았다는 점이다. 미군은 킬 체인보다는 플랫폼을 구축하고 구입하는 데 여전히 주력해 왔다. 아프가니스탄과 이라크 전쟁이 한창일 때에도, 미국은 미군을 현대화하는 데 수천억 달러를 투입했지만 잘못된 방식이었다. 미군이 수십 년 동안 의존해 온 플랫폼을 약간 개선된 형태로 생산하려고 했다. 이 프로그램 중 많은 것들이 수십억 달러의 조달 실패로 귀결되었다. 일부 플랫폼은 성능이 매우 뛰어나지만 정보를 효과적으로 공유할 수 있는 단일 전투 네트워크로 통합되지 못했다고 지적한다.

그 결과 미군은 킬 체인을 완료하는 데 있어 할 수 있고 해야만 하는 것보다 훨씬 느리고 효과적이지 못하다고 걱정한다. 미군의 킬 체인은 매우 수동적이고 선형적이며 동적이지 못하고 변화에 둔감하다. 기존의 특정 군사 시스템[예컨대 구축함]은 하나의 특정 목적[예컨대 적 잠수함 공격]을 위한 상황 이해, 의사 결정 및 조치를 신속히 수행하기 위해 적절히 작동할 수 있지만, 다른 예기치 않은 목적을 위해 다른 방식으로 재구성될 수는 없다는 것이다. 간단히 말해서, 기존 군사 시스템은 미군이 전쟁에서 이해를 도출하고, 상황에 대한 지식을 의사 결정으로 전환하고, 행동을 취하게 하는 수단(시스템)들이 변화된 상황에 적응하도록 구축되지 않았다는 것이다.

지금 미군이 직면하고 있는 문제는 이전 것과 근본적으로 다르고 훨씬 더 위급한 것으로, 새로운 기술의 도입 여부를 넘어서는 것이다. 그 이유는 중국 때문이라고 지적한다. 지난 30년 동안 중국 공산당은 미군과 미군의 전쟁방식에 대해 총체적인 연구를 진행하고, 미국을 따라잡기 위해 달려왔다. 1990년부터 2017년까지 중공군 예산은 900%나 증가했다. 중국은 미국의 방식으로 이기는 것이 아니라 다른 종류의 전쟁을 위한 전략을 고안해 왔다. 즉, 미군이 목표를 달성할 기회를 주지 않음으로써 승리하는 것이다. 이것이 가능한 것은 미군이 지금까지 싸우는 방식을 정확히 이해하고 이를 거부/차단할 무기체계와 교리를 개발해 왔기 때문이다. 중국은 미군의 전투 네트워크를 무너뜨리고, 미군의 전통적인 플랫폼을 파괴하며, 킬 체인 완료 능력을 뒤흔들기 위한 첨단 무기체계를 빠르게 개발해 왔다. 이러한 위협은 대부분의 미국인이 인식하는 것보다 훨씬 더 진전되었다고 판단한다.

3. 전략의 변화가 필요하다.

중국 위협에 대응해서 지금까지 전쟁의 방식, 즉 방위 전략에서의 변화도 필요하다고 지적한다. 미국이 무엇을 위해 싸울 준비가 되어 있느냐 하는 것뿐만 아니라 미군이 어떻게 싸울 계획인가 하는 것도 변해야 한다는 것이다. 이러한 것은 중국의 군사적 우위를 부정하려는 목표에서부터 도출되어야 한다고 말한다. 그러기 위해서는 공격적 전략보다는 방어적 전략이 더 유리하다. 군사력은 뭔가 좋은 일을 할 수 있는 능력으로서 보다, 나쁜 일을 막기 위해 더 유용하게 사용될 수 있다. 국방전문가 크리스 더허티Chris Dougherty가 '새로운 미국식 전쟁 방식new American way of war'이라고 불렀던 것과 같은 방식이다. 미국의 전쟁수행방식은 공세적 사고방식에서 방어적인 것으로 전환해야 한다는 주장이다. 일종의 '우위dominance 없는 방위 전략'이다. 중국에 대해 우위를 주장할 수 없지만, 중국이 하고자 하는 일을 거부함으로써 미국의 전략적 목표를 달성할 수 있다고 주장한다.

이것은 근본적인 변화가 될 것이다. 냉전이 끝난 이후, 그리고 제2차 세계대전까지 거슬러 올라가면, 미국의 전쟁 방식은 근본적으로 공격적이었다. 미국은 공격적으로 싸워왔다. 미국은 막대한 전투력을 본토에서 멀리 떨어진 적진 깊숙이 침투시키고, 첨단 기술을 사용하여 상대방을 제압했다. 그들의 물리적 공간을 점령하고, 미국이 원하는 만큼 그곳에 머무는 방식을 추구했다. 그리고 미국의 적들이 그것에 대해 할 수 있는 일은 거의 없었다.

그러나 이런 방식을 중국에 적용하기는 매우 어려워졌고 앞으로도 더욱 어려워질 것이라는 점이다. 미국은 이미 중국이 첨단 정밀 타격 무기의 대규모 개발로 딜레마에 빠져 있다. 이들 무기들은 미군이 군사력을 투사하는데 이용하는 대규모 기지와 플랫폼을 찾아 공격할 수 있기 때문이다. 미국이 전통적이고 공격적인 전쟁방식에 집착한다면, 새로운 기술만으로는 미국을 구할 수 없을 것이라고 우려한다.

이러한 전쟁 방식은, 지금까지 미국이 해왔던 것처럼 공격적으로 상대방의 공간에 침투하고, 그들의 영토에서 상대를 공격하고 지배하는 것과는 거리가 멀다. 중국의 거부전략을 미국의 방위전략으로 채택하자는 것이다. 중국이 미국의 영토와 자산, 그리고 동맹국에 대해 군사적으로 자신들의 의지를 강요할 수 있는 능력을 부인하는 것이 될 것이다. 이러한 전쟁 방식의 목표는 미군이 공세를 취하는 어떤 군대든 궤멸시킬 수 있으며, 상대가 그들의 영토를 넘어 군사력을 투사하는 것을 막고, 미국의 손실을 그들보다 더 빠르고 더 저렴하게 보충할 수 있으며, 필요한 만큼 오래 전투를 지속하면서 그들의 공격 지속능력을 차단할 수 있을 것이다. 그리고 이러한 능력을 잠재적 침략자들에게 보여줌으로써 공격이나 전쟁을 감행하지 못하게 하는 것이다. 이것이 '싸우지 않고 이기는' 미국식 버전일 것이다.

4. 무엇을 어떻게 할 것인가?

중국의 현실적이고 긴박한 위협에 대응하여 미국은 새로운 종류의 군대를 건설할 필요가 있다면, 어떤 노력이 필요할까? 저자의 주장은 개별 플랫폼과 시스템이 아닌 킬 체인의 통합 네트워크를 구축하고 구매하는 데 초점을 맞춰야 한다는 것이다. 즉 무기 자체가 아니라 실질적인 효과를 거둘 수 있는 것을 확보할 필요가 있다는 것이다. 군사력 자체보다 군사적 효과를 강화시킬 수 있는 광범위한 전투 네트워크와 인간의 이해, 결정, 행동을 용이하게 하는 능력이 훨씬 더 중요할 것이다. 그렇다면 미군을 어떻게 다르게 만들 것인가? 미군은 어떤 특성을 가지고 있어야 할까? 저자가 가장 상세히 다루고 있는 부분이다.

첫째, 소수의 대형 시스템보다 더 많은 수의 소형 시스템을 중심으로 미래의 군사력이 구축되어야 한다고 주장한다. 이것은 미군이 더 넓은 지역에 더 많은 병력을 분산시킬 수 있게 해줄 것이다. 우리의 경쟁자들은 더 이상 그들의 감지장치와 발사장치를 몇 개의 대형 표적에 집중할 수 없도록 하는 것이다. 마찬가지로, 실질적으로 대체할 수 없는 고가의 시스템보다는, 미래의 군사력은 효과적으로 소모할 수 있는 저비용 시스템을 중심으로 구축되어야 한다. 만약 미국 시스템의 구축, 운영, 보충 비용이 저렴하다면, 미국이 그것을 상실한다고 해도 큰 부담이 없을 것이다. 게다가 이러한 접근 방식은 경쟁국의 추가적인 군비 부담을 강요할 것이다.

아울러 미래의 미군은 다수의 사람을 필요로 하는 소수의 플랫폼보다 훨씬 더 많은 수의 고도의 지능형 무인 기계들을 운용하는 소수의 사람들로 구성되어야 한다. 사람은 값비싼 존재이다. 그런 사람이 들어가는 무기는 훨씬 더 비싸기 마련이다. 그러나 저가의 지능형 기계는 대량으로 운용할 수 있으며, 또 대량으로 분실 및 교체가 가능하다. 위험한 곳에 더 적은 사람을 투입하는 것이 군사적으로 더 효과적이며 더 나은 윤리적 결과를 가져다 줄 것이다.

미래의 군사력은 오늘날 많은 데이터를 이동시켜야 하는 고도로 중앙 집중화된 네트워크보다는 제한된 양의 데이터를 주고받는 고도로 분산된 네트워크 중심으로 구축되어야 한다는 점도 강조한다. 현재의 미군 네트워크가 공격에 취약한 이유는 상대편이 쉽게 공격할 수 있는 소수의 중앙 집중적 거점을 중심으로 구성되어 있기 때문이다. 스스로 수집한 데이터를 해석할 수 있는 에지 컴퓨팅 기술을 활용할 수 있다면, 네트워크 주변에서 정보를 훨씬 적게 이동시킬 수 있고 주요 네트워크 기능을 다수의 지능형 기계에 분산시킬 수 있다. 네트워크가 공격에 취약한 거대한 거점을 갖고 있지 않고 물리적으로 재구성과 복구가 가능하도록 분산되어 있다면 경쟁국이 이를 공격하는데 어려움을 겪을 것이다. 이런 종류의 네트워크가 미래의 전장에서 살아남을 가능성이 더 높으며, 인간 운영자가 지능형 기계와 더 나은 통신 상태를 유지할 수 있도록 도와줄 것이다.

마지막으로, 미래의 군사력은 하드웨어보다 소프트웨어에 의해 정의되어야 한다는 것도 중요하다. 그것은 모든 면에서 디지털 군사력이 되어야 한다. 이것은 지금까지 군사력이 운영되어온 방식을 완전히 뒤집는 것이다. 전통적으로 전쟁에서 이기는 것은 하드웨어였다. 쇠와 강철로 만들어진 것이다. 하드웨어가 여전히 중요하겠지만, 미래의 전쟁에서 승리를 가능하게 할 것은 '정보information'다. 그것은 모든 군사 시스템이 다른 시스템과 연결되고 협력할 수 있는 전투 네트워크를 구축할 수 있는 능력에 의해 확보된다. 그리고 성공에 가장 필수적인 역량은 인공지능, 기계 자율성, 사이버 전쟁, 전자 전쟁, 그리고 소프트웨어 정의 기술Software-Defined Everything; SDE일 것이다. 이것은 전투 중인 인간이 경쟁자보다 더 빠르고 더 효과적으로 킬 체인을 완료할 수 있게 도와줄 것이다. 이러한 방식으로 미래의 군사 하드웨어는 우리가 모바일 기기를 보는 방식과 비슷하게 고급 소프트웨어를 위한 운송체로서 평가되어야 한다. 내 아이폰을 특별하게 만드는 것은 아무도 볼 수 없는 모든 소프트웨어인 반면, 하드웨어는 일상적으로 소비되고 교체되는 저렴한 플랫폼에 불과하다.

이러한 변화의 요체는 하나의 비싼 시스템을 다른 저렴한 시스템으로 대체하는 것이 아니라, 다수의 저가 시스템의 네트워크로 대체하는 것이 목표다. 시간이 지남에 따라 전통적 플랫폼은 많은 자율적 시스템을 구성된 거대한 네트워크, 즉 군사용 사물인터넷으로 대체되어야 한다. 목표는 스마트 시스템을 어떻게 결합하든지 간에 인간이 이해, 결정, 행동에 얼마나 탁월한 역량을 발휘할 수 있도록 하느냐 하는 것이다. 늘 그렇듯이 초점은 킬 체인에 맞춰져야 한다고 주장한다.

저자는 이러한 방위 전략을 추구하려면 미국인들이 알고 있어야 할 또 하나의 통찰은 동맹의 중요성이라 강조한다. 미국 혼자서 할 수 없다는 것이다. 중국과 같은 첨단 기술로 무장한 경쟁자가 계속 등장하는 상황에서는 미군의 목적과 방식, 그리고 수단을 바꾼다고 해도 힘의 균형을 유리하게 유지하기에는 충분하지 않을 것이다. 미국이 성공적으로 중국에 대응하기 위해서는 유능한 동맹국과 협조자가 필요하다.

5. 미덕과 한계

이 책의 가장 큰 미덕은 미래 전쟁이 어떻게 전개될 것인지에 대한 고민이다. 저자가 미국의 가장 큰 문제 가운데 하나가 '상상력의 빈곤'이라고 강조했다. 미래의 전쟁이 어떻게 전개될지 새롭게 상상하는 것이 그만큼 중요하다는 얘기다.

가장 중요한 개념 가운데 하나가 '시스템의 시스템system of systems'이다. 사람 중심의 전력에서 다수의 무인 자율시스템을 통합된 전투 네트워크를 통해 전쟁을 수행한다는 개념이다. 이를 위해서는 드론이나 자율 무기시스템의 개발이 필요하겠지만 더 중요한 것은 이들을 통합적으로 연결하여 운용할 수 있는 전투 네트워크를 구축하는 일이다. 저자가 잘 지적했듯이 지금까지 미국의 군사력 건설의 토대가 된 생각은 플랫폼 중심의 사고였다. 그러나 플랫폼 기반의 공세 전략으로는 중국의 위협으로부터 미래를 보장할 수 없다는 것이다. 상상력의 빈곤이 가져온 잘못된 선택이라는 비판이다.

중요한 것은 미래의 전쟁을 상상할 수 있는 능력이다. 로렌스 프리드먼Lawrence Freedman 교수는 《전쟁의 미래: 역사》(2017년)에서 지난 150년간 미래의 전쟁을 예측한 것을 분석하면, 제대로 예측한 전쟁이 없다는 것이다. 제1차 세계대전에서 모든 나라들은 공세를 통해 4개월 내 전쟁을 끝낼 수 있다고 생각했다. 이 전쟁 과정에 화학탄이 개발되었고 항공기와 전차가 전력화되었다. 그 누구도 예측하지 못한 것이다. 제2차 세계대전에서 프랑스의 마지노선은 과거의 사고방식에서 벗어나지 못했기 때문에 독일의 전격전에 힘없이 무너졌다.

미래는 뷰카VUCA의 시대라고 한다. 미래에 확실히 유일한 점은 불확실하다는 것이다. 불확실한 미래의 위협에 대비하는 가장 중요한 역량 가운데 하나가 상상력임을 알 수 있다. 우리 경쟁국들이 어떻게 싸우려고 하는지, 우리는 어떻게 싸워야 하는지에 대한 새로운 상상이다.

첨단 기술에 대한 이해도 마찬가지다. 상상력을 발휘하기 위해서는 새로운 기술과 가능성을 이해해야 한다. 과거에 해왔던 익숙한 방식이 편할지 모르지만, 미래의 전쟁에서 승리를 보장해주지 못할 것이다. 첨단 기술에 대한 이해, 그리고 첨단 기술 개발과 관련된 이들이 국방 문제에 깊이 결합해야 할 이유도 여기에 있다.

이러한 미덕에도 불구하고 간과해서는 안 될 점은 이 책의 내용은 미국에 관한 이야기라는 점이다. 저자가 강조하는 개념들, 예컨대 효과적인 킬 체인의 구축과 시스템의 시스템이 작동하는 전투 네트워크의 확보, 그리고 첨단 기술을 무기체계, 특히 감지장치에서의 역량 강화는 적극적으로 수용해야 할 사항이다. 하지만 개별적 시스템 차원에서 미국이 추구하는 수준이나 내용은 대한민국의 상황에 그대로 적용할 수는 없다.

개념적 차원에서 적극적으로 수용해야 하지만, 구체적 시스템 차원에서는 현실적 요구와 필요에 상응하는 군사력 건설이 필요하다는 것이다. 최근 우리 군에서도 첨단 미래군으로의 변신을 추구하고 있다. 올바른 미래군을 건설하려면 미래 전쟁에 대한 상상력이 필요하다. 우리 군의 미래를 새롭게 상상한다는 점에서 많은 시사점을 던져주고 있다. 그런 점에서 미래 전쟁을 염려하는 이들이 꼭 참고해야 할 책이라 생각한다. 일독을 권한다.

한국해양전략연구소 총서 95

킬 체인
– 미래 전쟁과 국방력 건설 방향 –

초판발행	2022년 1월 30일
중판발행	2023년 1월 30일
옮긴이	최영진
펴낸이	안종만 · 안상준
편 집	장유나
기획/마케팅	오치웅
표지디자인	이수빈
제 작	고철민 · 조영환
펴낸곳	(주) **박영사**
	서울특별시 금천구 가산디지털2로 53, 210호(가산동, 한라시그마밸리)
	등록 1959. 3. 11. 제300-1959-1호(倫)
전 화	02)733-6771
f a x	02)736-4818
e-mail	pys@pybook.co.kr
homepage	www.pybook.co.kr
ISBN	979-11-303-1437-2 93390

* 파본은 구입하신 곳에서 교환해 드립니다. 본서의 무단복제행위를 금합니다.
* 역자와 협의하여 인지첩부를 생략합니다.

정 가   18,000원